KB002738

어린왕자와 함께 떠나는

별자리여행

with the Little Prince

이태형 지음

BOOK STAR

머리말

어린왕자와 함께 떠나는 별자리 여행

매일 매일 보는 밤하늘이지만 항상 같지 않다.

수천 년 이상 거의 바뀌지 않는 밤하늘의 별들. 지구 어디에서 보나 그 별들은 크게 다르지 않다. 하지만 한국에서 보는 별과 미국에서 보는 별, 그리고 남반구 호주에서 보는 별, 극지방에서 보는 별이 왜 다르게 느껴질까?

어린왕자에게 별이 아름답게 느껴지는 것은 밤하늘 어딘가에 자기를 사랑하는 장미꽃이 피어 있는 별이 있기 때문이고, 조종사에겐 그 어린왕자가 사는 별이 그곳 어딘가에 있기 때문이다. 누런 밀밭을 보면서 여우가 어린왕자를 떠올리듯 별들에 얽힌 많은 사연과 그 별들을 함께 보았던 사람들, 그리고 그 별을 보았던 특별한 장소로 인해 우리는 우리만의 별을 가질 수 있는 것이다.

어린아이가 자신만의 인형을 길들이듯, 여러분도 여러분만의 별을 길들이기 바란다. 사랑할수록 많이 알아야 하고, 많이 알수록 많이 이해할 수 있고, 많이 이해할수록 더 많이 사랑할 수 있다.

어린왕자가 우리에게 들려주고자 했던 것은 바로 우리 인생에서 가장 중요한 것을 잊지 말고 살아야 한다는 것이 아닐까?

돈과 명예, 그리고 직업이 가장 중요한 가치가 되어버린 오늘날, 과연 여러분은 많이 가져서 행복한가? 아니면 많이 부족해서 불행한가?

또한, 언젠가 지구를 떠나야 할 그때가 되었을 때 여러분은 행복하게 떠날 수 있을까?

어린왕자가 자신의 별을 떠나 1년 동안 지구를 여행하고 마지막에 몸을 버리고 자신의 별로 행복하게 떠날 수 있었던 이유는 무엇일까?

울음소리와 함께 태어나 많은 사람을 만나고, 결국은 어디론가 알지 못하는 곳으로 떠나야만 하는 우리 인간들의 모습이 바로 어린왕자가 아닐까?

어린왕자가 쓰러진 그 밤이 밝았을 때, 어린왕자의 몸은 보이지 않았다. 결국, 우리 몸은 자연 속으로 다시 돌아가는 것이고, '나'란 존재는 내가 만났고 사랑했던 사람들의 기억 속에만 남는 것이다. 그때가 되면 나는 그들에게 어떤 모습으로 기억될 것인가? 조종사가 밤하늘의 별을 보며 어린왕자를 기억하고 그리워하듯, 우리가 떠난 다음 지구에 남은 누군가가 밤하늘의 별을 보며 나를 기억하고 미소 지을 수 있을까?

생텍쥐페리는 어린왕자를 통해 우리들이 어느 날 지구에 떨어진, 그리고 다시 자기 별로 돌아가야 하는 어린왕자라는 것을 알려주고 싶었던 것이 아닐까?

내가 길들인 대상들로 인해 나는 행복할 수 있고, 나를 길들인 사람들로 인해 나는 이 땅에 오래도록 기억될 것이다. 누구도 이 지구에 영원히 머물 수는 없다. 어린왕자에게는 비록 1년이란 시간이었지만 우리들에겐 그보다 훨씬 긴 시간이 주어진다. 하지만 우리는 어린왕자처럼 행복하게 이 땅을 떠날 수 있을까?

생텍쥐페리는 위로받아야 할 어른이라고 한 자신의 친구 레옹 베르트에게 어린왕자를 바쳤다. 레옹 베르트(1878~1955, 유대인 출신의 프랑스 작가)는 생텍쥐페리와는 선후배이면서 아주 절친한 친구 사이로, 생텍쥐페리가 실종된 후 그와 10여 년 동안(1931년 만남) 나누었던 우정에 대한 기억과 편지들을 모아 1944년에 《생텍쥐페리에 대한 추억》을 펴냈으며, 공쿠르상 후보에도 올랐다. 레옹 베르트는 밤하늘의 별을 보며 생텍쥐페리를 기억했을 것이다. 그에게 생텍쥐페리는 또 다른 어린왕자였을지도 모른다.

어린아이의 순수한 감정으로 세상을 바라 본 어린왕자.
우리는 어른이 되면서 너무 많은 것을 잊고 포기하고 사는 것은 아닐까!
어린왕자는 이 땅을 사는 어른들을 위한 격려이자 길잡이이다.
가질 수도 없으면서 다스리는 것에 만족하는 권력의 임금님,
노력도 없이 칭찬만을 원하는 허영심 많은 사람,
술 마시는 것이 부끄러워 술을 마신다는 술꾼,
쓰지도 못하면서 더 많이 가지기 위해 정신없이 사는 사업가,
쉬지 못하고 일만 열심히 하는 가로등지기,
탐험의 즐거움을 모르면서 책상 위에서 연구만 하는 지리학자,
우리가 꿈꾸는 모습이 이들 중 하나는 아닐까?
장미꽃 하나만을 가진 작은 소행성의 어린왕자가 이들보다 행복하다

고 느끼는 사람이 얼마나 될까? 여우를 만나 자신을 사랑한 장미꽃의 소중함을 깨닫고 행복하게 자신의 별로 돌아간 어린왕자!

드넓은 우주 속에서 아주 작은 지구에 태어나 짧은 순간을 살다 떠나는 우리 인간들. 그 삶 속에서 만나는 사람들과의 관계가 얼마나 소중한지를 깨닫기 바란다. 그리고 저 하늘에 빛나는 수많은 별 속에서 여러분이 떠날 소중한 장미꽃이 피어 있는 여러분의 별을 찾기 바란다.

이 책은 일상생활 속에서 마주하게 되는 별과 우주에 대한 기본 정보와 지식을 다루고 있다. 어린왕자를 더 많이 이해하기 위해서는 그가 떠난 별과 우주에 대해 알아야 한다. 비록 지구와 다른 생소한 세계의 이야기일 수 있지만 어린왕자를 찾는 마음으로 읽어주기 바란다.

오늘도 어딘가에서 자신의 별을 찾고 있을 지구의 수많은 어린왕자들에게 이 책을 바친다. 이 책이 나오기까지 도움을 준 북스타 박정태 회장님과 임직원들께 감사드리며, 부족한 필자와 함께 힘든 길을 가고 있는 사랑하는 가족과 동료들에게 미안함과 감사의 마음을 이 책을 통해 전한다.

2015년 12월 이태형

목차

05. 바오바브나무

06. 해지는 모습을 좋아하는 어린왕자

07. 꽃과 어린왕자

08. 꽃과 어린왕자의 갈등

09. 별을 떠나는 어린왕자

10. 임금님이 사는 별

17. 뱀과 어린왕자

18. 어린왕자가 만난 꽃

19. 산에 오른 어린왕자

20. 장미꽃을 만난 어린왕자

21. 여우를 만난 어린왕자

22. 철도역에서 역무원을 만난 어린왕자

23. 상인을 만난 어린왕자

24. 우물을 찾아 나선 어린왕자

25. 떠날 준비를 하는 어린왕자

26. 고향 별로 떠난 어린왕자

27. 6년 후

The Little Prince

어린왕자와 함께 떠나는

별자리 여행

코끼리를 삼킨 보아뱀 1

The Little Prince

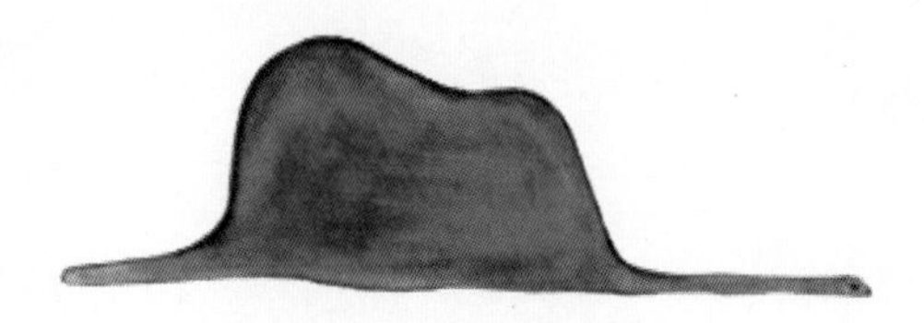

나는 이 그림을 어른들에게 보여 주며 무섭지 않느냐고 물었습니다.
그러자 어른들이 말했습니다.
"무섭냐고? 왜 모자가 무섭다는 거니?"
내가 그린 것은 모자가 아닙니다. 코끼리를 소화시키고 있는 보아뱀을 그린 것입니다. 하지만 어른들은 잘 이해하지 못했습니다. 그래서 나는 다른 그림을 그렸습니다. 어른들이 알아볼 수 있도록 보아뱀의 뱃속을 그린 것입니다. 어른들에게는 언제나 설명을 해 주어야 합니다.
현명해 보이는 사람을 만나면, 나는 늘 가지고 다니는 위 그림을 보여 주었습니다.
그가 정말로 무언가를 이해할 수 있는 사람인지 알고 싶었습니다. 그러나 그들은 항상 이렇게 대답했습니다. "이건 모자로구나!" 그러면 나는 보아뱀이나 원시림이나 별의 이야기를 꺼내지 않았습니다.

궁수자리 은하수

별이 빛나는 밤

이 사진은 20여 년 전 처음으로 호주를 여행하면서 찍은 사진이다. 사실 이 한 장의 사진이 나의 인생을 바꾸어 놓았다고 해도 크게 틀린 말은 아닐 것이다.

우리 눈에 보이는 세상은 우주의 극히 일부분일 뿐이다. 똑같은 장면을 보고도 사람들이 생각하는 것은 다 다르다. 우리는 대부분 자신이 보고 싶은 것, 생각하는 대로만 세상을 보려고 한다.

여러분은 이 사진을 보고 어떤 생각이 드는가?

별에 대해 별로 관심이 없는 사람들은 '이 사진이 뭐야?' 할지도 모른다. 물론 별에 대해 조금 아는 사람들은 “와! 정말 별이 많다. 멋지다.” 이렇게 생각하는 사람도 있을 것이다.

이 사진은 우리은하의 중심 부분을 찍은 것이다. 하나하나의 점이 우리 태양과 같은 별이다. 태양은 지구보다 백만 배나 큰 엄청난 별이다. 그런데 그런 별이 저렇게 많이 있다는 것이 정말 놀랍지 않은가?

나는 저 별들 속 어딘가에 우리와 비슷한 수많은 생명체가 존재한다고 생각한다. 그리고 그들도 밤하늘의 별을 보며 나와 같은 가슴 벅참을 느끼고 있을지도 모른다고 생각한다. 이 광활한 우주에서 인간으로 태어나 웃고, 울고, 사랑하며, 생각할 수 있다는 것이 얼마나 행복한가? 결국, 우리는 이 우주에서 태어나고 다시 우주로 돌아갈 것이다.

저 별들을 보며 가슴 벅참을 느낀 것은 나뿐만이 아닐 것이다. 수백 년, 아니 수천 년 그 이전에도 사람들은 밤하늘의 별을 보며 우주를 생각했고, 자신들의 이야기나 삶을 신화나 전설, 그리고 이야기로 후세에 전했다.

비록 그들을 만난 적도 없고, 만날 수도 없겠지만, 나는 저 별들을 통해 그들의 생각과 만난다. 그리고 글을 통해 나의 느낌과 생각을 또 나의 후세에 전하고자 한다.

별은 나와 우주를 연결해 주는 통로이자, 과거의 사람들을 만나게 해 주는 다리이기도 하다. 비록 많이 살 수는 없고, 많이 가지지는 못했지만, 나는 별을 통해 그 누구보다 많은 만남을 가졌고, 많은 이야기를 나누었다고 생각한다.

왜 사는가? 그리고 어떻게 살아야 하는가?

우리는 왜 이곳에 태어났고, 또 어떻게 이곳을 떠나야 하는가?

나는 밤하늘의 별을 보며 그 생각을 한다.

그리고 생텍쥐페리가 만난 어린왕자를 떠올린다.

사람들은 내게 묻는다. 왜 별을 보느냐고? 별을 보면 무엇이 도움이 되느냐고 말이다. 수십 년간 내가 별들을 통해 그 많은 사람들과 만나고 이야기를 나누고 있다는 것을 사람들에게 이해시키기는 어렵다.

하지만 여러분도 별과 친해진다면 나와 같은 생각을 할 수 있을 것이다. 그리고 나도 이 우주의 한 부분이고, 별의 작은 부스러기라는 것을 깨닫게 된다면 자연스레 사랑하는 방법도 알게 될 것이다.

외국을 여행하다 어느 시골의 간이역에서 고향 사람과 마주치게 된다면 얼마나 반가울까? 우리가 지구에서 만나는 사람들은 그보다 더한 인연이다.

이제부터 어린왕자와 함께 밤하늘과 친해지는 별자리 여행을 떠나보자. 그리고 이 여행을 통해 우리의 인생이 얼마나 축복인지를 느낄 수 있기 바란다. 조금은 어렵고 힘든 과정일 수도 있다. 하지만 친해지기 위한 작은 고통이라고 생각하고 참아주기 바란다.

T H E L I T T L E P R I N C E

어린왕자와의 만남 2

The Little Prince

첫날 밤, 나는 사람이 살고 있는 곳에서 수천 킬로미터나 떨어진 사막에서 잠이 들었습니다. 망망대해에서 뗏목을 타고 표류하는 난파선의 선원보다 더 외로웠습니다.

그러니, 해 뜰 무렵 이상한 작은 목소리를 듣고 잠을 깬 내가 얼마나 놀랐을지는 상상이 갈 것입니다.

그 목소리가 말했습니다.

"저어……. 양 한 마리만 그려 줘."

"뭐라고?"

"양 한 마리만 그려 줘."

나는 너무나 놀라 후다닥 일어났습니다. 그리고는 눈을 비비고 주위를 조심스럽게 둘러보았습니다. 이상하게 생긴 작은 사내아이가 진지한 얼굴로 나를 쳐다보고 있었습니다.

낮과 밤

아무것도 없이 사막에 홀로 떨어져 있다면 우리는 오로지 하늘의 변화를 통해 시간이 흐르는 것을 알 수 있을 것이다. 지평선 위로 해가 보이면서 낮이 시작되고, 다시 지평선 아래로 해가 떨어지면서 밤이 된다. 낮과 밤의 기준이 되는 것은 바로 해의 등장이다.

해가 가장 높이 올라왔을 때가 바로 한낮, 정오 무렵이 된다. 이때가 해의 그림자가 가장 짧아지는 시간으로 이 그림자의 방향이 바로 북쪽을 가리킨다. 아침에 해가 뜨는 위치는 계절에 따라 다소 차이가 난다. 춘분과 추분 무렵이라면 정확히 동쪽에서 해가 뜨지만, 하지 무렵에는 북동쪽, 동지 무렵에는 남동쪽에서 해가 뜬다. 하지만 한낮에 해가 가장 높이 떠 있는 방향은 남쪽이고, 그 그림자 방향은 언제나 북쪽이다.

그림자 길이로 방향 찾기

박명 시간

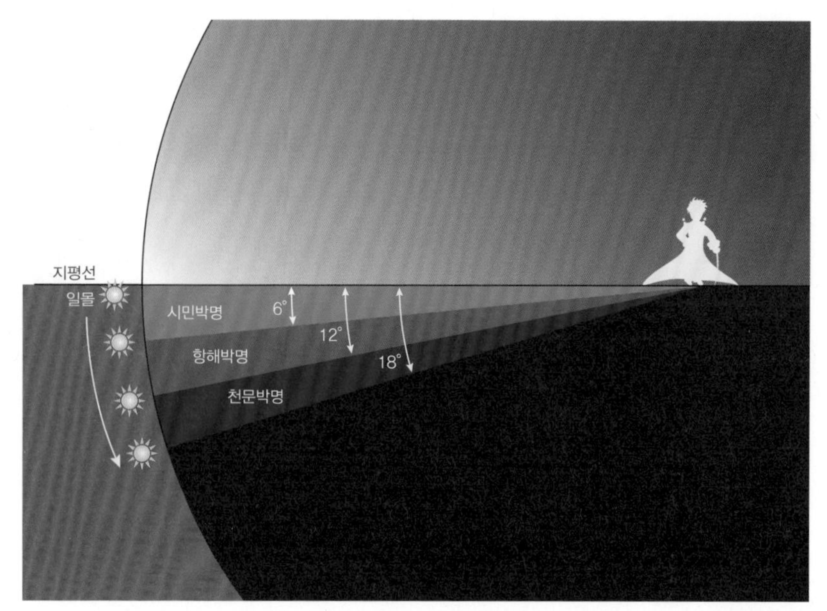

박명 시간

해가 진다고 바로 주위가 어두워지면서 별이 보이는 것은 아니다. 해가 지고 하늘이 완전히 깜깜해지기까지는 한 시간 이상의 박명 시간이 있다. 박명 시간은 해가 뜨기 전이나 지고난 후 어느 정도 하늘이 밝은 상태로 남아 있는 시간을 뜻한다. 밤하늘은 세 단계의 박명 시간을 거쳐 완전히 어두워지는데, '시민 박명 시간', '항해 박명 시간', 그리고 '천문 박명 시간'이 그것이다.

시민 박명 시간은 해가 지평선 아래로 6도 정도 떨어져 있을 때까지 걸리는 시간으로, 주위가 여전히 밝아서 인공조명 없이도 큰 불편 없이 일상생활이 가능하다. 계절에 따라 다소 차이가 있지만 대략 30분 정도의 시간이 걸린다. 일반인들이 박명 시간이라고 생각하는 시간이 바로 이 시간이다.

항해 박명 시간은 해가 지평선 아래로 6도에서 12도 사이에 머무는 시간으로, 주위가 조금 어두워졌지만 바다에서 지평선과 하늘이 구별되고, 밝은 별이 하나둘 보이는 시간이다. 예전 항해자는 천문기구를 이용하여 이들 별과 지평선을 측정해 방향을 찾았는데, 이런 이유로 '항해 박명 시간'이란 이름이 붙여졌다. 일반인들은 이 시간이 되면 밤이 되었다고 느끼게 된다.

천문 박명 시간은 해가 지평선으로부터 12도에서 18도 사이에 머무는 시간으로 바다에서 수평선과 하늘이 구별되지 않는 시간이다. 일반인들은 하늘이 완전히 깜깜해졌다고 느낄 수 있는 시간이지만, 여전히 희미한 빛이 하늘에 남아 있다. 어두운 천체를 관측하거나 본격적으로 별 사진을 찍기 위해서는 이 시간이 지나야 한다.

하루

영화나 소설 속에서 무인도에 갇힌 사람이 하루하루 날짜를 돌이나 나무에 새기는 것을 본 적이 있을 것이다. 우리는 해가 지고 다시 뜨는 것을 보면서 하루가 지나는 것을 알 수 있다. 시계를 보고 있으면 24시간이 지나면 하루가 지났다는 것을 누구나 알 수 있을 것이다. 만약 시계가 없다면 언제부터 언제까지가 하루일까?

하루가 생기는 이유는 지구가 자전하기 때문이다. 지구의 자전으로 인해 해가 뜨고, 별이 뜨는 일이 생긴다. 그렇다면 지구가 한 바퀴 자전하는 데 걸리는 시간이 하루, 24시간이라는 말은 맞는 말일까? 만약 지구가 공전을 하지 않는다면 이 말은 당연히 맞는 말이 된다. 하지만 지

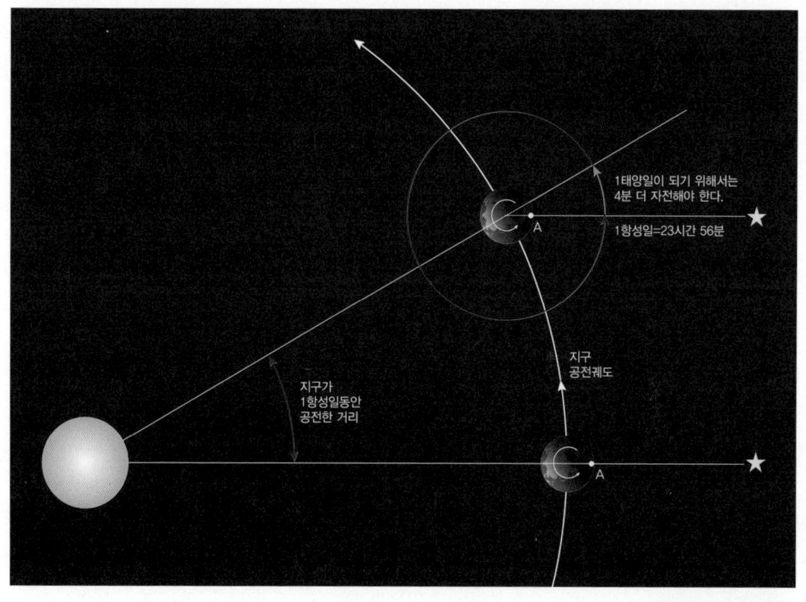

태양일과 항성일

구는 태양 주위를 공전하기 때문에 매일 조금씩 공전궤도 위를 나아간다. 지구가 한 바퀴 자전을 하는 동안 지구의 위치는 공전궤도를 따라 약 1도(360도/365일) 정도 이동했기 때문에 어제와 같은 방향에서 해를 보려면 1도를 더 돌아야 한다. 해가 가장 높이 떴을 때를 '남중했다.'라고 하는데, 해의 남중부터 다음 남중까지의 시간이 24시간(태양일)이다. 즉, 하루가 되는 것이다. 지구가 360도 자전을 하는 데 걸리는 시간은 약 23시간 56분 4초(항성일)이다. 나머지 3분 56초 동안 지구는 하루 동안 공전한 방향만큼 태양 쪽으로 더 자전해야 하루가 되는 것이다.

사막에서 별 보기

어린왕자로 인해 사막에서 별을 보는 것이 많은 사람의 로망이 되어 버렸다. 과연 사막에서 보는 별이 산에서 보는 별과 어떤 차이가 있을까?

필자는 십여 년 전 몽골 고비사막에서 밤을 새우며 별을 관측한 적이 있다. 한여름이었지만 사막의 밤은 생각보다 많이 추웠고, 결국 새벽 4시 무렵 추위 때문에 관측을 접었던 기억이 있다.

보통 불빛이 없는 시골에서는 맑은 날 밤하늘에서 수천 개 정도의 별을 볼 수 있다. 지구 전체에서 맨눈으로 볼 수 있는 별의 개수가 약 1만 개 정도이기 때문에 한 하늘에서는 그 절반 정도의 별이 보일 것이다. 다만, 지평선이 완전히 트여 있지 않은 곳에서는 산이나 지형에 막혀 그보다 적은 별이 보인다. 사막은 야트막한 모래언덕을 제외하면 주위에 막힌 지형이 거의 없기 때문에 지평선에서부터 천정까지 모든 영역의 별을 다 볼 수 있다는 장점이 있다.

몽골 사막에서 본 밤하늘

별 보는 것을 방해하는 것 중 하나는 대기 중의 수증기나 먼지 같은 것이다. 하지만 건조한 사막은 별빛을 가리는 수증기나 먼지가 적기 때문에 다른 지역보다 어두운 별까지 볼 수 있다. 칠레의 아타카마 사막의 경우 해발 고도가 3,000미터가 넘고 연간 강수량이 거의 없어 세계 최고의 별 관측지로 각광을 받고 있다. 불빛과 먼지가 거의 없는 고산지대의 사막이라면 보통의 시골에서 볼 수 있는 것보다 훨씬 많은 별을 볼 수 있다.

물론 사막이 아무리 별 보기 좋다고 하더라도 실제로 우주에서 보는 것보다 많은 별을 볼 수는 없다. 대기의 영향이 전혀 없는 우주정거장이나 달에서는 지상에서 보는 것보다 더 많은 별을 볼 수 있다. 다만, 별이 반짝반짝 빛나는 예쁜 모습을 보기는 어렵다. 별이 반짝이는 이유는 별빛이 밀도가 다른 공기층을 통과하면서 이리저리 굴절되기 때문이다.

사실 별이 많이 보인다고 다 좋은 것은 아니다. 별자리를 공부하고 싶은 초보자의 경우엔 별이 많이 보일수록 밤하늘을 더 어렵게 느낄 수 있기 때문이다. 그래서 별자리를 배우기에는 보이는 별이 많지 않은 도시의 하늘이 더 좋다. 어두운 별들은 자연스레 정리되고 별자리의 뼈대를 이루는 별들만 보이기 때문에 도시의 하늘은 '별자리 공부의 요점정리판'이라고 할 수 있다. 하지만 별이 총총히 박힌 사막과 시골 하늘의 아름다움을 도시 하늘이 따라갈 수 없음은 당연하다. 도시의 불빛 너머에 그 옛날 신화와 전설을 간직한 수많은 별이 있음을 기억하기 바란다.

어린왕자의 별자리 - 양자리

모자 모양의 그림을 보고 코끼리를 삼킨 보아뱀을 상상하는 생텍쥐페리나 어린왕자의 상상력만큼 밤하늘에서 양의 모습을 찾는 것은 쉬운 일이 아니다. 눈에 띄는 별이 단지 3개 정도인 별 무리를 보고 귀여운 양을 상상한다는 것은 누구든 어려운 일이다. 그래서 밤하늘의 별자리를 찾는 데는 어린왕자와 같은 순수한 상상력과 믿음이 필요한 것이다.

양자리는 가을철의 중요한 별자리지만 매우 작은 공간을 차지하고 있다. 3개 정도의 별이 어두운 하늘을 배경으로 비교적 가까이 모여 있기 때문에 위치를 찾는 것은 어렵지 않다. 하지만 아무리 맞춰 보아도 양으로는 여겨지지 않는 극히 단순한 모습을 하고 있다. 이 별들을 이용해서 양자리를 만든 옛사람들의 추리력이 놀라울 뿐이다.

양자리

양자리에는 아주 유명한 그리스 신화가 전해지고 있다. 그 이야기는 다음과 같다. 옛날 신화가 처음 만들어지던 시대에 그리스의 어느 마을에 아타마스라고 불리는 사람이 살고 있었다. 그에게는 프릭수스와 헬레라는 두 남매가 있었는데, 이들은 어렸을 때 어머니를 여의고 계모의 품에서 자랐다. 이 계모는 동화 속에서나 볼 수 있는 몹시 사악한 여자로서 두 아이들이 겪는 고통은 이만저만이 아니었다. 그녀가 아이들에게 얼마나 잔인한 짓을 하였던지 신들조차 혀를 내두를 정도였다.

그러던 어느 날 이곳을 지나던 전령의 신 헤르메스가 아이들을 보고 그들을 구출할 것을 결심하게 되었다. 헤르메스는 하늘로 돌아가 황금 양피를 가진 초능력의 숫양 한 마리를 만들어 내려와 아이들을 보다 행복한 곳으로 보내기 위해 양에 태웠다.

아이들이 올라타자 양은 걷는 것처럼 쉽게 하늘로 날아올라 쏜살같이 동쪽으로 날아갔다. 두 아이는 양의 등 위에서 떨어지지 않으려고 안간힘을 썼지만 어린 헬레는 그만 붙잡고 있던 손을 놓쳐 아래로 떨어지고 말았다. 헬레가 떨어진 곳은 아시아와 유럽의 경계가 되는 해협이었는데, 뒷날 사람들은 헬레의 가엾은 운명을 기억하고자 이 해협을 '헬레스폰트'라고 불렀다.

혼자 남게 된 프릭수스는 양을 타고 계속 날아가 흑해의 동쪽 연안에 안전하게 도착했다. 그는 거기서 그곳의 왕인 에테스에게 후한 대접을 받고 행복하게 살게 되었다. 프릭수스는 감사의 뜻으로 황금 양을 제우스에게 바치고 그 양의 황금 양피는 왕에게 선물하였다. 그 후 제우스는 이 양의 공로를 치하하여 하늘의 별자리로 만들어 주었다고 한다.

사막의 별자리 - 전갈자리

사막하면 제일 먼저 생각나는 동물이 바로 무서운 전갈일 것이다. 하지만 전갈자리는 밤하늘에서 볼 수 있는 가장 아름다운 별자리 중의 하나이다. 이렇게 아름다운 별자리에 무서운 사막의 독충 전갈의 이름이 붙여졌다는 것은 약간 못마땅한 일이다. 하지만 신화 속 이야기를 들어보면 사랑하는 연인을 갈라놓은 죄로 집게발이 잘려나간 불쌍한 전갈의 별자리에 대해 충분히 흥미를 느끼게 될 것이다

여름밤, 남쪽 낮은 하늘을 보면 1등성의 붉은 별을 기준으로 밝은 별무리가 길게 펼쳐진 'S'자 모양으로 이어져 있는 것을 볼 수 있는데, 이것이 바로 여름의 대표적인 별자리 중 하나인 전갈자리이다. 전갈의 심장에 해당하는 1등성은 안타레스(Antares)라는 별인데, 화성처럼 붉게 보인다고 해서 화성의 라이벌(Anti-Ares)이라는 이름이 붙여진 것이다.

여름철 해변에서 이 별자리를 보면 마치 커다란 낚싯바늘이 바다 위에 떠 있는 것 같은 모양이 연상되는데, 호주나 뉴질랜드 같은 남태평양 지역에서는 이 별자리를 '낚싯바늘 별자리'로 부르기도 했다. 우리나라에서는 해와 달이 된 오누이 이야기에서 하늘에서 내려온 금줄을 전갈자리로 생각했는데, 이 별자리의 서쪽 끝 부분에 나란히 붙어 있는 두 개의 별이 바로 오누이에 해당한다.

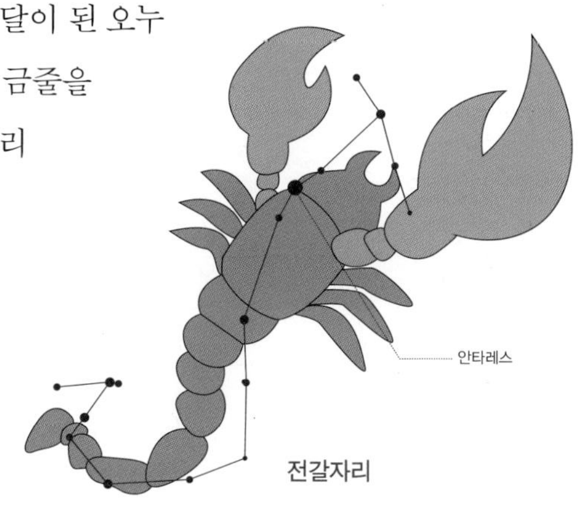

전갈자리는 처음 만들어졌을 때 지금보다 훨씬 큰 별자리였

으나, 후에 전갈의 집게발에 해당하는 별들로 천칭자리를 만들었기 때문에 지금은 집게발이 없는 밋밋한 모양이 되었다.

그리스 신화에 의하면 전갈자리에는 비극적인 슬픈 사랑의 이야기가 전해져 오고 있다. 신분을 뛰어넘는 사랑은 대부분 비극적인 끝을 맞이한다. 과연 신과 인간은 결혼할 수 있을까? 달의 여신 아르테미스와 사냥꾼 오리온은 신과 인간이라는 신분의 차이를 뛰어넘어 열렬히 사랑했다. 결국, 둘은 결혼을 결심했고, 아르테미스는 오빠인 태양신 아폴론에게 오리온과의 결혼을 허락해 줄 것을 간청했다. 하지만 신분의 벽은 사랑으로 감당하기에는 너무도 높았다. 아폴론은 아르테미스의 결혼을 막기 위해 전갈을 풀어 오리온을 죽게 했다. 그리고 제우스가 아르테미스의 슬픔을 달래기 위해 오리온을 별자리로 만들어 주자, 아폴론은 전갈을 별자리로 만들어 하늘에서도 오리온을 쫓게 하였다고 한다.

정/리/하/기

- **낮** : 해의 윗부분이 지평선 위로 보일 때부터 지평선 아래로 사라질 때까지의 시간
- **밤** : 해가 지평선 아래로 내려가 있는 시간
- **박명 시간** : 해가 뜨기 전이나 해가 지고 난 후 어느 정도 하늘이 밝은 상태로 남아 있는 시간. 시민 박명 시간, 항해 박명 시간, 천문 박명 시간이 있다.
- **시민 박명 시간** : 해가 지고부터 약 30분 사이. 주위가 밝다.
- **항해 박명 시간** : 해가 지고 약 30분에서 1시간 사이. 밝은 별이 보인다.
- **천문 박명 시간** : 해가 지고 약 1시간에서 1시간 30분 사이. 하늘과 지평선을 구별할 수 없다.
- **하루** : 24시간으로 해가 남중해서 다시 남중할 때까지의 시간
- **사막에서 별 보기** : 별빛을 가리는 수증기나 먼지가 적기 때문에 별이 많이 보인다. 하지만 별자리를 공부하기에는 별이 적게 보이는 도시의 하늘이 더 좋다.
- **어린왕자의 별자리** : 양자리. 가을철에 볼 수 있는 작은 별자리
- **사막의 별자리** : 전갈자리. 여름철 남쪽 하늘에서 볼 수 있는 S자 모양의 별자리

다른 별에서 온 어린왕자 3

The Little Prince

"그럼 아저씨도 하늘에서 왔구나. 어느 별에서 왔어?"

그 순간, 나는 신비에 쌓인 어린왕자의 정체를 밝혀줄 희미한 한 줄기 빛을 보는 것 같았습니다. 그래서 얼른 물었습니다.

"그럼 너는 다른 별에서 왔니?"

그러나 어린왕자는 대답하지 않았습니다.

내 비행기를 바라보면서 가만히 고개만 끄덕였습니다.

별이란 무엇일까?

맑게 갠 시골의 밤하늘을 바라본 기억이 있는 사람이라면 별들이 얼마나 아름답게 보이는지를 이해할 것이다. 그리고 그런 사람들이라면 별에 대해 여러 가지 궁금증을 가져보기도 했을 것이다. "별이 정말 좋은데, 별을 알기가 너무 어려워요."라고 말하는 사람들이 있다. 하지만 그것은 별과 친해지려는 노력을 충분히 하지 않았기 때문이다. 우리가 친구를 사귈 때 그 친구에 대해 많이 알수록 더 많이 이해하고 친해질 수 있는 것처럼 별을 정말 좋아하기 위해서는 별에 대해 많이 알려는 노력이 필요하다. 그냥 보기만 하고 무조건 좋아하고 무조건 사랑하는 것은 오래가기가 어렵다. 사람 관계에서도 그것은 피를 나눈 가족 사이에서나 가능한 일이다.

사진 : 권오철

어린아이들은 인형을 좋아한다. 하지만 무조건 모든 인형을 좋아하는 것은 아니다. 다른 사람이 보기에는 아무리 못생기고 낡은 인형일지라도 자신이 오랫동안 간직했던 자기만의 인형을 더 좋아한다. 그것은 아이가 그 인형을 오랫동안 길들이는 노력을 했기 때문이다. 긴 시간 동안 그 인형은 아이의 마음속에 하나의 중요한 존재로 자리 잡았을 것이다.

별과 친해지기 위해서는 일단 별에 대해 알려고 노력해야 한다. 그리고 별을 보는 시간을 늘려야 한다. 많이 보면 볼수록, 그리고 많이 알면 알수록 별은 더 가까워지고, 더 친숙한 대상이 될 것이다. 별을 아는 데 있어서 가장 중요한 것이 바로 시간과 노력이다. 하루 이틀 만에 책을 통해 별을 이해하고 별과 친해지는 것은 불가능한 일이다. 가능한 한 별을 보는 시간을 늘려야 한다. 굳이 시골로 갈 필요는 없다. 도시에서도 가로등 빛만 피할 수 있다면 생각보다 많은 별을 볼 수 있다.

사진 : 권오철

"별이란 무엇일까?" 초등학생들에게 이런 질문을 하면 대부분은 '스타(star)'라고 대답한다. 그러면 "'스타'는 무엇일까?"라고 질문하면 다시 '별'이라고 대답한다. 아주 우스운 이야기지만, 어느 강연에서나 별에 대해 물을 때면 스타와 별의 대답이 번갈아 나오는 것이 일반적이다. 조금 공부를 한 학생이나 일반인은 '별은 스스로 빛을 내는 천체'라고 대답한다. 아마 이것이 우리가 알고 있는 사전적인 의미의 별일 것이다. 국어사전을 찾아보면 넓은 의미의 별과 좁은 의미의 별이 나온다. 넓은 의미의 별은 '해와 달과 지구를 뺀 밤하늘의 모든 천체'이며, 좁은 의미의 별은 '스스로 빛을 내는 해와 같은 천체'이다. 이 중 영어의 'star(스타)'는 좁은 의미의 별이다.

이제부터 별, 즉 스타를 '스스로 타는 천체'로 정의하기로 한다. 스스로 탈 수 없다면 별이 될 수 없다. 해는 스스로 타기 때문에 스타인 것이고, 지구나 달은 스스로 탈 수 없기 때문에 스타가 아니다. 우주에서 스스로 탈 수 있는 것은 별밖에 없다. 텔레비전에 나온다고 다 스타가 아니듯 밤하늘에 보인다고 다 스타는 아니다. 필자도 수백 번 이상 방송에 나왔지만 필자를 알아보는 사람은 거의 없다. 그것은 필자가 스타가 아니기 때문이다.

방송에 등장하는 스타는 이미 이름이 널리 알려진 사람이다. 즉, 스스로 자신의 이름을 알리는 데 성공한 사람이다. 드라마를 보면 스타 주위에 등장하는 많은 엑스트라를 볼 수 있다. 우리는 대부분 이 엑스트라의 이름이나 얼굴을 기억하지 못한다. 다만, 스타 가까이에서 자주 등장하는 엑스트라는 그 스타 때문에 기억할 수 있다. 즉, 스타의 빛 때문에 보이는 이런 엑스트라와 같은 존재들이 밤하늘에도 많이 있다. 행성이나 위성, 혜성과 같은 존재들이 바로 우주의 엑스트라들이다.

자, 다시 한 번 기억하자. 스타는 스스로를 태워서 그 빛으로 자신의 모습을 알릴 수 있는 존재이다. 그렇다면 별은 무엇을 태워서 빛을 밝히는 것일까? '스스로 타는 천체'의 '스스'에 아래위로 점을 하나씩만 찍어 보자. 그러면 '수소'가 된다. 즉, '수소로 타는 천체'가 바로 별이다.

스스로를 태워서 빛을 내는 것이 별인데, 그 태우는 것이 수소라면 별은 당연히 '수소'로 만들어졌을 것이다. 따라서 별이 만들어지는 곳, 즉 별이 태어나는 곳은 수소가 많이 모여 있는 곳이어야 한다. 우주에서 수소가 많이 모여 있는 곳을 가리켜 별구름(star cloud), 즉 성운(星雲, nebula)이라고 부른다. 수증기가 모여서 구름이 되고, 그 속에서 빗방울이 만들어지듯이, 수소가 모여 별구름이 되고, 그 속에서 별이 만들어지는 것이다.

여기까지 이야기를 하면 이해력이 좋은 독자는 우주에 수소가 많다는 것을 충분히 짐작할 것이다. 사실 우주에서 우리가 눈으로 관측할 수 있는 물질의 4분의 3은 수소이다. 그리고 나머지 4분의 1은 수소보다 한 단계 무거운 헬륨이라는 원소이다. 그 이외의 물질들은 거의 비율을 따질 수 없을 정도로 적다.

별은 어떻게 태어나는가?

이제 별 구름, 즉 성운 속에서 별이 어떻게 태어나는지에 대해 알아보자. 주로 수소와 헬륨으로 이루어진 성운은 밀도가 매우 낮다. 대부분의 성운은 지구에서 인공적으로 만들 수 있는 진공 상태보다도 더 낮은 밀도를 갖고 있다. 하지만 이 성운들은 워낙 넓은 지역에 퍼져 있어서 지구에서 볼 때는 두터운 구름처럼 보인다. 성운 속에 충분히 많은 물질이 있으면, 이 물질들은 서로의 중력으로 인해 모이기 시작한다. 그리고 물질이 많이 모이면 모일수록 그 중심의 온도는 높아진다. 이것은 우리가 옆 사람과 꼭 껴안으면 따뜻해지는 것과 같은 이치이다. 만약 지구 위의 모든 사람이 한 덩어리가 되어 꼭 껴안는다면 어떤 일이 벌어질까? 무서운 상상이지만 그 중심에 있는 사람은 일단 숨이 막혀 죽을 것이다. 하지만 그 정도라면 단순히 죽는 게 아니라 다 타서 재만 남을 정도가 될 것이다.

성운 속에서도 마찬가지의 일이 벌어진다. 중력으로 물질들이 뭉치게 되면 그 중심의 온도는 계속 올라가게 된다. 그리고 그 온도가 1,000만 도 정도에 이르면 엄청난 변화가 일어난다. 바로 수소가 타기 시작하는 것이다. 즉, 1,000만 도가 바로 별이 태어나는 온도이다.

별이 태어나는 온도 1,000만 도! 별을 알기 위해 꼭 알아두어야 하는 숫자이다. "천문학, 별 많다." 하고 외우면 1,000만 도를 쉽게 기억할 수 있을 것이다. 수소가 타면서 열과 빛이 바깥으로 나오기 때문에 별은 뜨겁게 빛나기 시작한다. 그런데 한 가지 주의할 게 있다. 쉽게 설명하기 위해 수소가 탄다는 표현을 썼지만, 수소가 타는 건 아니다. 별 내부에서는 수소 4개가 모여서 헬륨 1개가 만들어지는 과정이 일어난다(실제로는 좀 더 복잡하다.). 조금 어려운 말로는 핵융합 반응이라고 한다. 헬륨은 자연계에서 수소 다음으로 가벼운 원소이다. 풍선이나 열기구에 자주 쓰이는 것이 바로 공기보다 가벼운 헬륨이다.

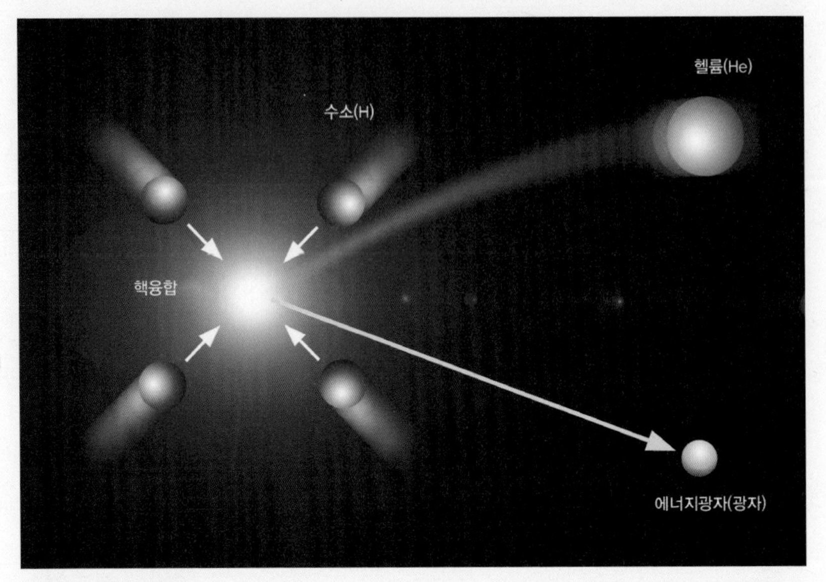

핵융합 반응 개념도

핵융합 반응은 수소 4개가 헬륨 1개로 바뀌는 과정에서 질량(물질)의 일부가 에너지로 바뀌는 것이다. 이러한 과정을 통해 성운 속에서 스스로 빛을 내는 별이 태어난다. 핵융합 반응은 알기 쉬운 말로 설명하면 바로 수소폭탄이 터지는 과정이다. 수소폭탄이 터지는 과정이기 때문에 얼마나 많은 열과 빛이 나올지 상상이 될 것이다.

이 정도 되면 궁금해할 것이 한 가지 더 있을 것이다. 얼마나 많은 수소가 모여야만 중심의 온도가 1,000만 도가 되는 것일까? 별이 되기 위해서는 최소한 태양 질량의 10% 가까이는 되어야 한다. 그럼 태양의 질량은 얼마나 될까? 태양의 질량은 약 2,000,000,000,000,000,000,000,000,000,000kg이다. 도저히 그 크기를 가늠하기 어려울 정도로 큰 숫자다. 2뒤에 0이 무려 30개나 된다(2×10^{30}kg). 수소 원자 하나의 질량은 대략 0.000000000000000000000000002(2×10^{-27})kg이다. 이것을 다시 설명하면 수소가 모여서 2kg이 되기 위해서는 1,000,000,000,000,000,000,000,000,000개(1뒤에 0이 27개, 1×10^{27}개)의 수소가 필요하다는 것이다. 그러면 해 질량의 10%, 즉 2뒤에 0이 29개가 되기 위해서는 수소가 몇 개 모여야 하는 것일까? 그야말로 천문학적인 숫자이다. 1뒤에 0이 56개인 개수(1×10^{56}개)만큼이 필요한 수소의 양이다. 별 하나를 만들기 위해 최소한 이렇게 많은 수소가 중력으로 모여야 하는 것이다. 이 숫자들을 다 외울 필요는 없다. 별이 얼마나 힘들게 만들어지는 것인지를 독자들이 느끼기만 하면 된다.

별은 어떻게 죽는가?

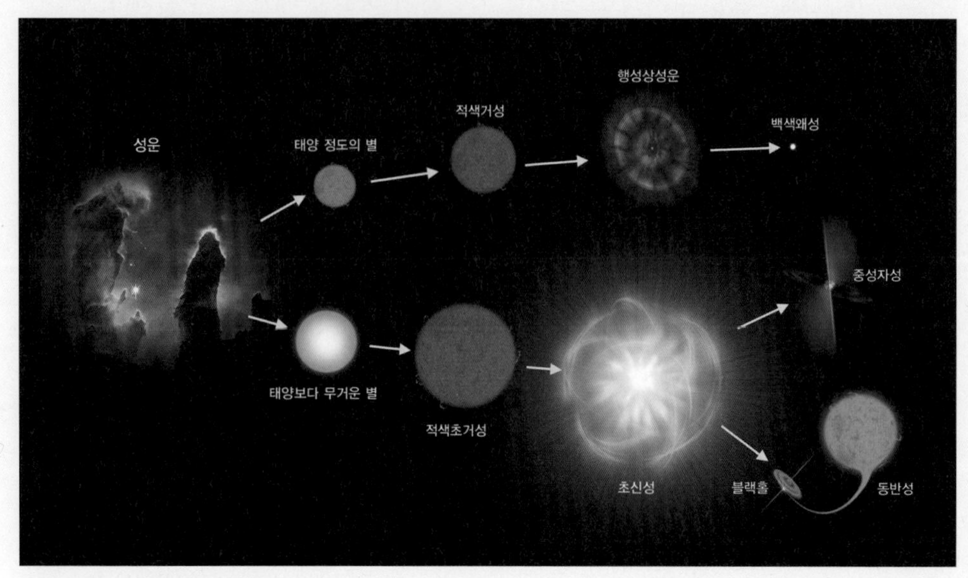

질량에 따른 별의 진화 과정

우주의 진리 중 하나는 시작이 있으면 반드시 끝이 있다는 것이다. 시간의 차이는 있겠지만 영원히 존재할 수 있는 것은 없다. 영원할 것 같은 별도 태어났으면 반드시 죽는다. 그렇다면 과연 질량이 큰 커다란 별과 질량이 작은 조그만 별 중 누가 더 오래 살까?

사람의 경우는 신생아의 몸무게로 그 아이의 운명을 알아낼 수는 없다. 비록 2kg 정도로 태어난 아이라도 환경이 좋고, 유전적으로 튼튼하다면 충분히 오래 살 수 있을 것이고, 반대로 4kg이 넘은 우량아로 태어났더라도 상황에 따라서는 일찍 죽을 수도 있다.

하지만 별의 세계에서는 태어날 때의 질량이 그 수명을 결정해 버린다. 일반적인 상식으로는 수소가 많은 무거운 별이 오래 살 것이라고 생각할 수도 있다. 하지만 질량이 크게 되면 중심의 온도는 그만큼 높아 수소가 훨씬 빨리 타버린다(핵융합 반응이 빠르게 일어난다.). 별의 질량이 2배 커지면 밝기는 8배가 더 밝아진다. 즉, 질량이 커지면 수소가 훨씬 빨리 탄다는 이야기다. 낮은 온도로 모닥불을 작게 피우는 것과 석유를 뿌려서 아주 높은 온도로 모닥불을 크게 피우는 것을 생각하면 쉽게 이해할 수 있을 것이다. 결국, 별은 질량이 크면 클수록 중심의 온도가 높기 때문에 수소를 빨리 태우고 빨리 죽는다.

질량이 태양 정도 되는 별은 약 100억 년을 살고, 태양의 수십 배에 이르는 별은 수백만 년 정도밖에 살지 못한다. 별들의 운명은 '굵고 짧게', 아니면 '가늘고 길게'이다. 필자는 별처럼 살고 싶다. 물론 둘 중 어느 경우인지는 독자들의 상상에 맡기겠다.

태양은 지금까지 약 46억 년을 살아왔다. 그러니까 태양의 수명은 앞으로 50억 년보다 조금 더 남은 셈이다. 독자들 중에는 "앞으로 50억 년 후에 지구는 어떻게 될 것인가!" 하고 걱정을 하는 사람도 있을 것이다. 하지만 크게 걱정할 이유는 없다. 우리나라의 역사를 흔히 5,000년 역사라고 한다. 50억 년이라면 5,000년이 100만 번 거듭되는 세월이다. 그 정도의 역사 동안 인류가 지구 위에 존재할 수 있다면 이미 인간의 과학은 영화에서처럼 다른 별에 수많은 지구를 만들고 있을 것이다.

시간이 흐름에 따라 별의 내부에는 무거운 물질들이 계속 쌓인다. 온도가 1억 도가 넘게 되면 헬륨이 모여서 탄소를 만든다. 그리고 더 높은 온도가 되면 질소, 산소 같은 물질이 만들어지고, 10억 도 이상의 온도가 되면 철이 만들어진다. 우주에서 가장 안정된 물질이 바로 철이다.

따라서 수소를 제외한 나머지 원소들 중 철보다 가벼운 물질들은 모두 별에서 만들어지는 것이다.

별의 중심에 무거운 물질이 많이 쌓이면 중심 부분에서 바깥으로 내미는 힘이 생기게 된다. 만원인 전철이나 버스에 올라타려다가 밀려나본 기억을 떠올리면 이 현상을 이해할 수 있을 것이다. 또한, 이 시기가 되면 수소의 핵융합 반응은 중심에서 벗어난 외각에서 일어나게 된다. 별은 이 시기가 되면 점점 부풀어 오르고 죽음을 준비한다. 이렇게 부풀어 오른 별을 적색거성(red giant) 또는 적색초거성(red supergiant)이라고 부른다. 별의 부피가 커지면 온도가 내려가서 붉은색으로 보이기 때문이다. 적색거성이나 적색초거성 단계에 이른 별은 그 지름이 처음보다 수십 배에서 수백 배 이상 커진다. 태양의 경우 현재 반지름이 70만 km 정도이기 때문에 200배 정도 커지면 1억 4,000만 km나 돼 수성을 삼키고, 금성을 삼킨 후 거의 지구에 닿게 될 것이다. 물론 그렇게 되면 지구는 그 속에 삼켜지지 않더라도 다 타버리고 말 것이다.

자, 그렇다면 죽을 때가 되어 부풀어 오른 별은 결국 어떻게 될 것인가?

이 경우 질량이 작은 별과 큰 별이 다르다. 질량이 작은 별에서는 내부의 수소 핵융합이 모두 멈추면 더 이상 중력에 맞서서 별을 지탱해 줄 힘이 없어진다. 즉, 적색거성의 중심 부분은 중력으로 강하게 수축하게 되고, 그 반발력으로 껍질은 그대로 외부로 날아가 버린다. 이때 둥글게 퍼진 외부 껍질을 행성상성운(planetary nebula)이라고 부른다. 망원경으로 보면 마치 행성처럼 둥글게 보이기 때문에 붙여진 이름이다. 수축된 중심 부분은 가끔씩 남은 수소를 태우며 서서히 식어간다. 이것이 바로 백색왜성(white dwarf)이다. 백색왜성은 손톱 정도 크기의 질량이 수십 톤이 넘을 정도로 밀도가 높은 천체이다. 백색왜성은 시간이 지나면서 점점 어두워져서 결국 모든 빛이 사라진 흑색왜성이 된다.

아마 50억 년 후가 되면 태양은 백색왜성이 될 것이고, 그 이후 세월이 더 흐르면 이곳 태양계는 암흑의 세계로 바뀔 것이다. 그리고 지구가 태양에 삼켜지지 않고 남아 있다면 지구는 이미 빛이 사라진 검은 태양 둘레를 계속해서 돌고 있을 것이다. 만약 인류의 후손이 그때까지 존재한다면 그들은 고대 유적지를 방문하듯 어두운 태양계를 찾아 다 타버린 지구의 모습을 보게 될지도 모른다.

태양보다 어느 정도 이상 질량이 큰 별들은 적색거성 단계를 넘어서면 거대한 폭발을 일으키며 초신성이 된다. 별이 초신성 폭발을 하면 원래의 밝기보다 수십만 배 이상 밝아진다. 그래서 평소 보이지 않던 별이 밤하늘에 갑자기 밝게 나타나기 때문에 초신성이란 이름이 붙은 것이다. 즉, 초신성은 새롭게 태어난 밝은 별이 아니라 태양보다 큰 별이 죽기 전에 마지막으로 반짝하고 빛을 발하는 현상이다.

초신성 폭발이 일어나면 그 충격으로 인해 철보다 무거운 원소들이 탄생한다. 금과 같은 귀금속도 바로 이때 만들어진다. 일단 초신성 폭발이 일어나면 대부분의 물질은 그 충격으로 인해 다 부서지고 주위로 퍼져 나간다. 별의 질량이 태양보다 8배 이상 무거우면 그 중심은 이미 철과 같은 무거운 물질로 단단하게 묶여져 있다. 따라서 초신성 폭발이 일어나더라도 중심부의 물질은 다 날아가지 않고 태양 질량의 2~3배 정도가 남는다. 이때 이 물질들이 엄청난 중력으로 붕괴하는데, 그 힘으로 −를 띤 전자들이 +를 띤 원자핵과 하나가 된다. 이것이 바로 중성자성(neutron star)이다. 중성자성 정도가 되면 손톱 크기 정도의 질량이 10억 톤을 넘는다.

그렇다면 초신성 폭발 이후에 남은 물질이 태양 질량의 3배 이상이면 어떻게 될 것인가? 폭발 후에 남은 물질이 태양 질량의 3배 이상이 되려면 초기의 질량이 태양보다 대략 30배 이상 커야 한다. 이 정도가 되면 그 엄청난 중력으로 인해 원자핵 자체가 붕괴하고 모든 질량이 중심의 한 점에 모이는 블랙홀(black hole), 즉 검은 구멍이 만들어진다. 블랙홀은 태양보다 30배 이상 무거운 '뚱뚱한 별의 시체'인 것이다. 지구가 블랙홀이 되려면 쌀알 정도로 작아져야 한다. 쌀알만 한 지구를 상상해보자. 그 속에 60억이 넘는 사람과 모든 건물, 모든 자동차가 들어 있다는 것을 상상할 수 있겠는가! 블랙홀은 워낙 중력이 커서 빛조차도 빠져나올 수 없는 곳이다.

그러나 여기서 한 가지 중요한 사실이 있다. 둥근 공 모양의 별 중심이 줄어들어서 된 것이 블랙홀이기 때문에 블랙홀 역시 둥근 모양을 하고 있다는 것이다. 물론 하루에 한 바퀴 도는 지구가 쌀알만 해졌다면 그 자전 속도는 거의 빛의 속도에 육박할 정도로 빠를 것이다. 이 빠른 자전 속도로 인해 블랙홀은 찌그러진 공 모양을 하게 된다. 즉, 블랙홀은 모든 질량이 그 중심에 모여 있는 찌그러진 공 모양의 천체이다. 따라서 만화책이나 SF에 등장하는 화이트홀은 실제로 존재할 수 없다. 블랙홀로 빨려 들어간 물질은 그 중심에 모일 뿐 통로를 따라 그 물질들이 빠져나가는 화이트홀은 존재하지 않는다.

물론 스티븐 호킹 박사의 이론에 의하면 호킹 복사라는 방법을 통해 블랙홀의 물질 일부가 외부로 빠져나오는 방법도 있다. 하지만 그 경우도 화이트홀을 통한 탈출과는 다른 것이다.

사실 별이 죽는 모습은 여기에 적은 것보다 훨씬 복잡하고 다양한 경로로 이루어진다. 적색초거성들 중에는 초신성 폭발 없이 바로 블랙홀이 되는 경우도 있고, 백색왜성이 서로 합쳐지면서 블랙홀이 되기도 한다. 비슷한 질량의 별이라도 주위 환경에 따라, 또는 진화 과정의 여러 변수에 따라 다른 모습으로 생을 마감할 수 있다. 특히 질량이 크면 클수록 그 경우의 수는 더 많아진다. 분명한 것은 영원히 존재하는 별은 없다는 것이고, 질량이 크면 클수록 빨리 생을 마감한다는 것이다.

정/리/하/기

- **별**(star) : 스스로 타는 천체. 수소가 모여서 중심 온도가 1,000만 도가 되면 별이 된다.
- **성운** : 가스가 모여 있는 곳으로 별이 태어나는 고향
- **적색거성과 적색초거성** : 별이 생애의 마지막 단계에서 부풀어 오른 모습
- **행성상성운** : 적색거성의 껍데기 부분이 외부로 날아가면서 행성처럼 둥글게 보이는 모습
- **백색왜성** : 태양 정도나 그보다 작은 별이 생애를 마치고 수축된 모습
- **초신성** : 태양보다 큰 별들이 생애의 마지막 순간에 폭발하여 갑자기 밝아진 모습
- **중성자성** : 초신성 폭발 후 중심이 수축하여 전자와 원자핵이 합쳐진 상태의 천체
- **블랙홀** : 뚱뚱한 별의 시체. 중성자성보다 더 밀도가 높아서 빛도 빠져나올 수 없다.
- **화이트홀** : 블랙홀의 반대 개념. SF 소설이나 만화 속에 등장하는 것 같은 화이트홀은 실제로 존재하지 않는다.

T H E L I T T L E P R I N C E

소행성 B612 4

The Little Prince

나는 이렇게 해서 두 번째로 중요한 사실을 알게 되었습니다. 그것은 어린왕자가 사는 별이 겨우 집 한 채만한 크기의 작은 별이라는 것입니다.

……

"어린왕자는 소행성 B612에서 왔어요."라고 말하면, 어른들은 그냥 믿을 것입니다. 그리고 다른 질문을 하지 않을 것입니다.

어른들이란 모두 그렇습니다. 하지만 어른들을 나쁘게 생각하지 말아야 합니다. 아이들은 항상 어른들을 너그럽게 봐 주어야 합니다.

그러나 확실한 것은, 인생을 이해하는 우리에게는 숫자 따위는 그리 중요한 문제가 아닙니다.

나는 이 이야기를 동화처럼 시작하고 싶었습니다.

"옛날옛적에 어린 왕자님이 있었습니다. 그 왕자는 자기보다 조금 더 큰 별에서 살고 있었습니다. 그리고 양 한마리를 갖고 싶어했습니다."

인생을 이해하는 사람들에겐 내 이야기에 더욱 동감할 것입니다.

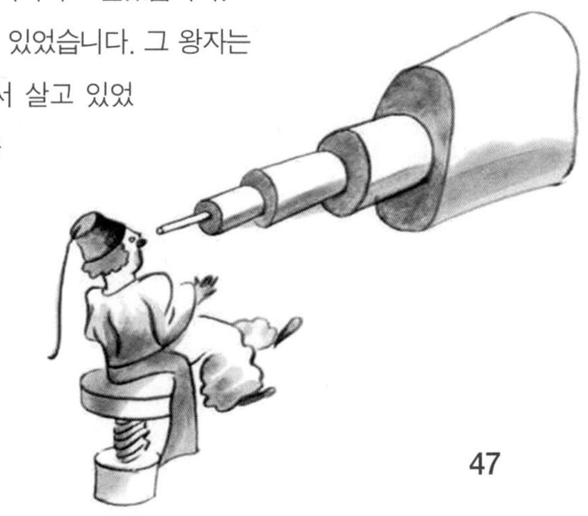

소행성이란

어린왕자의 별로 알려진 소행성 B612는 실제로 존재하는 소행성은 아니다. 그렇게 작은 소행성에 생명체가 살 수도 없다. 대기도 있을 수 없고, 중력 또한 너무 약하기 때문에 그 위에서는 걷는 것조차 힘든 일이다. 물론 어린왕자가 자신의 별이 소행성 B612라고 말한 적은 없다. 조종사가 그렇게 생각했을 뿐이다.

태양을 도는 천체 중 행성보다 작은 것들을 소행성이라고 부른다. 간혹 소혹성이라고 부르는 사람들도 있는데, 이것은 일본식 표현으로 잘못된 것이다. 소행성은 주로 화성과 목성 사이에 위치하며 그 크기는 수십 m에서 수백 km에 이르기까지 다양하다. 이 중 일부는 그 궤도가 지구의 공전궤도 안쪽까지 들어오기 때문에 지구와 충돌할 가능성이 있는 위협적인 존재로도 알려져 있다.

국제천문연맹(IAU)은 수많은 소행성을 찾아내기 위해 각국의 천문대와 아마추어 천문가들을 대상으로 소행성을 찾게 하고, 소행성을 발견한 사람에게 그 이름을 지을 수 있는 권리(명명권)를 주고 있다. 이웃 일본의 경우 이미 오래전부터 소행성 탐색에 힘을 기울여 이미 1,000개가 넘는 소행성에 일본과 관련된 이름을 붙여 놓은 상태이다.

소행성 탐색은 미국이 NASA를 중심으로 한 지구 근접 천체(Near Earth Object, NEO) 발견 프로젝트를 시행함으로써 활기를 띠기 시작했다. 그리고 혜성과 소행성의 지구 충돌을 다룬 영화 〈딥 임팩트〉와 〈아마겟돈〉이 개봉된 후 대중들의 관심이 커지면서 소행성 탐색 활동이 더욱 활발해졌고, 발견되는 소행성의 수도 급격히 늘어났다.

국내 최초로 발견된 소행성 '통일'

1998년 9월 18일 필자는 국내 최초로 소행성을 발견하여 국제천문연맹으로부터 공식 인정을 받았다. 이 소행성은 "1998SG5"라는 임시번호를 거쳐 2001년 2만 3,880번째 소행성으로 정식 등록되었다. 그리고 필자는 이 소행성에 '통일(Tongil)'이라는 이름을 붙였다. 소행성을 발견한 경기도 연천 지역은 국제적으로 '343호 소행성 관측소'로 등록되었다.

발견 일자	1998년 9월 18일
관측 장소	경기도 연천군 신서면 대광리 (동경 127°07'33″, 북위 38°12'00″, 해발 136m)
발 견 자	이태형
관측 장비	- 212mm 반사망원경(초점거리 800mm, 구경비 f/4.0) - ST-8 CCD 카메라 - CCD 카메라 제어용 노트북 컴퓨터

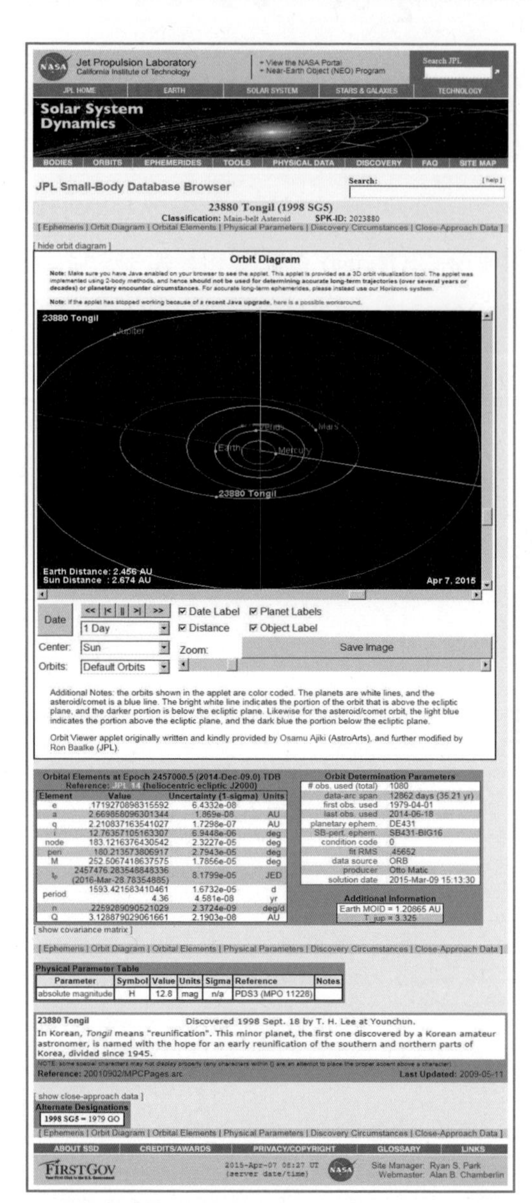

Jet Propulsion Laboratory
California Institute of Technology

- View the NASA Portal
- Near-Earth Object (NEO) Program

Search JPL

JPL HOME | EARTH | SOLAR SYSTEM | STARS & GALAXIES | TECHNOLOGY

Solar System Dynamics

BODIES | ORBITS | EPHEMERIDES | TOOLS | PHYSICAL DATA | DISCOVERY | FAQ | SITE MAP

JPL Small-Body Database Browser

Search: [help]

23880 Tongil (1998 SG5)

Classification: Main-belt Asteroid **SPK-ID:** 2023880

[Ephemeris | Orbit Diagram | Orbital Elements | Physical Parameters | Discovery Circumstances | Close-Approach Data]

[hide orbit diagram]

Orbit Diagram

Note: Make sure you have Java enabled on your browser to see the applet. This applet is provided as a 3D orbit visualization tool. The applet was implemented using 2-body methods, and hence **should not be used for determining accurate long-term trajectories (over several years or decades) or planetary encounter circumstances.** For accurate long-term ephemerides, please instead use our Horizons system.

Note: If the applet has stopped working because of a **recent Java upgrade**, here is a possible workaround.

Date | << | |< | || | >| | >> | ☑ Date Label | ☑ Planet Labels

1 Day | ☑ Distance | ☑ Object Label

Center: Sun | Zoom: | Save Image

Orbits: Default Orbits

Additional Notes: the orbits shown in the applet are color coded. The planets are white lines, and the asteroid/comet is a blue line. The bright white line indicates the portion of the orbit that is above the ecliptic plane, and the darker portion is below the ecliptic plane. Likewise for the asteroid/comet orbit, the light blue indicates the portion above the ecliptic plane, and the dark blue the portion below the ecliptic plane.

Orbit Viewer applet originally written and kindly provided by Osamu Ajiki (AstroArts), and further modified by Ron Baalke (JPL).

Orbital Elements at Epoch 2457000.5 (2014-Dec-09.0) TDB
Reference: JPL 14 (heliocentric ecliptic J2000)

Element	Value	Uncertainty (1-sigma)	Units
e	.1719270898315592	6.4332e-08	
a	2.669858096301344	1.869e-08	AU
q	2.210837163541027	1.7298e-07	AU
i	12.76357105163307	6.9448e-06	deg
node	183.1216376430542	2.3227e-05	deg
peri	180.213573806917	2.7943e-05	deg
M	252.5067418637575	1.7856e-05	deg
t_p	2457476.283548848336 (2016-Mar-28.78354885)	8.1799e-05	JED
period	1593.421583410461	1.6732e-05	d
	4.36	4.581e-08	yr
n	.2259289090521029	2.3724e-09	deg/d
Q	3.128879029061661	2.1903e-08	AU

[show covariance matrix]

Orbit Determination Parameters

# obs. used (total)	1080
data-arc span	12862 days (35.21 yr)
first obs. used	1979-04-01
last obs. used	2014-06-18
planetary ephem.	DE431
SB-pert. ephem.	SB431-BIG16
condition code	0
fit RMS	.45652
data source	ORB
producer	Otto Matic
solution date	2015-Mar-09 15:13:30

Additional Information

Earth MOID = 1.20865 AU
T_jup = 3.325

[Ephemeris | Orbit Diagram | Orbital Elements | Physical Parameters | Discovery Circumstances | Close-Approach Data]

Physical Parameter Table

Parameter	Symbol	Value	Units	Sigma	Reference	Notes
absolute magnitude	H	12.8	mag	n/a	PDS3 (MPO 11228)	

23880 Tongil Discovered 1998 Sept. 18 by T. H. Lee at Younchun.

In Korean, *Tongil* means "reunification". This minor planet, the first one discovered by a Korean amateur astronomer, is named with the hope for an early reunification of the southern and northern parts of Korea, divided since 1945.

Reference: 20010902/MPCPages.arc **Last Updated:** 2009-05-11

[show close-approach data]

Alternate Designations

1998 SG5 = 1979 GO

[Ephemeris | Orbit Diagram | Orbital Elements | Physical Parameters | Discovery Circumstances | Close-Approach Data]

ABOUT SSD | CREDITS/AWARDS | PRIVACY/COPYRIGHT | GLOSSARY | LINKS

FIRSTGOV

2015-Apr-07 08:27 UT (server date/time)

Site Manager: Ryan S. Park
Webmaster: Alan B. Chamberlin

NASA 사이트에서 확인할 수 있는 소행성 '통일' 데이터

소행성 통일의 최초 발견 사진

1. 1998년 9월 18일 21시 02분 09초 / 적경 23h 42m 19.57s 적위 +01° 22' 17/1″
2. 1998년 9월 18일 23시 34분 34초 / 적경 23h 42m 15.35s 적위 +01° 20' 58/9″

한 시간 반 간격으로 찍은 두 사진을 겹쳤을 때 위치가 변한 것이 소행성이다. 밝은 별은 물고기자리(Pisces) 람다(λ)별로 밝기는 눈에 겨우 보이는 5등성이다. 자동 탐색 기능이 없는 망원경이었기 때문에 눈에 보이는 별을 기준으로 위치를 재탐색했다.

23880 Tongil	1998 SG_5	September 18, 1998	Younchun	T. H. Lee

소행성 목록표의 내용

- 343: Younchun
- 344: Bohyunsan Optical Astronomy Observatory *(BOAO)*
- 345: Sobaeksan Optical Astronomy Observatory

소행성 관측소의 목록표. 국립천문대인 보현산과 소백산 천문대가 344, 345번이다.

소행성 발견의 역사

1766년 독일의 천문학자 티티우스는 소행성 발견의 계기가 되는 경험법칙을 발견한다. 그의 법칙은 다음과 같다. 처음 0을, 그다음에 3을 적는다. 세 번째는 두 번째의 2배인 6을 적는 식으로 앞의 숫자를 2배하여 적어나간다. 그러면 다음과 같은 수열이 만들어진다.

0 3 6 12 24 48 96 192 384 768 ……

이번에는 위에서 만들어진 각각의 숫자에 4를 더한다.

4 7 10 16 28 52 100 196 388 772 ……

위의 수열을 '티티우스의 수열'이라 부른다.

티티우스의 수열	4	7	10	16	28	52	100	196	388	772
태양에서 행성까지 평균거리	4	7	10	15	-	52	95	195	301	395
해당 행성	수성	금성	지구	화성	?	목성	토성	천왕성	해왕성	명왕성

위의 표는 티티우스의 수열과 태양에서 각 행성까지의 거리를 비교해 놓은 것이다. 여기서 각 행성의 거리는 지구의 거리를 10으로 했을 때의

상대적인 값이다. 표에서 보듯이 1766년 당시까지 알려진 6개 행성(지구 포함)의 거리와 티티우스의 수열은 신기하게도 거의 일치한다. 그러나 이 법칙을 처음 발표했을 때 주목한 사람은 아무도 없었다. 다만, 독일의 천문학자 보데만은 예외였다. 1772년 보데는 논문을 통해 이 법칙을 재발표했다. 이때부터 이 법칙을 '티티우스-보데의 법칙'이라 부르게 되었다. 그러나 보데의 발표 후에도 여전히 수열은 하나의 신비로운 숫자 정도로만 여겨졌을 뿐이다. 그러던 중 1781년 놀라운 일이 일어났다. 그 당시까지 알려지지 않았던 새로운 행성 천왕성이 영국의 아마추어 천문가 허셜에 의해 발견된 것이다. 얼마 후 천왕성까지의 거리가 측정되었고, 티티우스 수열의 천왕성에 해당되는 숫자 196과 거의 일치한다는 것이 알려졌다. 이때부터 티티우스-보데의 법칙에 관심을 갖게 된 독일의 천문학자들은 화성과 목성 사이의 숫자 28의 위치에 있을 새로운 행성을 찾기 위한 계획을 세웠다. 그러나 이 새로운 천체는 1801년 이탈리아의 천문학자 피아치에 의해 우연히 발견되었고, 그 크기는 약 940km 정도라는 것이 밝혀졌다. 이것이 소행성 1번 세레스이다. 세레스는 2006년 8월 명왕성과 함께 왜소행성(또는 왜행성)으로 분류가 바뀌면서 소행성에서 빠지게 되었다.

소행성의 기원

화성과 목성 궤도 사이에서 공전하고 있는 소행성의 숫자는 주먹만 한 작은 것을 합쳐 적게는 수백만 개에서 많게는 1,000억 개 이상으로 추정되고 있다. 그렇다면 이렇게 많은 소행성은 어떻게 만들어졌을까? 오늘날의 과학 지식으로도 아직 태양계의 기원에 대해서 정확하게 답을 못하고 있다. 소행성의 기원 역시 마찬가지이다. 한때는 화성과 목성 사이에 존재했던 커다란 행성이 폭발하여 그 잔해가 지금의 소행성일 것이라는 가설을 주장하는 학자들도 있었다. 그러나 현재 일반적으로 받아들여지고 있는 가설은 태양계 형성 당시 행성을 만들고 남은 잔유물이 현재에 이르고 있다는 것이다.

소행성 아이다와 그 위성

소행성의 크기 · 모양 · 구성 물질

현재까지 발견된 소행성 중 크기가 100km 이상인 것은 약 240여 개이며, 그 외의 것들은 수백 m에서 수십 km까지 다양하게 분포한다. 모양은 감자처럼 울퉁불퉁하게 생겼으며 구성 물질은 탄소화합물과 같은 검은 암석 성분으로 이루어져 있다. 수증기나 암모니아, 메탄가스 등이 얼어붙은 '얼음 덩어리'인 혜성과 명확히 구분된다.

소행성의 궤도

대부분의 소행성은 화성과 목성 궤도 사이에 존재하지만 일부는 목성 궤도 근처나 지구 궤도의 안쪽까지 접근하기도 한다. 목성 궤도 근처의 소행성은 '트로이 소행성 무리'라 불리며 이들이 위치하는 곳은 태양과 목성의 중력이 서로 평형을 이루는 삼각형의 꼭짓점 부근이다.

이 지역은 중력적으로 안정되어 있기 때문에 이 궤도를 벗어나는 일은 거의 없다. 가끔 지구 가까이 접근하여 우리를 놀라게 하는 소행성은 '아폴로 소행성 무리'이다. 이들 소행성은 근일점(태양과 가장 가까이 접근하는 지점)이 지구의 공전 궤도 안쪽에 있고 원일점(태양에서 가장 멀리 떨어지는 지점)이 지구 공전 궤도 바깥에 있기 때문에 지구 근처를 지나가는 경우가 발생한다. 이외에도 근일점이 지구 궤도보다 바깥에 있는 '아모르 소행성 무리'와 원일점이 지구 궤도보다 안쪽에 있는 '아텐 소행성 무리'도 있다.

아모르 소행성들은 지구 궤도와 겹치지 않기 때문에 특별히 충돌 위험은 없지만, 아텐 소행성들의 경우 매우 찌그러진 궤도를 돌기 때문에 일부는 지구 궤도에 접근하기도 한다.

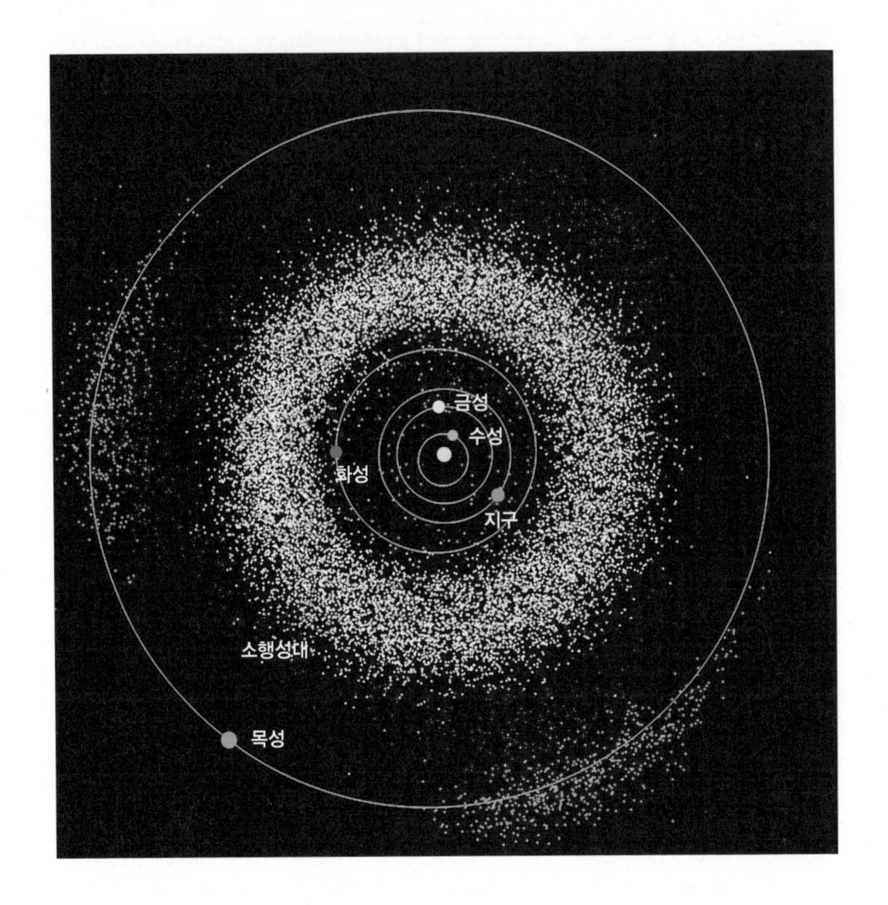

정/리/하/기

- **소행성** : 태양을 도는 천체 중 행성이나 왜소행성보다 작고 유성체보다 큰 것들
- **소행성 통일** : 1998년 필자가 국내에서 발견한 최초의 소행성
- **소행성 발견의 역사** : 1801년 이탈리아의 천문학자 피아치가 최초의 소행성 세레스 발견. 그 위치가 티티우스 보데의 법칙에 의해 예상되었던 화성과 목성 사이였다.
- **소행성의 기원** : 행성이 되지 못한 작은 천체들이나 행성을 만들고 남은 작은 부스러기들
- **소행성의 크기·모양·구성물질** : 크기는 수십 m에서 수백 Km로 주로 암석으로 이루어졌고, 찌그러진 감자 모양이다.
- **소행성의 궤도** : 주로 화성과 목성 사이에서 태양을 돌고 있다. 이외에 목성 궤도 근처를 도는 트로이 소행성 무리와 지구 궤도 근처를 도는 아텐, 아폴로, 아모르 소행성 무리가 있다.

바오바브 나무

5

The Little Prince

어린왕자의 별에는 끔찍한 씨앗이 있었습니다. 그것은 바로 바오바브나무의 씨앗이었습니다. 그 별의 땅속에는 온통 바오바브나무의 씨앗 투성이었습니다.

바오바브나무는 처음에 빨리 뽑지 않으면, 완전히 제거할 수 없습니다. 금방 별을 덮어 버리고, 나중에는 그 뿌리가 별에 구멍을 뚫게 됩니다. 별이 너무나 작기 때문에, 바오바브나무가 너무 많이 자라면 별은 산산조각이 나게 됩니다.

어린왕자는 나중에 이렇게 말했습니다.

"이건 습관의 문제야. 아침에 몸단장을 하고 나면, 그 다음엔 너의 별도 몸단장을 해 주어야 해. 바오바브나무가 어린 가지일 때는 장미나무와 모습이 똑같지만 조금만 더 크면 구별되니까. 그때 바오바브나무를 규칙적으로 뽑아버려야 해. 정말 귀찮은 일이지만 어려운 일은 아니야."

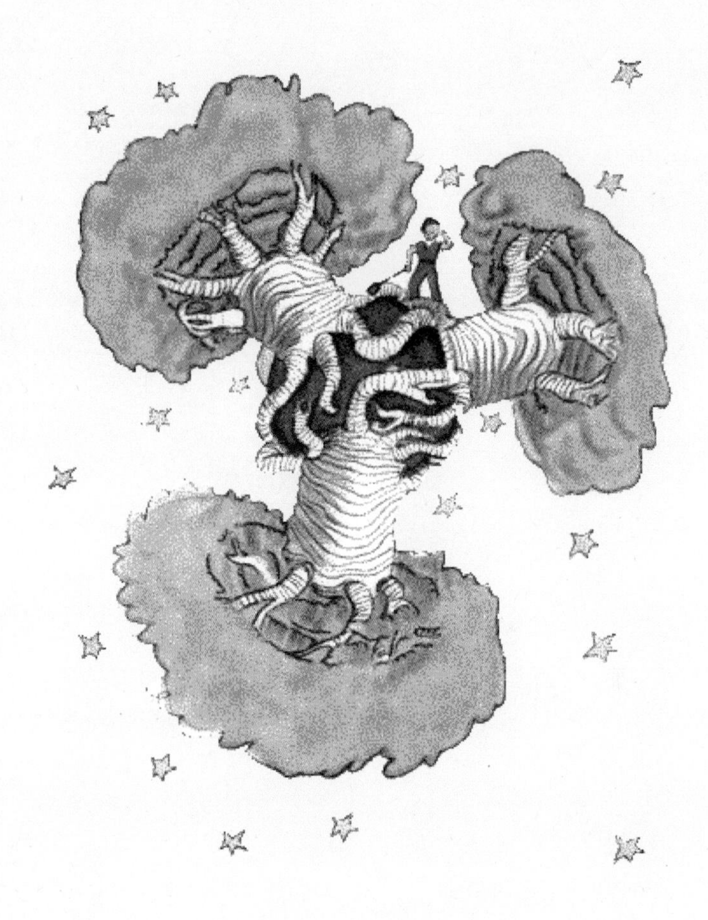

바오바브나무는 열대 아프리카나 서호주 지역에 자라는 나무로 높이가 20미터, 퍼진 지름이 10미터에 이르는 세계에서 가장 큰 나무 중의 하나이다. 사진은 서호주 지역에서 자라는 바오바브나무의 모습이다.
사진 : 권오철

생명체가 살 수 있는 천체

어린왕자의 별에는 무서운 바오바브나무가 산다고 한다. 과연 다른 별이나 행성에서도 지구처럼 나무가 살 수 있을까? 현재까지 지구 밖에서 식물을 비롯해 생명체가 살 수 있는 천체가 발견된 적은 없다. 다만, 2030년대 말에 화성에 사람을 보내고 장기적으로는 온실을 만들어 식물을 키울 계획이 발표되기는 하였다. 그렇다면 과연 우주에 생명체가 살 수 있는 천체가 얼마나 될 것인가?

우주가 얼마나 큰지는 아직도 정확히 알려지지 않았다. 다만, 우리가 볼 수 있는 우주에만 무려 10,000,000,000,000,000,000,000개가 넘는 별이 존재하는 것으로 알려져 있다. 그 가운데 하나가 바로 우리의 별, 태양이다. 이 많은 별 중에 유일하게 태양 근처에 있는 행성인 지구에만 생명체가 존재한다는 것은 믿기 어려운 일일 것이다. 우주에서 유일하게 생명체가 존재하는 곳이 지구라면 그건 엄청난 공간 낭비가 아닐까? 신이 있다고 하더라도 지구의 생명체만을 위해 그 많은 별을 만들지는 않았을 것이다.

생명체가 존재하기 위해 가장 필요한 것은 무엇일까? 생명체가 존재하기 위해 가장 필요한 조건은 바로 적당한 온도와 중력이다. 온도가 너무 높으면 대부분의 물질은 안정된 상태를 유지하기가 어렵다. 철이 녹는 정도의 온도에서는 생명체가 살 수 없다. 반대로 아주 추운 곳에서도 생명체는 살 수 없을 것이다. 영하 100도 이하라면 모든 것이 꽁꽁 얼어붙기 때문에 생명체는 살 수 없을 것이다. 그래서 적당한 온도가 유지될 수 있는 곳이 생명체가 살 수 있는 첫 번째 조건이다. 다음은 중력이다.

중력이 너무 크다면 생명체가 움직일 수 없을 것이다. 별의 중력은 지구 중력의 수십 배 이상이다. 몸무게가 수십 배 이상 늘어난다면 그 몸을 유지하기 위해 얼마나 많은 에너지가 필요할지 상상이 될 것이다. 반대로 중력이 너무 작다면 조금만 움직여도 바로 우주로 날아가 버릴 것이다. 따라서 적당한 중력도 생명체 존재의 중요한 조건이다.

온도와 중력이라는 조건을 놓고 볼 때, 지구와 같이 별에서 적당히 떨어진 곳의 행성이나 위성만이 생명체가 살 수 있는 곳으로 추정할 수 있다. 지구의 생명체가 물에서 비롯된 것처럼 이런 행성에 물이 존재한다면 생명체의 존재 가능성은 더 높을 것이다. 따라서 생명체가 존재할 수 있는 천체는 지구 정도 크기의 적당한 온도와 물을 가진 행성으로 정리할 수 있다.

생명체 거주 가능 영역(habitable zone)

2015년 가을 화성에서 흐르는 물의 증거가 발견되었다. 과연 지구 밖의 다른 천체에 생명체가 살 수 있는 곳이 있을까? 그리고 그곳에는 정말 우리가 모르는 외계 생명체가 살고 있을까? 별 주위에 생명체가 거주할 수 있는 공간을 가리켜 생명체 거주 가능 영역, 영어로는 해비터블 존(Habitable Zone HZ, 혹은 Circumstellar Habitable Zone CHZ)이라고 부른다. 생명체 거주 가능 영역은 액체 상태의 물이 존재할 수 있는 곳을 가리키는 말이기도 하다.

현재 태양계에서 순수한 물이 액체 상태로 발견된 곳은 지구밖에 없다. 액체 상태의 물이 존재하기 위해서 가장 필요한 것은 적당한 온도이다. 물은 대기의 압력에 따라 끓는점과 녹는점이 바뀐다. 0도에서 물이 얼어서 고체가 되고, 100도에서 끓어서 기체가 되는 것은 지구의 대기압력, 즉 1기압일 때이다.

기압이 달라지면 물이 얼고 끓는 온도도 바뀐다. 대기가 거의 없는 곳이라면 물은 액체 상태로 존재할 수 없다. 대기의 압력이 아주 높다면 물은 100도보다 훨씬 높은 온도에서도 액체 상태로 존재할 수 있다. 재미있는 것은 기압이 내려가면 물의 끓는점은 내려가지만 녹는점은 내려가지 않는다는 것이다. 물은 액체 상태일 때보다 얼음일 때가 부피가 늘어난다. 따라서 압력이 약해지면 오히려 쉽게 얼고, 압력이 높아지면 얼기가 어려워진다. 결국, 물은 대기가 거의 없는 곳에서는 얼음 상태로 존재하거나 아니면 기체 상태로만 존재할 수 있다.

액체 상태의 물이 존재할 수 있는 곳은 적당한 온도뿐 아니라 적당한 대기가 있는 곳이라야 한다. 그곳이 바로 생명체 거주 가능 영역이

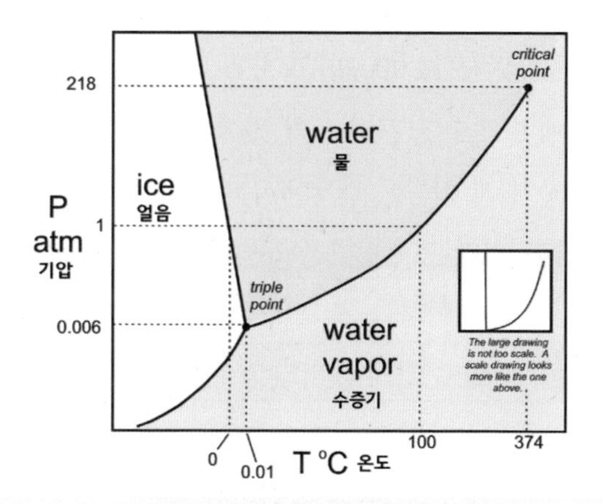

압력과 온도에 따른 물의 상태 변화

다. 해비터블 존과 같은 의미로 쓰이는 말 중에 골디락스 존(Goldilocks Zone)이라는 것도 있다. 영국의 동화 '골디락스와 곰 세 마리'에 나오는 금발머리 소녀의 이름이 바로 골디락스이다. 아주 크지도 작지도 않고, 딱딱하지도 무르지도 않고, 뜨겁지도 춥지도 않는 가장 적당한 곳을 가리켜 골디락스 존이라고 부른다.

과연 이런 조건에 맞는 곳이 우주에 얼마나 많이 있을까? 1960년대에 미국 천문학자인 드레이크 박사는 밤하늘에 보이는 별들 열 개 중 하나에 행성이 있고, 그 행성 열 개 중 하나가 지구와 비슷한 행성이

드레이크 박사와 드레이크 방정식

라면 우리은하에 대략 수십억 개 정도의 지구가 있을 것으로 추정했다. 하지만 행성 탐사를 목적으로 2009년 발사된 케플러 우주망원경의 관측 결과 우리 은하계에만 지구 크기 정도의 행성 400억 개가 해비터블 존에 존재하고, 그중 100억 개 이상은 태양과 같은 별을 돌고 있을 것이라는 분석이 나왔다. 물론 이것은 행성만을 분석한 것이고 위성까지 포함하면 그 수는 훨씬 많아질 것이다.

액체 상태의 물이 꼭 별 주위의 해비터블 존에만 존재할 수 있는 것은 아니다. 에너지를 별에서 받지 않더라도 다른 이유로 온도가 올라가 액체 상태의 물이 존재할 수도 있다. 조석력이나 방사능 붕괴에 의한 열로도 액체 상태의 물이 유지될 수 있다. 또한, 대기의 압력이 아닌 다른 압력에 의해서도 액체 상태의 물이 존재할 수 있다. 결국, 생명체 거주 가능 영역은 우리가 생각하는 것보다 훨씬 더 넓을 수도 있다.

태양계의 경우 해비터블 존을 넓게 잡을 경우 태양으로부터 지구까지 거리의 0.75배에서 3배까지 정도로 본다. 이 영역에 속하는 것은 금성과 지구, 달, 화성, 그리고 여러 소행성들이다. 하지만 금성의 경우 강한 온실 효과로 인해 내부 온도가 500도에 육박하기 때문에 물이 액체 상태로 존재할 수 없다. 화성의 경우 고도가 낮은 지역에서는 기압이 지구의 1% 정도 되고 여름철을 전후해서 온도가 0도 이상 오를 수도 있는데, 그 경우 액체 상태의 물이 잠깐 존재할 수도 있다.

하지만 실제로 그 가능성은 무척 낮고 결국 화성에 액체 상태의 물이 존재한다면 그것은 소금물일 가능성이 가장 높다. 물론 화성의 지표면 아래에 지열이 높은 곳이 있다면 그곳에는 액체 상태의 지하수가 존재할 수도 있다.

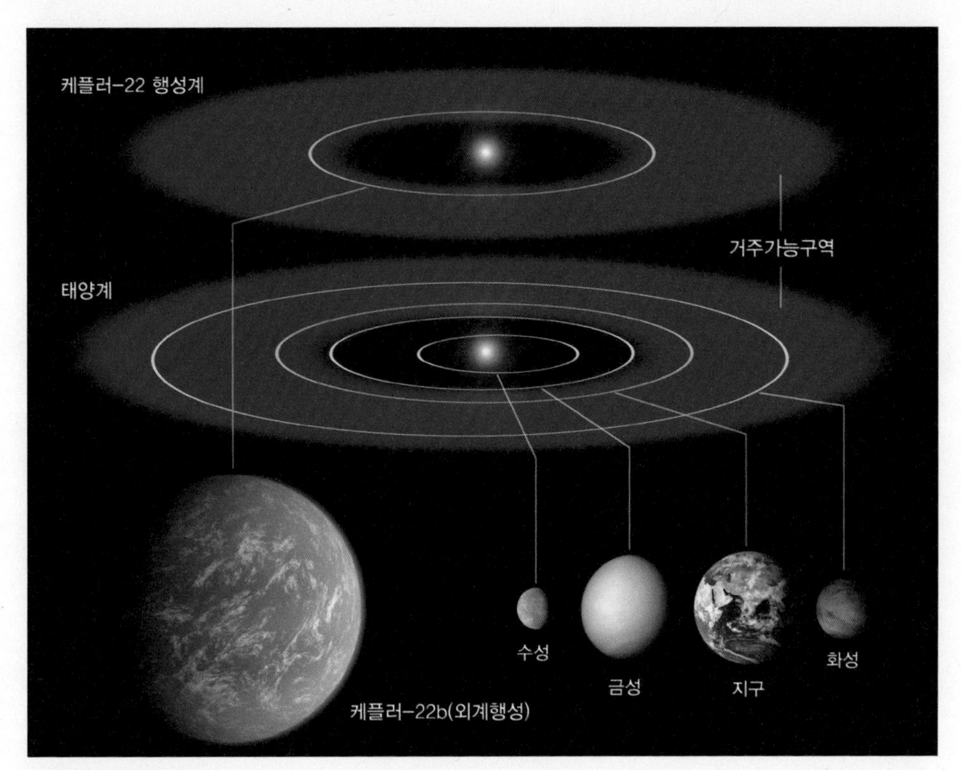

녹색 지역이 거주 가능 구역이다.
생명체 거주 가능 영역과 2011년 12월에 발견된 케플러 22b 행성의 상상도

액체 상태의 물이 존재하기 위해서는 충분한 대기가 있어야 하고, 행성이 대기를 간직하기 위해서는 자체의 자기장을 가지고 있어야 한다. 만약 자기장이 없다면 별로부터 날아오는 방사능으로 인해 대기가 그대로 보전되기 어렵다. 물론 지표면도 방사능에 오렴되어 생명체가 살기 어려워질 것이다. 자기장을 만들기 위해서는 행성의 핵이 충분이 뜨거워서 녹아 있어야 한다.

문제는 그런 조건이 갖추어져 있을 때 정말로 생명체가 존재하느냐는 것이다. 화성에 액체 상태의 소금물이 발견되었다는 것의 가장 큰 의미는 그곳에 생명체가 있을 수 있다는 것이다. 만약 그곳에서 미생물 형

태라도 생명체가 발견된다면 우주에는 수많은 곳에 생명체가 존재하고, 그중에는 인간과 같은 고등생명체도 존재할 수 있다는 것이 된다.

어떤 사람들은 이 해비터블 존의 설정이 너무 지구와 인간 위주로 되어 있다고 비판하기도 한다. 물론 그럴 수도 있다. 물이 없어도 살 수 있는 생명체가 있을 수도 있다. 하지만 지구를 이루는 물질들, 지구 위의 생명체들도 이 우주에 포함되어 있는 보편적인 물질들로 이루어져 있다. 외계에는 없고 지구에만 있는 특별한 원소들은 없다.

케플러 우주만원경

외계인과의 만남

많은 SF 영화 속에서 우리는 다양한 외계인을 만나게 된다. 〈에이리언〉이나 〈인디펜던스 데이〉에 등장하는 무서운 외계인에서부터 〈ET〉나 〈미지와의 조우〉에 나오는 착한 외계인까지 인간이 상상하는 외계인은 다양하다.

과학이 발달하면서 외계인이 존재할 가능성을 의심하는 사람은 많지 않을 것이다. 다만, 그 외계인이 실제 지구로 올 수 있느냐가 논쟁거리일 뿐 외계인의 존재 자체가 의심받는 시대는 지났다.

그런데 여기서 우리가 잊고 있는 부분이 있다. 바로 우리가 그 영화 속에 등장하는 외계인이 될 수 있다는 것이다. 인류의 과학 발달 속도는 기하급수적으로 빨라지고 있다. 1957년 최초의 인공위성인 스푸트니크 1호가 발사된 지 불과 60년 정도밖에 안 된 지금, 인류는 축구장 2배 크기의 우주정거장을 건설했고 수천 대가 넘는 인공위성을 대기권 밖에 쏘아 올렸다. 또한, 인류가 만든 우주선은 이미 태양계 외곽을 벗어나고 있다.

영국의 위대한 천재 물리학자 스티브 호킹 박사는 앞으로 500년에서 1,000년 이내에 인류가 태양계를 벗어나 다른 별들로 나아갈 수 있을 것으로 예상하고 있다. 사실 지금의 과학 발달 속도가 그대로 유지된다면 충분히 가능한 일일 것이다. 지구의 자원과 환경은 지속적으로 소모되고 있으며, 이 속도대로라면 머지않아 바닥을 드러낼 것이다. 따라서 인간은 뛰어난 과학 기술을 바탕으로 새로운 자원과 삶의 터전을 개척하기 위해 태양계를 넘어 우주로 나아가야 할 것이다.

생명 복제를 비롯한 다양한 과학 기술은 인간을 서서히 생명 창조의 수준까지 끌어올릴 것이다. 이런 과학의 발달은 인위적인 법이나 제도로 제한한다고 해서 막아지는 것이 아닌 것임을 우리는 역사 속의 교훈으로 충분히 예상할 수 있다. 법이나 제도는 그 시기를 늦출 수는 있어도 궁극적으로 과학 기술의 진보를 막을 수는 없다.

우리은하에는 태양과 같은 별이 적어도 2,000억 개에서 많게는 4,000억 개 이상이 존재한다고 알려져 있다. 그리고 그 별 주위에는 지구와 같이 생명체가 살기 적당한 행성이 최소한 수억에서 수십억 개 정도가 존재할 것이라는 것도 이미 알려졌다. 그렇다면 과연 우리 인간의 문명 수준은 어느 정도일까? 사실 이것이 가장 궁금한 점 중 하나이다. 많은 사람은 우리 인간의 과학 수준이 외계인에 비해 많이 뒤처져 있을 것으로 생각하고 있다.

하지만 인간의 과학 기술은 확률적으로 상당히 높은 수준에 올라와 있다. 지구가 특별한 행성이 아닌 평범한 보통의 행성이라는 가정하에서 인간의 문명은 약 46억 년의 지구 역사 속에서 마지막 60년 동안에 우주 탐사의 역사를 만들어 낸 것이다. 즉, 1억 개의 지구가 존재한다면 시간적으로 그중 하나의 행성에서만 우리 지구와 같은 수준의 문명이 존재한다는 것이다. 물론 인간 이상의 문명이 존재할 수 있는 확률도 충분히 있다.

중요한 것은 시간이다. 앞으로 수백 년에서 1,000년 정도만 지구의 문명이 유지된다면, 인간의 문명은 어느 외계 생명체에 비해서 결코 뒤지지 않는 엄청난 과학 문명을 이루어낼 것이다. 우주에서 1,000년이란 세월은 아주 짧은 시간이다.

지구 문명 발달의 열쇠는 인간 스스로가 갖고 있다. 인간이 스스로 만들어 놓은 과학 기술을 통해 자신의 문명을 망가트리지만 않는다면 머지않은 미래에 인간의 과학 문명은 거의 완성의 단계에 도달할 것이다. 전쟁이나 인간이 만들어내는 새로운 질병이 지구를 망치지 않는다면 말이다. 물론 외계에서 날아오는 소행성이나 혜성과 같은 거대한 재앙이 없다면 시간이 모든 것을 해결해 줄 것이다.

결국, 우리가 외계인을 만날 수 있는 확률보다는 인간이 앞으로 수백 년 후에 우주여행을 하는 우주인이 될 확률이 훨씬 더 크다. 그리고 이제 우리는 서서히 좋은 우주인이 되기 위한 준비를 시작해야 할 때이다. 우리 후손들이 다른 문명이나 생명체에 결코 해가 되는 나쁜 외계인이 되지 않고, 우주 역사에 보탬이 되는 생명체가 되기를 바라면서 말이다.

UFO

별과 우주에 대해 관심을 갖고 있는 사람들 중에는 UFO에 대해 궁금증을 갖고 있는 사람들이 많다. 그들 중 일부는 UFO를 외계인의 비행접시로 생각하기도 한다. 그러나 UFO(Unidentified Flying Object)는 말 그대로 미확인 비행 물체이다. 관측한 사람이 무엇인지 모른다고 해서 그것을 외계인의 비행접시로 생각하는 것은 지나친 상상의 비약일 수 있다.

아프리카에서 우리나라를 처음 방문한 사람이 식당에서 김치나 짜장면을 먹었다고 생각해보자. 이런 음식들은 그들이 처음 보는 음식이기 때문에 그들에게는 미확인 음식이 된다. 하지만 그들은 이것을 외계인의 음식으로 생각하지 않는다. 단지 그들이 모르는 음식이라고 생각할 뿐이다. 물론 우리는 그것이 김치이고 짜장면임을 안다. 그것은 우리가 그 음식에 익숙해 있기 때문이다.

하늘을 가장 많이 보는 사람은 관측 천문학자들과 아마추어 천문가들이다. 그리고 하늘을 가장 많이 관측하는 장소는 바로 망원경이 있는 천문대이다. 전 세계의 천문대는 거의 매일 밤 둥근 돔을 열고 밤새 하늘을 관측한다. 그리고 아마추어 천문가들도 각지에서 매일 밤하늘을 살피고 있다.

독자들 중에 천문대에서 UFO가 발견되었다는 이야기를 들어본 사람은 없을 것이다. 또한, 관측 천문학자나 아마추어 천문가가 외계인의 비행접시를 보았다는 이야기를 들어본 적도 거의 없을 것이다.

그렇다면 하늘을 가장 많이 보는 이 사람들은 왜 UFO를 보지 못한 것일까? 외계인의 비행접시가 이들만 피해서 나타나는 것일까? 그것은 분명히 아닐 것이다.

필자도 한때는 거의 매일 밤을 새며 별을 관측하곤 하였다. 그리고 하늘에서 별이 아닌 다른 것들을 보곤 하였다. 하지만 필자는 그것을 UFO라고 생각하지 않는다. 대부분은 그것의 정체를 알기 때문이다. 하늘을 자주 보면 그만큼 하늘에서 나타나는 현상에 익숙해진다.

결국, 천문대에서 UFO가 발견되지 않는 이유는 천문학자들이 하늘에서 나타나는 현상에 익숙해 있기 때문이다. 하늘을 자주 보지 않는 사람들에게는 특이하고 신비하게 보이는 것들이 하늘을 자주 보는 관측 천문학자들의 눈에는 자연스러운 것으로 보일 뿐이다.

밤하늘에서 UFO로 오인될 수 있는 것 중에 가장 많은 것은 유성이다. 하늘을 보다 보면 커다란 불덩이가 떨어지다가 순간적으로 부서지면서 작은 조각으로 분리되어 날아가기도 한다. 이것은 화구(fireball)라고 불리는 불덩어리 유성이 부서지는 모습이다. 20년 전쯤 UFO를 취재하는 기자에게 이런 이야기를 들려주었더니 며칠 후 신문에 이런 기사가 실렸다. "아마추어 천문가인 이태형 씨는 커다란 UFO 모선에서 열 개 정도의 소형 비행정이 분리되어 날아가는 것을 보았다."라고 말이다. 화구라는 것을 모르는 일반인이라면 충분히 그런 생각을 할 수도 있을 것이다.

유성 중에 UFO로 오인될 수 있는 또 하나가 바로 정지 유성이다. 이것은 작은 빛 하나가 갑자기 별보다 수십 배에서 수백 배 이상 밝게 빛나다가 서서히 사라지는 것이다. 모르는 사람이 본다면 커다란 UFO가 나타났다가 갑자기 사라지는 것처럼 보일 수 있다. 하지만 이것은 관측자를 향해 날아오는 별똥별일 뿐이다. 별똥별이 항상 옆으로만 선을 그으면서 날아가는 것은 아니다. 별똥별이 떨어지는 방향이 나의 시선 방향과 일치했을 때는 이렇게 정지 유성이 보이기도 한다.

이외에도 필자가 대학 시절에 보았던 유성 중에는 속도나 밝기, 궤도가 상당히 특이한 것들도 있었다. 이것을 UFO라고 생각하지 않는 것은 이것들이 별똥별의 공통적인 특징을 가지고 있었기 때문이다. 즉, 별똥별은 순간적으로 하늘에 나타나서 점점 밝아지다가 서서히 사라진다는 것이다.

유성 이외에 UFO로 오인될 수 있는 가능성이 많은 것이 바로 인공위성이나 그 파편들이다. 1957년 10월 스푸트니크 1호가 발사된 이후 인간이 쏘아 올린 인공위성은 크고 작은 것을 포함해서 수천 개가 넘는다. 첩보위성과 같이 비밀리에 발사된 것들을 합치면 그 수는 훨씬 더 많을 것이다. 인공위성의 수명은 보통 수년에서 10년 정도이다. 인공위성이 떠 있는 궤도는 완전한 진공이 아니다. 특히 저궤도 위성이 도는 낮은 궤도에는 대기권보다는 훨씬 적지만 그곳에도 많은 대기입자들이 존재한다. 수명을 다한 위성들 중에는 그런 입자들과의 충돌로 속도가 줄고 서서히 궤도가 낮아져 지구로 떨어지는 것들이 있다. 위성이 떨어질 때의 모습은 굉장히 밝아서 보통의 유성과는 비교가 되지 않을 정도이다. 특히 2001년 우주정거장 미르가 태평양으로 떨어질 때의 모습은 방송으로 중계될 정도로 밝았다. 요즘은 수명이 다한 인공위성 중 크기가 큰 것은 지구로 떨어졌을 때의 위험을 막기 위해 연료를 분사해서 안정된 궤도로 올려놓도록 하고 있다.

인공위성이 움직이는 모습도 UFO로 오인될 수 있다. 인공위성은 달과 마찬가지로 햇빛을 반사해서 별처럼 보이기도 한다. 별과 다른 점은 서서히 움직인다는 것이다. 밤하늘에서 서서히 움직이는 별이 있다면 그것은 거의가 인공위성이다. 인공위성 중에서 가장 큰 국제우주정거장

(ISS)은 그 크기가 축구장보다 더 크다. 따라서 국제우주정거장이 보일 때는 굉장히 밝은 빛이 서서히 움직이는 것처럼 느껴진다. 첩보위성을 제외한 나머지 위성들이 보이는 위치와 시간은 인터넷 사이트에서 검색할 수 있기 때문에 누구나 확인이 가능하다.

이외에 천문학의 대상 중에서 UFO로 많이 오인되는 것이 바로 금성이다. 금성은 가장 밝은 별인 1등성보다도 100배 정도나 밝다. 따라서 어느 날 우연히 새벽하늘에서 금성을 보거나 저녁 하늘 초승달 옆에 금성이 밝게 보일 때 UFO로 착각할 수도 있다. 특히 좁은 골짜기 사이로 밝은 금성이 보였다 시간이 어느 정도 지나 사라지면 많은 사람이 UFO로 착각한다. 오래전 일이지만 실제로 금성을 UFO로 착각한 모 국회의

국제우주정거장이 움직이는 모습. 별처럼 궤적을 그리며 움직인다.

(주요 인공위성의 관측 시간을 볼 수 있는 사이트 : http://heavens-above.com)

원이 새벽 5시경에 국립천문대(현 한국천문연구원)에 비상을 건 일이 있었다. 이 국회의원은 조깅을 하던 중 지평선 근처에 떠 있는 엄청나게 밝은 빛을 보고 UFO가 나타난 것으로 착각했다. 깜짝 놀란 이 국회의원은 천문대 당직실로 전화를 걸어 "서울 하늘에 UFO가 나타났는데도 천문학자들이 잠만 자고 있다!"라고 호통을 쳤다. 결국, 비상 연락을 받고 일어난 천문대장이 해명을 하고서야 UFO 소동은 마무리되었다고 한다.

낮에는 대형 풍선이나 아이들이 가지고 노는 헬륨 가스를 넣은 반짝이 풍선 등이 하늘로 올라가서 UFO처럼 보이기도 한다. 2005년 가을, 모 TV 방송 뉴스에 시청자가 서울 하늘에서 찍었다는 UFO 화면이 방송된 적이 있었다. 제보자는 수십 개 이상의 UFO가 같은 방향으로 서서히 날아가다 사라지는 것을 촬영한 것이라고 했다. 나중에 필자가 그 방송국의 과학 담당 기자와 함께 화면을 확대해서 분석해 본 결과 행사장에서 날려 보낸 풍선일 가능성이 높았다. 금속에서 나오는 반사 빛이 없었고, 날아가는 방향이나 속도도 당시 서울 하늘의 바람 방향이나 속도와 거의 같았기 때문이다.

비행기가 날아갈 때 나타나는 비행운 현상도 UFO로 오인될 때가 있다. 비행운은 항공기의 배기가스에 포함된 수증기가 차가운 대기와 만나 응결되면서 만든 긴 구름이다. 새벽이나 저녁 무렵에는 지평선 아래에 있는 햇빛을 반사해 붉게 보이기도 한다. 시간적으로는 대기가 차가운 새벽 무렵에 많이 나타나고, 겨울철에 특히 많이 보인다.

특이한 모양의 구름도 UFO로 보일 때가 있다. 특히 구름 중에 렌즈 모양으로 보이는 '렌즈운'은 거의 비행접시가 떠 있는 것처럼 보인다. 또한, 따뜻한 대기층과 차가운 대기층이 부딪힐 때 그 경계면에서 빛이 특이한 모양으로 반사되면서 UFO로 착각하게 한다.

이외에도 흔하지는 않지만 멀리서 일정한 모양을 이루고 날아가는 새떼가 노을빛에 반사돼 UFO로 보이기도 하고, 멀리 보이는 발광 곤충이나 군부대의 조명탄, 안갯속에 보이는 가로등도 UFO로 신고될 때가 있다.

UFO가 가장 많이 등장하는 것은 우연히 찍은 사진 속이다. 사진을 찍을 때는 몰랐는데 나중에 보니 UFO가 찍혔다는 제보를 가끔 받곤 한다. 이런 사진은 연속해서 찍은 사진 중에 한두 장에서만 UFO가 나타나는 것이 대부분이다.

이들 사진에 찍힌 UFO 중에는 많은 경우가 렌즈 플레어(Lens Flare) 현상이다. 카메라 렌즈는 한 장이 아니라 여러 장의 렌즈로 구성되어 있는데, 밝은 광원이 렌즈 내부에서 반사돼 찍히는 현상이다. 렌즈 플레어에 의한 허상은 광원의 대각선 위치에 나타난다. 필름을 많이 사용하던 시절에는 필름의 현상이나 인화 과정에서 생긴 흠집이나 먼지가 UFO로 오인될 때도 많았다. 앞에서 말한 오인할 만한 대상들이 사진을 찍을 때 미처 보지 못하고 나타나기도 한다.

1995년 가을, 모 신문 기자가 우연히 UFO를 찍어서 상당히 크게 보도된 적이 있었다. 시골집 마당에서 할아버지와 할머니가 말린 들깨를 털고 있는 모습이 가을 하늘과 함께 정겹게 나타나 있는 그 사진은 경기도 가평에서 촬영된 것이다. 당시 기자가 찍은 세 장의 사진 중 하나에 UFO라고 생각되는 물체가 나타나 있었다. UFO 연구자들은 사진 속의 UFO 위에 베이퍼 현상(Vaper, 증기가 분출되는 현상)이 보이는 것으로 미루어 이 UFO가 엄청난 속도로 비행하다 급선회했을 것이라고 분석했다. 이 사진을 촬영한 기자는 나중에 사진을 인화해서 보고서야 UFO가 찍힌 것을 알았다고 했다.

그 당시 필자도 방송국의 요청으로 사진을 분석해 봤지만 정확히 판단하기 어려웠다. 촬영 당시의 자세한 상황을 알고 싶어서 사진을 찍은 기자와 통화를 해봤지만 우연히 찍힌 것이기 때문에 사진 이외는 정보가 없다고 했다. 그리고 얼마 후 신문 등에는 그 UFO의 지름이 100m이고, 지상 4~5km 높이에서 초속 4km(음속의 12배)로 날고 있었다는 분석이 실렸다. 또 대만의 UFO 연구자들은 이 UFO가 작은개자리의 프로키온(지구에서 약 11광년 떨어진 별)에서 온 비행선이라는 것을 밝혀냈다고 했다.

한 장의 사진만을 보고 그런 분석을 했다는 것이 놀라울 것이다. 지름 100m의 물체가 그 정도 높이에서 그 정도 속도로 나는데 전혀 소리가 들리지 않았다는 것도 엄청나게 놀라운 일이다. 보통 제트기가 6km 정도의 높이에서 음속을 돌파해도 그때 나오는 음속 폭음(Sonic boom, 소닉붐)으로 인해 지상에서는 유리창이 깨져야 정상이다. 외계인의 특별한 기술 때문이라고 얘기한다면 할 말이 없지만 말이다.

필자에게는 사진 속의 UFO가 말 그대로 미확인 비행 물체일 뿐이다. 필자는 그 정체를 알 수 없기 때문이다. 다만, 한 가지 확실한 것은 그 사진 속의 UFO가 외계인의 비행접시이고 UFO 연구자들의 분석이 맞는다면, 우리가 알고 있는 과학 법칙이나 상식은 상당 부분 틀렸다는 것이다. 뉴턴의 중력 법칙이나 아인슈타인의 상대성이론은 더 이상 우주를 설명하는 이론이 될 수 없게 된다.

통계적으로 UFO로 보고되는 것들 중에 5% 정도는 전문가도 그 정체를 알지 못한다. 그것을 판단할 수 있는 정보가 부족하기 때문이다. 그래서 그런 것들은 UFO로 남겨둔다. 미국 항공우주학회에 설치된 UFO 특별위원회는 UFO로 보고된 것 중 적어도 1% 정도는 보고에 신뢰성은 있으나 그 정체는 여전히 불투명하다고 발표하기도 했다.

정체를 모르기 때문에 그것을 외계인의 비행접시로 생각하는 것은 지나친 비약이다. 천문학을 연구하는 사람들은 대부분 외계 생명체의 존재 가능성에 동의한다. 그러나 UFO를 외계인의 비행접시라고 생각하는 천문학자는 아주 극소수이다.

판단은 각자가 할 일이다. 하지만 판단에는 확실한 논리와 과학적 근거가 있어야 할 것이다.

정/리/하/기

- **생명체가 살 수 있는 천체** : 적당한 중력과 온도를 가진 곳으로 액체 상태의 물이 있는 행성이나 위성
- **생명체 거주 가능 영역**(habitable zone) : 액체 상태의 물이 존재할 수 있는 영역
- **외계인과의 만남** : 외계인이 존재할 가능성은 무척 높다. 하지만 지구에서 외계인을 만날 확률보다 인간이 지구 밖으로 나가서 외계인이 될 확률이 더 높을 수 있다.
- UFO : 말 그대로 미확인 비행물체로 외계인의 비행선은 아니다.

사자자리유성우 (사진 : 권오철)

6 해지는 모습을 좋아하는 어린왕자

The Little Prince

어린왕자의 조그만 별에서는 의자를 몇 걸음 옮겨 놓으면 언제라도 해가 지고 황혼이 밀려드는 모습을 바라 볼 수 있습니다.

"어떤 날은 해지는 것을 마흔 세 번이나 보았어."

그리고 조금 후에 어린왕자는 다시 말했습니다.

"슬플 때는…… 누구나 해지는 모습을 좋아하게 돼."

"마흔세 번이나 해지는 것을 본 날은 매우 슬펐던 모양이구나?"

그러나 어린왕자는 아무 대답도 하지 않았습니다.

해 – 태양이라는 이름의 별

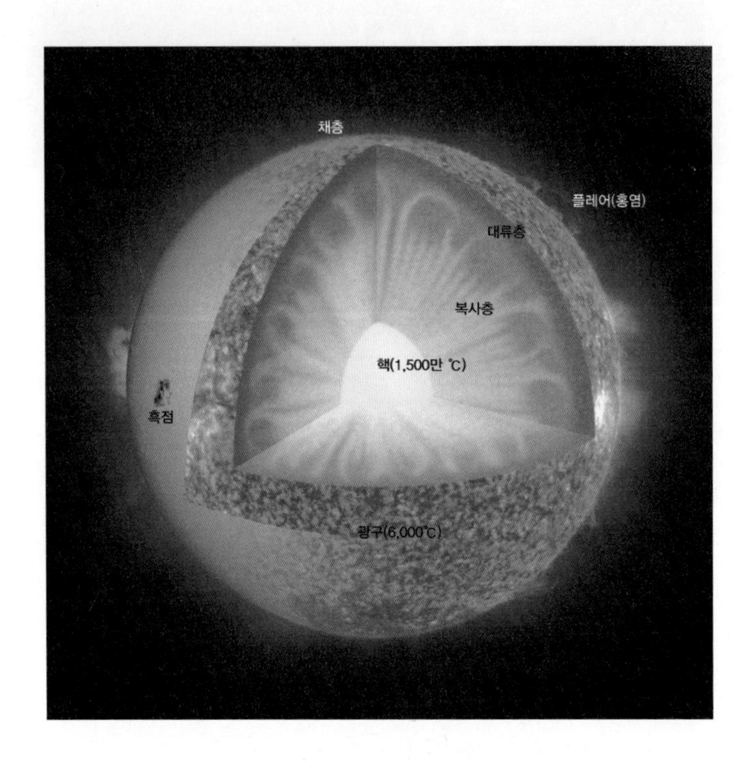

'만약 태양이 없었다면 우리가 존재할 수 있었을까?', 혹은 '만약 지금 태양이 없어진다면 우리 인간은 어떻게 될 것인가?' 어린 시절 이런 의문을 한번쯤은 품어 보았을 것이다. 하지만 태양이 없는 지구나 태양이 없는 인간은 상상할 수 없는 일이라는 것을 누구나 알고 있다.

태양 활동이 조금만 줄어들어도 지구는 빙하기를 맞게 되어 대부분의 생명체는 굶거나 얼어 죽게 될 것이다. 태양은 말 그대로 우리에게는 신과 같은 절대적인 존재이다. 인간의 문명이 생기면서부터 거의 모든 민족이 태양신을 가장 위대한 신으로 받들었던 것도 태양의 중요함을 알

왔기 때문일 것이다.

그런데 대부분의 사람들은 이렇게 중요한 태양에 대해 특별한 관심을 갖고 있지 않는 것 같다. 항상 고맙고 소중한 존재이지만 언제나 그대로 있을 것이라는 믿음이 있기 때문에 더 그러할 것이다. 과연 태양은 영원히 존재할까? 태양도 별이기 때문에 분명히 언젠가는 죽게 될 것이다. 하지만 그것은 아주 먼 훗날의 일이다. 멀리 있는 다른 별에 대해 관심을 갖기 전에 가장 가까운 별이자 가장 고마운 별인 우리의 태양에 대해 애정과 관심을 가져주기 바란다.

태양은 태양계 질량의 99.9% 이상을 가지고 있는 절대적인 존재이다. 다른 별에서 본다면 마치 태양계에 태양만이 존재하는 것처럼 느껴질 것이다. 태양의 지름은 약 140만 km로 지구보다 109배 정도 크며, 질량은 지구의 33만 배, 중력은 지구의 28배나 된다. 태양의 대부분은 수소 가스로 이루어져 있으며 중심의 온도는 1,500만 도에 이른다.

태양이 빛과 열을 내보낼 수 있는 것은 중심에서 계속적으로 수소의 핵융합 반응이 일어나고 있기 때문이다. 4개의 수소가 모여 하나의 헬륨을 만드는 핵융합 과정에서 약간의 질량이 줄어들고, 그 줄어든 질량이 빛 에너지의 형태로 밖으로 나오는 것이다.

핵융합 반응을 통해 1초마다 줄어드는 태양의 질량은 약 400만 톤이나 된다. 400만 톤이라고 하면 우리나라 전체 인구의 몸무게보다도 큰 질량이다. 태양은 이렇게 엄청난 양의 물질을 소비하면서 에너지를 만들고 있지만 태양의 수명이 다할 동안 에너지로 바뀌는 질량은 전체의 0.1%도 되지 않는다.

태양의 중심에서 만들어진 에너지는 두꺼운 복사층을 통과하여 외부에 있는 얇은 대류층으로 전달된다. 에너지가 대류층에 이르면 대부분의 에너지는 가스의 온도를 높이는 데 사용된다. 그 결과 더워진 가스는 위로 올라가고 표면에서 식은 가스는 다시 아래로 내려가는 대류 현상이 일어난다. 이러한 대류 현상을 통해 태양의 에너지는 표면으로 전달된다. 태양의 표면은 바로 이 대류층 윗부분으로 광구라고 불린다. 우리가 낮에 태양을 볼 때 보이는 부분이 바로 광구이다. 광구의 온도는 약 6,000도 정도로 외부에서 태양을 볼 때 태양이 노랗게 보이는 이유는 바로 이 온도 때문이다.

광구 위로는 채층이라고 하는 분홍색의 대기가 있고, 그 바깥에는 코로나라고 하는 외부 대기층이 있다. 채층이나 코로나 같은 대양의 대기는 보통 때는 맨눈으로 볼 수 없고, 달이 태양을 완전히 가리는 개기일식 때만 볼 수 있다.

태양은 지금으로부터 약 46억 년 전에 태어났으며, 전체 수명의 절반 정도를 보낸 것으로 생각된다. 따라서 앞으로 약 50억 년 정도의 시간이 흐르면 태양은 적색거성의 단계를 거쳐 껍데기를 날려버리고 중심 부분이 수축하여 백색왜성으로 일생을 마감하게 될 것이다. 물론 그때가 되면 지구는 적색거성 속으로 빨려 들어가거나 새까맣게 타버릴 수도 있다. 아니면 껍데기와 함께 멀리 날아가 버릴지도 모른다. 하지만 50억 년이라는 먼 훗날의 일이기 때문에 지금부터 걱정할 일은 아니다.

태양의 활동

태양 표면을 자세히 보면 검은 점 같은 것을 볼 수 있다. 이것을 흑점이라고 한다. 흑점이 검게 보이는 이유는 주위보다 온도가 낮기 때문이다. 모닥불을 피우다 보면 붉은 불꽃 사이에 약간 검게 보이는 부분이 있다. 사실은 이 부분도 타고 있지만 불꽃이 없어서 상대적으로 검게 보이는 것이다. 흑점도 이처럼 주위보다 상대적으로 온도가 낮아서 검게 보이는 것이다. 태양의 표면 온도는 6,000도 정도인데 반해 흑점은 약 4,000도 정도로 낮다.

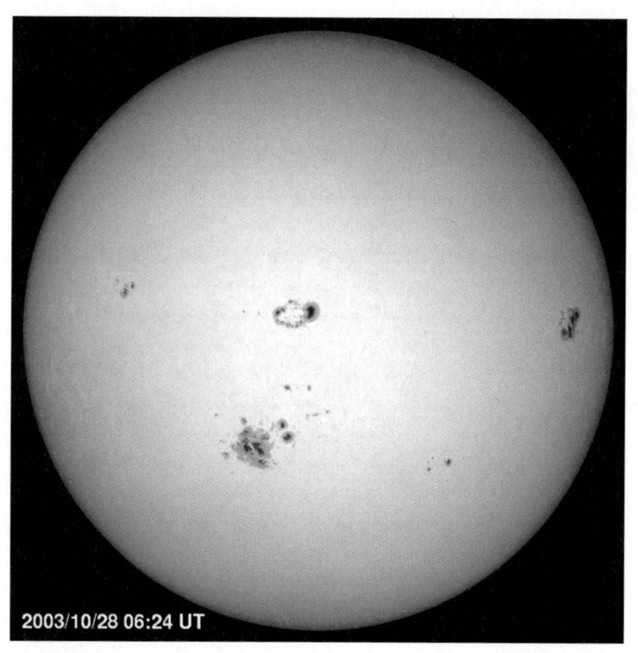

태양 표면에 검게 보이는 게 흑점이다.

흑점의 크기는 보통 수천 km에서 수만 km까지 다양하다. 따라서 커다란 것은 지구보다 훨씬 크다. 그렇다면 흑점이 생기는 이유는 무엇일까?

태양의 활동이 활발해지면 태양 표면 곳곳에서 태양의 자기장이 서로 충돌을 하고 그 충돌 지점에서는 자기장에 막혀 대류 현상이 일어나기 어려워진다. 대류 현상이 일어나지 않으면 어떤 일이 벌어질까? 표면에서 식은 부분이 아래로 내려가지 못하기 때문에 자기장이 부딪히는 지점의 온도는 주위보다 훨씬 더 내려가 버린다. 그곳이 바로 흑점이 생기는 지점이다. 따라서 흑점이 많아진다는 것은 바로 태양 활동이 활발해졌다는 것을 뜻한다. 태양은 약 11년을 주기로 그 활동이 활발해지는데, 흑점도 그 주기에 따라 11년마다 많아진다.

태양에 흑점이 많아지면 어떤 일이 벌어질까? 사람은 피곤하거나 몸의 상태가 안 좋을 경우 얼굴에 여러 가지 나쁜 증상이 나타난다. 그리고 쉽게 짜증이 나거나 신경질적이 될 때가 있다. 그런 사람 옆에서 괜히 시비를 걸면 싸움이 벌어질 수도 있을 것이다.

태양도 마찬가지다. 태양의 흑점이 많아졌다는 것은 태양의 활동이 비정상적이라는 것을 뜻한다. 따라서 태양의 흑점이 많아지는 것은 지구에 대한 태양의 경고일 수도 있다. 태양의 흑점 수가 늘어나면 태양의 외곽 대기인 코로나가 넓어지고 자기폭풍 같은 표면의 활동도 많아진다. 따라서 지구로 날아오는 전기를 띤 고에너지 입자들이 많아져서 인공위성에 피해를 주기도 하고, 지구 자기장에 영향을 주어 통신 장애나 발전소에 정전을 일으키기도 한다.

물론 극지방에 보이는 오로라 활동이 더욱 활발해져서 멋진 광경을 목격할 수도 있다. 태양 활동의 극대기였던 1989년에는 인구 600만 명이 사는 캐나다의 퀘벡 시 전체가 정전이 되기도 했다. 미국 국립해양대기청(NOAA)과 같은 곳에서는 태양 활동을 감시하고 태양에서 특별한 폭발이 일어나거나 흑점의 수가 비정상적으로 증가하면 전 세계에 태양 경고를 내리고 있다.

그렇다면 흑점이 안 보이는 것이 좋은 일일까? 그렇지는 않다. 흑점이 보이지 않는다는 것은 그만큼 태양의 활동이 약해져서 지구로 들어오는 태양 에너지가 줄어든다는 것을 의미한다. 실제로 1400년부터 1700년까지는 태양의 흑점 수가 무척 적었고, 그 결과 지구로 들어오는 태양 에너지가 부족해져서 유럽과 북미 지역은 이 300년의 기간 동안 소빙하기를 겪었다. 태양의 흑점도 적당히 보이는 것이 좋은 것이다.

황혼이 붉게 보이는 이유

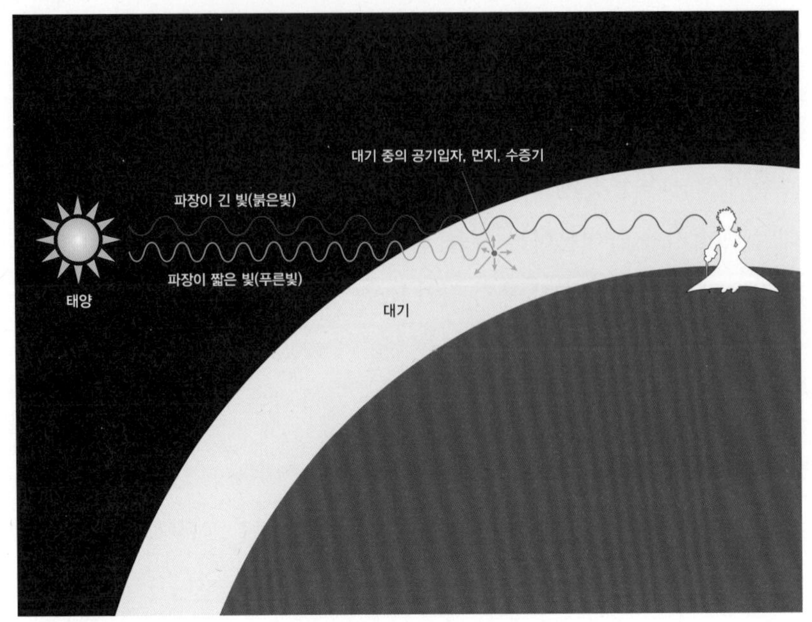

파장이 긴 붉은 빛은 두꺼운 대기를 통과하기 때문에 노을이 붉게 보인다.

빛이 물질을 통과하면 굴절된다는 것을 배웠을 것이다. 하지만 굴절되는 정도는 빛의 종류에 따라 다르다. 우리가 가시광선이라고 부르는 빛은 '빨주노초파남보' 일곱 가지 색의 조합으로 이루어져 있다. 이 중 빨간빛 쪽이 가장 파장이 길고, 보랏빛 쪽이 가장 파장이 짧다. 일곱 가지 빛이 모두 같은 양만큼 보이는 것은 아니다. 무지개를 보면 알 수 있지만 가시광선 중 보랏빛은 거의 보이지 않는다.

낮에 하늘이 푸르게 보이는 이유는 햇빛이 대기를 통과할 때 파장이 짧은 푸른빛이 가장 많이 산란되기 때문이다. 호수에 떠 있는 작은 배를 생각해 보자. 그 배의 앞에 돌을 던지면 작은 물결이 배 쪽으로 밀려갈 것이다. 작은 물결은 배에 부딪혀 그대로 반사될 뿐 배를 통과해서 반대쪽으로 나가지는 못한다. 하지만 태풍이 부는 상황을 상상해 보자. 호수에 거대한 물결이 치고 이 물결은 배를 흔들며 반대쪽으로 나아가게 된다.

지구 대기를 통과하면서 파장이 짧은 푸른빛은 공기 입자나 먼지와 부딪혀 반사된다. 이것을 빛의 산란이라고 한다. 하지만 파장이 긴 붉은빛은 공기나 먼지를 그대로 통과해 멀리까지 나아간다.

파장이 짧은 푸른빛은 붉은빛에 비해 에너지가 높지만 멀리까지 가지 못하는 단점이 있다. 이것은 에너지가 높은 FM 전파보다 약한 AM 전파가 더 멀리까지 가는 것과 같은 이치이다. 해질 무렵 하늘이 붉게 보이는 이유는 지평선 쪽의 대기가 머리 위쪽보다 두텁기 때문이다. 즉, 햇빛이 도달하는 거리가 길어져서 산란된 푸른빛은 사라지고 붉은빛만 우리 눈에 도달하기 때문이다.

뜨거나 지는 해가 커 보이는 이유

바닷가에서 먼 수평선을 배경으로 해가 뜨거나 지는 것을 본 적이 있다면 해가 무척 크다는 것을 느꼈을 것이다. 물론 달이 뜨거나 질 때도 마찬가지다. 해와 달의 크기가 하루 동안 변할 수는 없을 것이다. 그렇다면 수평선이나 지평선 근처에서 해와 달이 크게 보이는 이유는 무엇일까? 수천 년 동안 사람들은 이 의문을 풀기 위해 여러 가지 실험을 했고, 다양한 설명을 내 놓았다. 유명한 그리스 철학자 아리스토텔레스도 이 현상에 대해 기원전 350년경에 이미 언급했으며, 그보다 300년쯤 전에 만들어진 아시리아의 흙판에서도 이에 대한 설명이 나온다.

오늘날 학자들은 해와 달이 크게 보이는 것이 우리 눈의 착시 때문이라는 결론을 내리고 있다. 지평선 위에 있는 해나 높이 뜬 해의 크기는 거의 같다. 지평선 위의 해가 크게 보이는 것은 단지 우리의 시각적인 착각일 뿐이다. 하지만 이렇게 말을 하는 필자 역시 상당히 오랫동안 그것이 착각이라는 것을 인정하지 않았다. 지평선에 커다랗게 걸린 해나 달을 보면서 그것이 착시라는 것을 인정할 수 있는 사람이 얼마나 될까?

지평선에 있는 해와 달이 크게 보이는 현상을 설명하는 이론을 폰조 착시라고 한다. 폰조 착시는 1913년 이탈리아의 심리학자 마리오 폰조(Mario Ponzo, 1882~1960)가 철도 레일을 예로 들어 처음 주장한 착시다. 폰조 착시는 우리가 종종 물체 뒤에 있는 배경을 기초로 물체의 크기를 결정한다는 것을 보여준다.

옆의 그림을 보자. 철도의 앞과 뒤에 있는 두 상자 중 어느 것이 더 크게 보이는가? 시각적으로는 분명히 멀리 있는 철도 위의 상자가 커 보인다. 하지만 두 상자를 직접 재보면 그 크기가 같다는 것을 알 수 있다. 우리 눈은 같은 크기의 물체라도 멀리 떨어져 있는 배경 위의 물체를 더 크게 느낀다.

이것은 우리가 먼 거리에 있는 물체의 크기를 어떻게 판단하는지를 생각해 보면 이해할 수 있다. 시골 길에 길게 뻗어 있는 전봇대를 생각해 보자. 거리가 멀어질수록 전봇대는 작아 보이지만 우

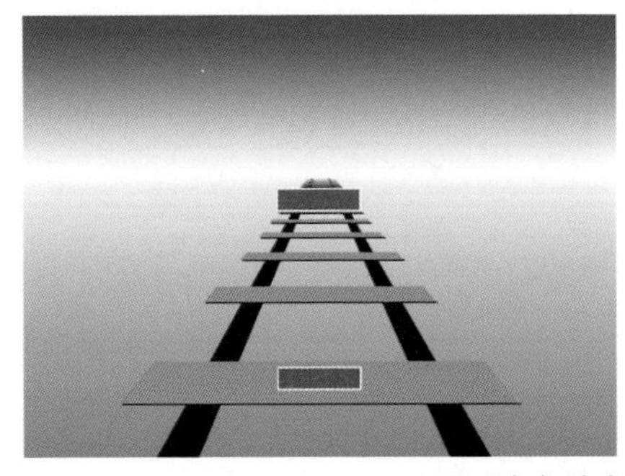

폰조착시_철길

리는 그 전봇대가 눈앞에 있는 전봇대와 같은 크기라는 것을 알고 있다. 옆의 철도 그림에서도 우리는 뒤쪽에 작게 보이는 철목들이 앞의 철목과 같은 크기라고 생각하고 있다. 이런 효과를 '크기 불변성'이라고 부른다. 본능적으로 갖고 있는 이 '크기 불변성'의 감각으로 우리는 먼 배경에 있는 물체가 가까운 배경에 있는 물체와 같은 크기라면 당연히 먼 쪽에 있는 물체를 크게 느끼게 된다. 원근법으로 그린 이 철로 그림에서 뒤에 보이는 철목보다 훨씬 커 보이는 상자가 앞의 상자보다 크게 느껴지는 것은 당연한 본능일 것이다.

자, 그럼 이 폰조 착시로 어떻게 해와 달의 착시를 설명할 수 있을까? 먼저 하늘의 모양을 생각해 보자. 하늘은 반지름이 무한대인 가상의 구로 덮여 있다. 이 하늘의 구를 천문학에서는 천구라고 하는데, 지평선 위에 항상 반구를 그려 하늘을 설명하는 것을 본 기억이 있을 것이다.

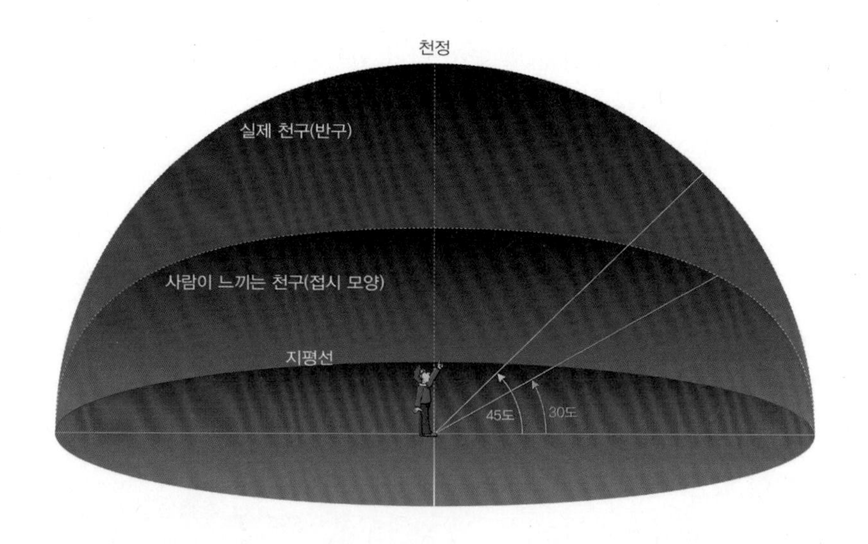

하지만 실제 우리가 느끼는 하늘은 완전한 반구가 아니다. 우리가 느

끼는 하늘은 중심 부분이 평평한 사발처럼 되어 있다. 즉, 우리는 머리 위의 하늘을 지평선 근처에 비해 훨씬 가깝게 느낀다. 사실 하늘을 나는 새나 비행기는 지평선 근처에 있을 때에 비해 머리 위에 있을 때가 우리에게 훨씬 가깝다.

아랍의 과학자였던 알 하잔(Al-Hazan)은 이미 11세기에 우리가 하늘을 이렇게 인식하는 것이 우리가 평평한 지형에 대한 경험을 갖고 있기 때문이라고 설명했다. 땅을 내려다보면 바로 아래쪽이 가장 가깝고 고개를 들수록 땅이 멀어져 지평선에서 가장 멀다. 이런 생각이 하늘에도 연장되어 머리 위가 가장 가깝고 지평선이 가장 먼 평평한 사발 모양의 하늘을 무의식적으로 우리가 생각하고 있는 것이다.

자, 이제 다시 해와 달로 돌아가자. 사발 모양의 하늘에 붙어 있는 해와 달을 생각해 보자. 같은 크기의 해와 달이 가깝게 느껴지는 높은 하늘과 멀게 느껴지는 지평선 근처에 있을 때 어느 것이 더 크게 보일까? 결국 폰조 착시 효과로 인해 우리는 지평선 근처에 있는 해와 달을 훨씬 크게 느끼는 것이다.

이 현상은 쉽게 실험으로 확인할 수 있다. 바닷가에서 일출이나 일몰을 볼 때 뒤로 돌아서서 허리를 굽히고 두 다리 사이로 해를 보면 바로 서서 볼 때보다 해가 훨씬 작게 보인다. 다리 사이로 해를 보면 해가 머리 위로 보이기 때문에 착시 효과가 없어지는 것이다. 물론 이 실험을 보름달이 뜨거나 질 때도 똑같이 해볼 수 있다. 실제로 실험을 통해 지평선이 천정에 비해 4배 정도 멀리 느껴진다는 것이 밝혀졌고, 이 실험으로 해와 달의 착시 원인이 폰조 착시라는 주장이 설득력을 얻었다.

정/리/하/기

- **'해' 태양이라는 이름의 별** : 지름은 약 140만 km, 중심 온도는 1,500도, 표면 온도는 6,000도인 거대한 수소 덩어리
- **태양의 활동** : 11년 주기로 흑점이 많아지면서 활동이 활발해진다.
- **황혼이 붉게 보이는 이유** : 지평선 쪽의 거리가 멀기 때문에 대기에 의해 산란된 빛 중 푸른빛은 사라지고 붉은빛만 우리 눈에 도달하기 때문이다.
- **뜨거나 지는 해가 커 보이는 이유** : 지평선 쪽이 천정 부분에 비해 멀다고 느끼기 때문에 나타나는 착시 현상이다.

T H E L I T T L E P R I N C E

꽃과 어린왕자

The Little Prince

"수백만 개나 되는 많은 별 중에 피어 있는 단 한 송이의 꽃을 누군가가 사랑한다면, 그 사람은 별들을 바라보는 것만으로도 행복해질 거야. 그는 '저 별들 어딘가에 나의 꽃이 있겠지…….'라고 늘 생각하거든.

그런데 양이 그 꽃을 먹어 버리면, 한순간에 모든 별이 사라지는 것인데……, 그게 중요하지 않다고 생각하는 거야!"

어린왕자는 더 이상 아무 말도 할 수 없었습니다.

흐느낌 속으로 말이 묻혀 버렸습니다.

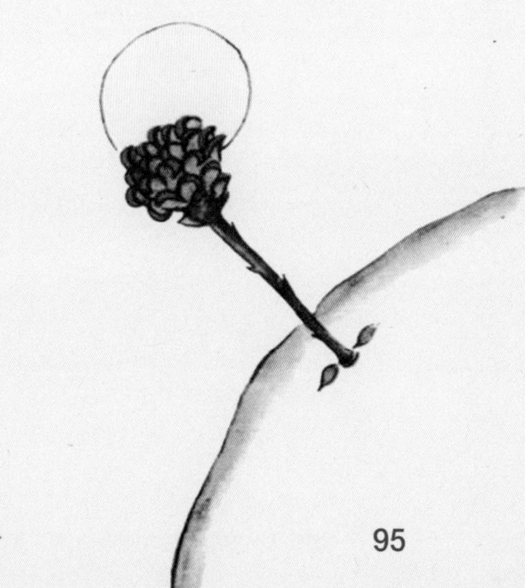

세상에서 가장 큰 장미꽃

어린왕자의 별에는 가시를 가진 예쁜 장미꽃 한 송이가 있다고 한다. 물론 우리가 실제로 그 장미꽃을 보거나 찾을 수 있는 방법은 없다. 하지만 맨눈으로는 볼 수 없는 우주 깊은 곳에는 꽃처럼 예쁜 모습들이 숨어 있다. 우주의 가스들이 모여서 마치 꽃처럼 예쁘게 보이는 성운이 바로 그것이다. 사진은 장미성운으로 별들 속에 숨어 있는 세상에서 가장 큰 장미꽃이 아닐까 싶다. 비록 직접 가서 볼 수도, 향기를 맡을 수는 없지만 저렇게 멋진 장미꽃이 숨어 있는 곳을 안다면 밤하늘이 더 아름답게 느껴지지 않을까!

장미성운

성운

천문학에 대해 잘 알지 못하는 일반인은 우주 공간이 아무것도 없는 텅 빈 진공 상태로 알고 있을 것이다. 하지만 우리 눈에 잘 보이지 않는 성간(별과 별 사이의 공간)에도 많은 물질들이 가스와 티끌의 형태로 존재하고 있다. 이러한 물질들은 주위의 별빛을 가리기도 하고, 별빛에서 나오는 에너지를 받아 빛을 내기도 한다. 우리가 천문학 책에서 볼 수 있는 아름다운 성운(星雲, nebula)들이 바로 이들이다.

성운을 이루는 가장 대표적인 물질은 앞서 얘기했듯이 가스와 티끌이다. 가스는 수소나 헬륨, 산소, 질소처럼 원자 상태의 물질을 말한다. 하지만 티끌은 분자들이 모인 알갱이 상태로 가스에 비해 크기가 크고 상대적으로 안정된 물질이다. 별과 별 사이에서 존재하는 가스와 티끌은 전혀 다른 성질을 갖고 있기 때문에 이들이 뭉쳐져 있는 성운은 각기 다른 모습으로 우리 눈에 보인다. 전 은하 질량의 10% 정도가 성간 가스인데 반해, 티끌은 이 가스의 1% 정도밖에 되지 않는다. 하지만 티끌은 가스에 비해 상대적으로 크기 때문에 오히려 성운보다 더 눈에 잘 뜨일 수 있다. 별의 탄생에서 보았던 것처럼 일부 성운은 별 형성에 중요한 역할을 한다. 또 일부는 별에서 만들어져서 우주로 퍼진 것들이다. 즉, 성운은 별들의 탄생에서 죽음까지 여러 단계에 관련이 있다.

1. 발광성운

성운 속에서 수소가 모이고 밀도가 높아지면 온도가 올라간다. 이때 수소 원자들은 흥분 상태가 되는데, 이것을 과학적으로 표현하면 수소 원자 속에 있는 전자들이 에너지를 받아 높은 에너지 상태가 된다는 것이다. 흥분한 수소 원자가 원래의 상태로 안정화되기 위해서는 에너지를 빛의 형태로 방출해야 하는데 이때 나오는 빛 중에 우리 눈에 보이는 것이 바로 붉은빛이다. 물론 수소 원자에 더 많은 에너지가 전해지면 흥분한 전자들이 원자를 탈출하고, 수소는 전기를 띤 수소 이온으로 바뀐다.

비슷한 이유로 고온의 별 근처에 있는 수소 가스는 별에서 나오는 파장이 짧은 자외선에 의해 이온화된다. 이렇게 이온화된 수소 가스는 대부분 전자와 결합돼 불안정한 상태의 수소 원자가 되는데, 이때 안정된 상태로 돌아가기 위해 일정한 양의 에너지를 빛의 행태로 방출한다.

성운 속에는 티끌과 가스가 함께 존재하는 것이 일반적이다. 따라서 발광성운 속에는 글로뷸(globule)이라고 하는 어두운 줄기와 응어리가 함께 존재한다. 물론 티끌과 가스의 밀도가 높아지면 그곳에서 별이 탄생한다.

01 오리온대성운 02 석호성운

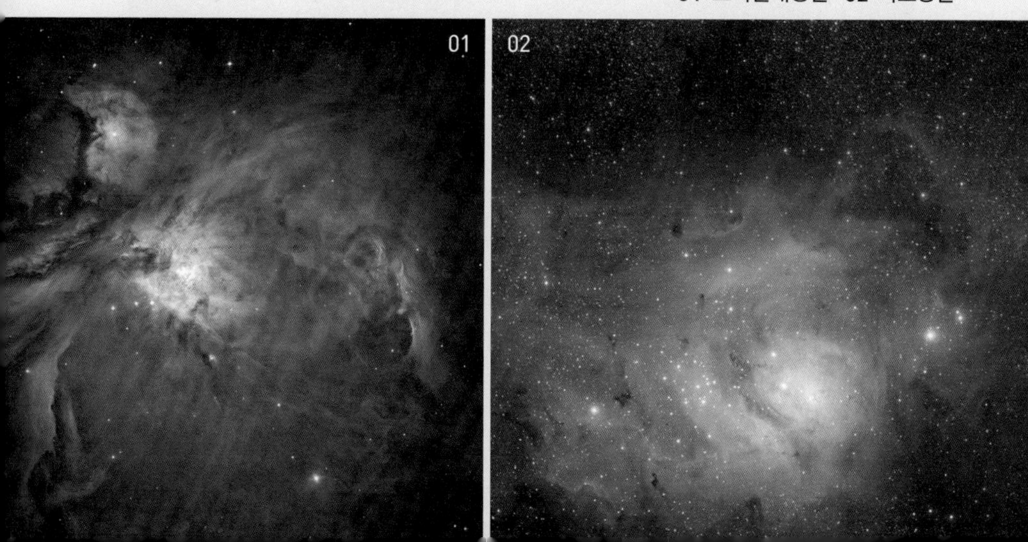

2. 반사성운

성운 중에서 푸른색으로 보이는 것은 대부분 반사성운이다. 성간 티끌이 별과 관측자 사이에 있지 않고 별의 한쪽으로 떨어져 있을 때 이 티끌들은 별로부터 오는 빛을 관측자 쪽으로 산란시킨다. 티끌 입자는 붉은색에 비해 푸른색을 더 많이 산란시키기 때문에 반사성운은 성운에 들어온 빛보다 더 푸르게 보인다. 낮에 지구의 하늘이 파란 것도 반사성운과 같은 원리로 공기 중의 입자가 햇빛 중의 푸른빛을 더 많이 산란시키기 때문이다. 고온의 별빛이나 높은 온도로 인해 가스의 전자들이 에너지를 받아 빛을 내는 것이 발광성운인데 반해, 반사성운은 티끌에 의해 산란된 빛이 보이는 것이다.

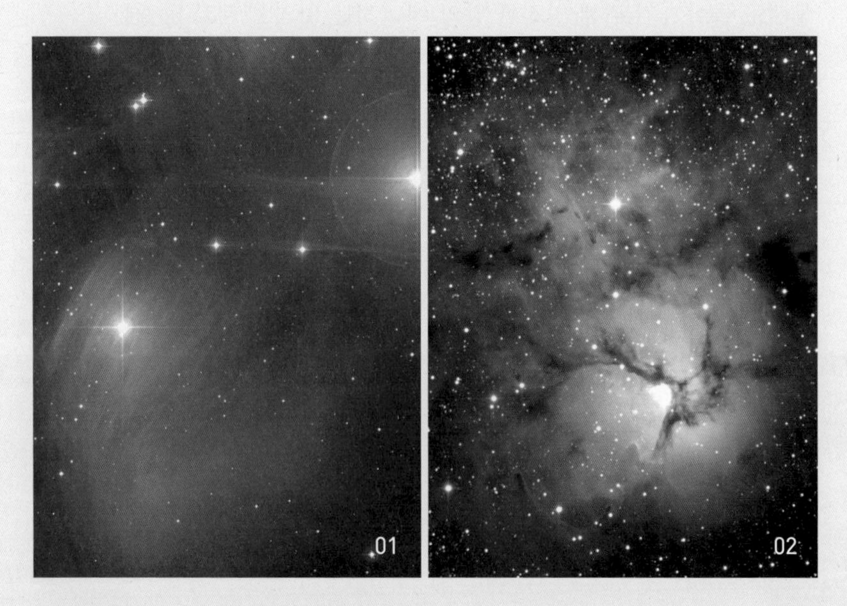

01 플레이아데스성단를 둘러싼 반사성운
02 삼렬성운 위쪽에 보이는 푸른 빛의 반사성운

말머리성운

3. 암흑성운

시골 하늘에서 은하수를 본 적이 있는 사람이라면 은하수 사이에 별이 없는 것처럼 어둡게 보이는 부분이 있다는 것을 알고 있을 것이다. 특히 남반구에서 볼 수 있는 남십자성 옆의 석탄자루성운은 은하수에 구멍이 뻥 뚫린 것처럼 검게 보인다. 은하수 속에 이렇게 어두운 띠가 보이는 것은 그 부분에 별이 없는 것이 아니라 별빛을 가로막는 불투명한 물질들, 즉 성간 티끌이 그곳에 있기 때문이다.

이렇게 어둡게 보이는 성운을 암흑성운이라고 한다. 흔히 암흑성운은 밝은 성운과 함께 겹쳐져 보이는데, 말머리성운이 가장 잘 알려진 예이다. 흔히 밝은 성운은 가스로 되어 있는데 반해, 암흑성운에는 티끌이 많이 존재한다. 밝은 성운 속에도 글로뷸(Globule)이라고 하는 아주 작은 검은 영역이 있는데, 이곳은 성운이 응축되어 별이 형성되는 과정에 있는 밀도가 큰 티끌 구름으로 생각되고 있다.

4. 초신성 잔해

게성운

별 진화의 마지막 단계에서 질량이 태양보다 대략 1.4배 이상인 별은 초신성 폭발로 생을 마감한다. 초신성 폭발로 방출된 물질은 우주 공간으로 흩어지면서 성간 물질의 일부분이 된다. 특히 방출된 물질은 팽창하면서 그 주변의 가스와 티끌을 쓸어버린다. 이때 충격파가 발생하여 가스를 들뜨게 하거나 이온화시켜서 우리 눈에 보이게 된다. 즉, 초신성 잔해에서 나오는 빛은 초신성 잔해 자체의 빛이 아니라 에너지를 받은 가스들이 안정된 상태로 돌아가면서 내놓는 낮은 에너지의 빛이다. 초신성에서 방출되는 X선도 역시 근처의 가스를 이온화시키는 역할을 한다.

5. 행성상성운

태양 질량의 1.4배가 되지 않는 별들은 그 진화의 마지막 단계에서 껍데기만 날려 보내고 아주 밀도가 높은 백색왜성으로 일생을 마친다. 이 때 날려 보낸 껍데기가 바로 행성상성운이다. 행성상성운은 일반적인 발광성운의 영역보다 가스가 더 뭉쳐 있어서 밀도가 훨씬 높고, 또 표면이 훨씬 밝다. 행성상성운은 망원경으로 볼 때 행성과 비슷하게 녹색의 원반으로 보여서 붙여진 이름이다. 발광성운에 비해 밀도가 훨씬 높기 때문에 전자, 원자, 이온 사이의 충돌이 빈번하고 그 결과 발광성운보다 더 많은 빛이 나온다.

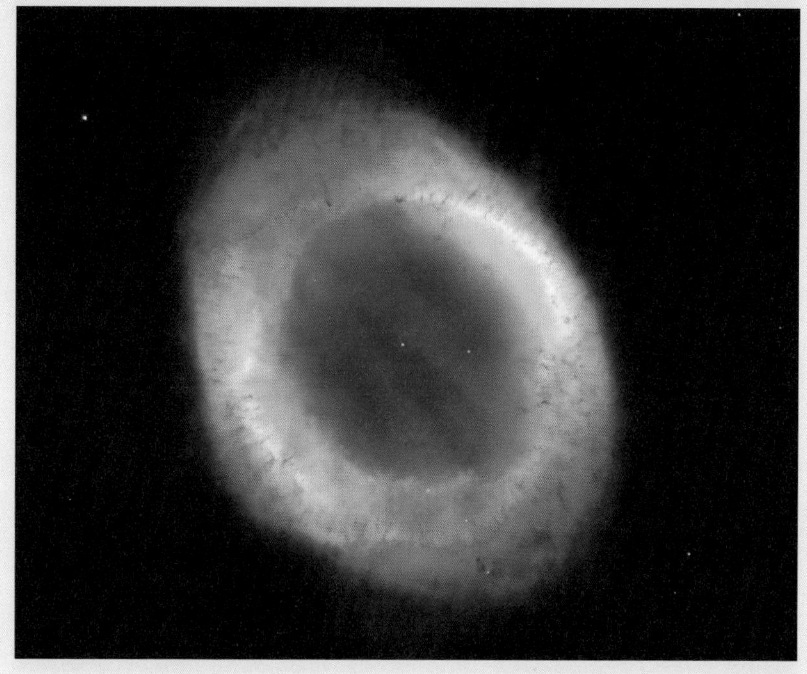

고리성운

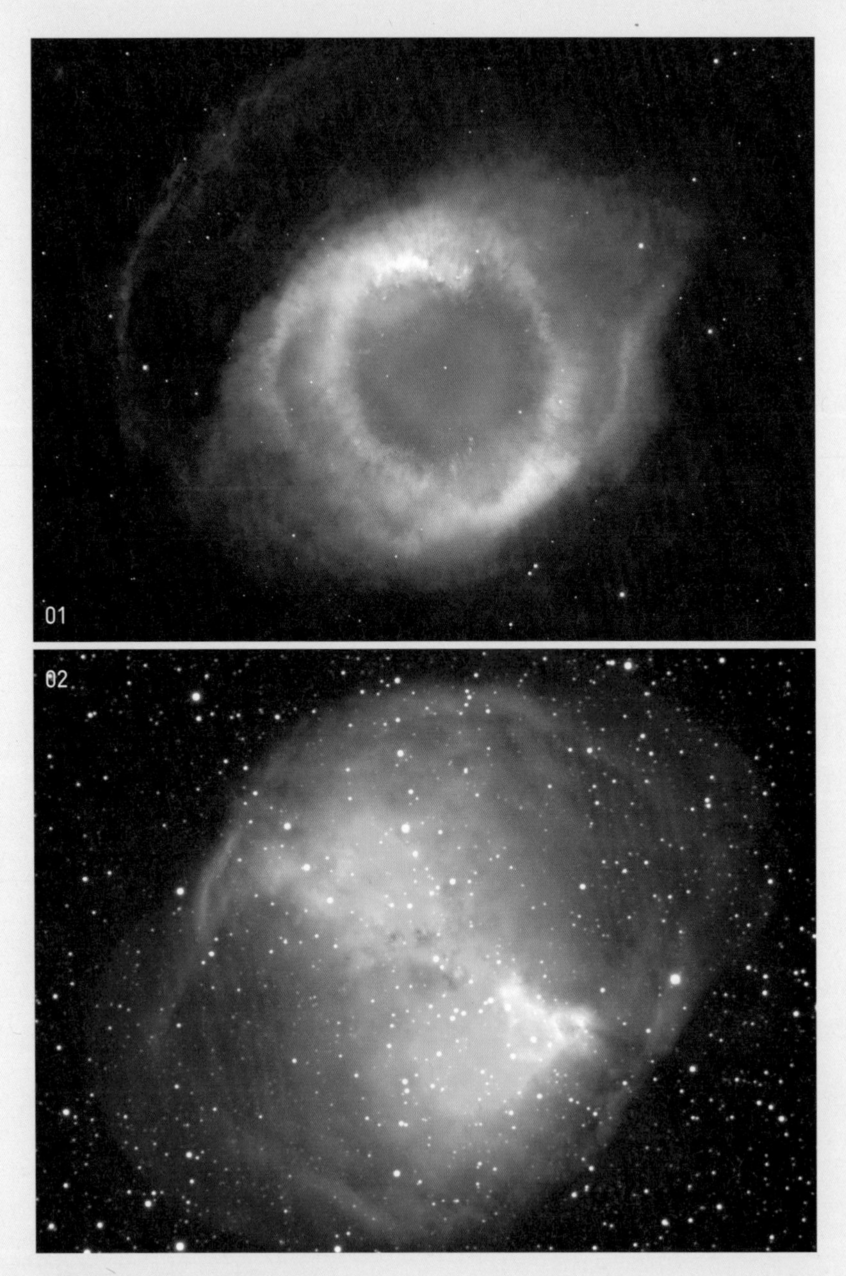

01 쌍가락지성운 02 아령성운

✪ 성단

가스나 티끌이 모여 있는 집단을 성운이라고 부르는 데 반해, 별이 모여 있는 집단은 성단(星團, Cluster)이라고 한다. 성단은 대부분 같은 성운 속에서 비슷한 시기에 태어난 별들의 집단인데, 산개성단과 구상성단이 있다. 산개성단은 주로 젊은 별들의 집단으로 대부분 은하면에 위치하고, 구상성단은 늙은 별들의 집단으로 은하 주위에 둥글게 분포한다.

1. 산개성단

수십 개에서 수백 개 정도의 별이 비슷한 공간에 모여 있는 집단을 산개성단이라고 한다. 산개성단에 속한 별들은 커다란 성운 속에서 거의 동시에 만들어진 형제 별들이다. 커다란 성운은 대부분 은하면을 따라 분포하기 때문에 산개성단이 관측되는 곳도 대부분 은하면이다. 이러한 이유로 산개성단을 은하성단이라고도 부른다. 산개성단은 형제 별들이기 때문에 대부분 같은 방향과 비슷한 속도로 움직인다. 그러나 그 속에 속한 각 별들의 운동 에너지, 은하 중심에서의 거리에 따른 각각의 공전 속도 차이, 그리고 외부로부터의 중력 교환 등 여러 가지 요인으로 인해 산개성단은 서서히 확산된다. 따라서 밀도가 높은 산개성단은 상대적으로 밀도가 낮은 성단에 비해 젊은 별들의 집단이라고 볼 수 있다.

플레이아데스성단 : 황소자리의 등 부분에 위치하는 별들로 가장 아름답게 보이는 산개성단이다. 우리말로는 좀생이 별, 묘성(昴星)이라고 부른다.

페르세우스자리 이중성단 : 페르세우스자리와 카시오페이아자리 사이의 북쪽 은하수를 배경으로 두 무리로 나누어져 보이는 산개성단이다.

2. 구상성단

수만 개에서 수십만 개의 별들이 공 모양으로 뭉쳐져 있는 집단을 구상성단이라고 한다. 대부분 크기가 작은 늙은 별들로 이루어져 있으며 중심부의 밀도는 산개성단에 비해 10배 정도나 된다. 구상성단에 속한 별들은 우리은하에서 가장 나이가 많은 별들로 은하 초기에 태어난 별들이다.

구상성단은 은하 중심에서 약 5만 광년 정도 떨어져서 햇무리나 달무리처럼 둥글게 분포하며, 대략 1억 년에 한 번꼴로 은하 중심을 공전한다. 크기는 대략 100광년 정도인데 중심부에 비해 바깥쪽으로 갈수록 밀도가 급격히 줄어든다.

현재까지 알려진 구상성단은 약 100개 정도이다.

01 헤르쿨레스자리 구상성단(M13) : 북반구에서 볼 수 있는 가장 밝은 구상성단으로 눈이 좋은 사람은 맨눈으로도 볼 수 있다.

02 사냥개자리 구상성단(M3) : 가장 밝은 구상성단 중의 하나로 쌍안경으로도 볼 수 있다.

03 센타우루스자리 구상성단(ω Cen) : 온 하늘에서 가장 크고 가장 밝은 구상성단으로 보름달보다 크다. 그러나 남반구에 있어서 우리나라에서는 볼 수 없다.

은하

은하는 우주의 기본적인 구성단위로 별과 가스가 모여 있는 커다란 집합체이다. 하나의 은하에는 평균 1,000억 개의 별이 모여 있고, 우리 눈에 보이는 우주에는 그런 은하가 1,000억 개나 된다. 대부분의 은하들은 중심부에 밝고 커다란 핵이 있고, 주변에 어두운 성간 물질이 띠를 이루고 있는 형태를 하고 있다. 은하는 그 형태에 따라 타원은하, 나선은하, 불규칙은하 등으로 분류된다. 나선은하에는 정상나선은하와 막대나

나선은하(안드로메다은하)

선은하가 있고, 타원은하와 나선은하 사이에 있는 은하를 렌즈형은하라고 부르기도 한다. 우리은하는 과거에는 정상나선은하로 알려졌지만 최근에 중심에 막대 구조가 있는 막대나선은하라는 사실이 밝혀졌다.

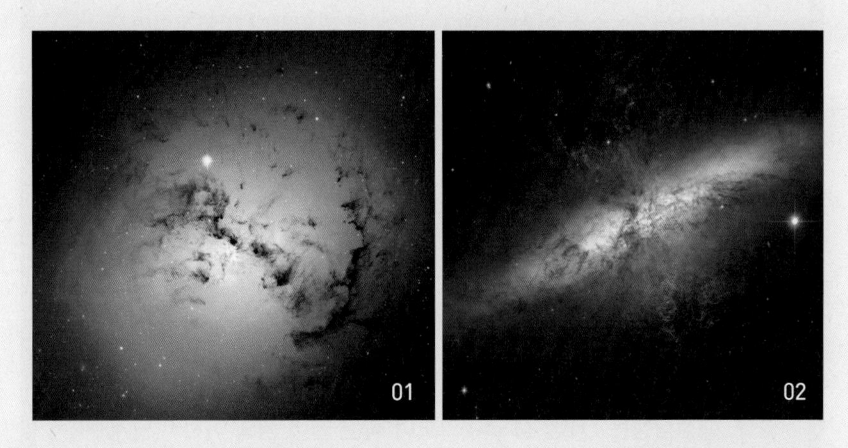

01 타원은하(NGC1316)
02 불규칙은하(M82)

정/리/하/기

- **성운** : 가스나 티끌들이 모여 있는 곳
- **발광성운** : 수소 가스가 에너지를 받아 흥분했다가 안정되면서 붉은빛을 내는 성운
- **반사성운** : 별 주변의 가스들이 별빛을 산란시켜서 부르게 보이는 성운
- **암흑성운** : 가스나 티끌이 주변의 별빛을 막아서 어둡게 보이는 성운
- **초신성잔해** : 태양 질량의 약 1.4배 이상 되는 별이 생의 마지막 단계에서 초신성 폭발을 하고 퍼져 나가는 모습
- **행성상성운** : 태양 정도나 그보다 작은 별이 생의 마지막 단계에서 날려 보낸 껍데기로 마치 행성처럼 보인다.
- **성단** : 별이 모여 있는 집단
- **산개성단** : 수십에서 수백 개의 별이 비슷한 공간에 불규칙하게 모여 있는 것, 주로 젊은 별들의 집단으로 은하면에 존재해서 은하성단이라고 한다.
- **구성성단** : 수만에서 수십만 개의 별들이 공처럼 모여 있는 것, 주로 늙은 별들의 집단으로 은하 주변부에 존재한다.
- **은하** : 별과 가스로 이루어진 가장 큰 집단으로 나선은하, 타원은하, 불규칙은하로 나눠진다. 나선은하는 다시 정상나선은하와 막내나선은하로 분류된다.

T H E L I T T L E P R I N C E

꽃과 어린왕자의 갈등 8

The Little Prince

"사실 난 아무것도 이해할 줄 몰랐던 거야. 꽃의 말이 아니라 꽃의 행동으로 판단했었어야 했어. 그 꽃은 내게 향기를 주었고, 내 마음을 환하게 해 주었지. 나는 그 꽃으로부터 도망을 치지 말았어야 했어. 조그만 불평 뒤에 숨은 따뜻한 마음을 보았어야 하는 건데. 꽃들은 너무 변덕스러워! 하지만 난 너무 어려서 그 꽃을 사랑할 줄 몰랐던 거야."

의심받은 사랑의 별자리 - 헤르쿨레스자리

불평한다는 것은 그만큼 원하는 것이 있다는 것이다. 바라는 것이 없고 싫어한다면 무관심해질 것이다. 물론 불평불만도 없는 완전한 사랑도 있을 수 있다. 하지만 그런 사랑을 하는 사람은 거의 없다. 그래서 불완전한 사랑의 마음속에는 질투와 의심이 함께 한다. 얼마나 참고 이해하느냐가 문제일 뿐이다. 밤하늘의 별자리 중에는 질투와 의심으로 사랑하는 사람을 잃어버린 안타까운 사연이 담긴 별자리가 있다. 바로 그리스 신화 최대의 영웅으로 알려진 헤라클레스의 별자리가 그것이다.

헤라클레스는 제우스신이 변장하여 알크메네라는 여인에게서 얻은 아들이다. 제우스신은 알크메네의 남편이었던 티린스의 왕 암피트리온의 모습으로 변장하여 헤라클레스를 낳게 하였다. 헤라클레스는 온갖 역경을 겪으며 그리스 신화 최고의 영웅으로 성장했고, 수많은 이야기의 주인공이 되었다. 하지만 신들마저도 부러워했던 영웅 헤라클레스가 불사신의 몸을 포기하고 죽게 된 것은 다름 아닌 아내의 빗나간 사랑 때문이었다. 헤라클레스가 노예 소녀와 사랑에 빠진 것으로 의심한 아내는 남편의 사랑을 되돌리기 위해 독이 묻은 괴물의 피를 남편 옷에 발랐고, 그 고통으로 인해 헤라클레스는 스스로의 몸을 불태워 죽고 말았다. 뒤늦게

헤르쿨레스자리

남편의 결백을 알게 된 아내는 눈물로 후회하였지만, 이미 그때는 제우스신이 헤라클레스를 밤하늘의 별자리로 올려놓은 다음이었다. 이 땅의 아내들이여, 불쌍한 남편을 의심하지 말지어다.

그러면 헤르쿨레스자리(헤르쿨레스는 헤라클레스의 라틴어 발음으로, 별자리 이름은 모두 라틴어로 되어 있다.)는 어떻게 찾을 수 있을까? 제우스신이 헤라클레스의 아버지라는 사실을 알면 쉽게 찾을 수 있다. 여름철 별자리 중에 제우스신이 변장하여 숨어 있는 곳이 바로 백조자리의 꼬리별인 데네브이다. 바람둥이 제우스신은 여기서 누구를 바라보고 있을까? 바로 직녀이다. 제우스와 여인, 거기서 태어난 아들 헤라클레스. 자, 데네브와 직녀를 이어서 같은 거리만큼 연결하면 그곳이 바로 헤르쿨레스자리이다. 물론 그 아버지에 그 아들이라고 헤라클레스가 제우스신의 반대편에서 직녀를 바라보고 있다고 상상하면 더 간단하다.

헤르쿨레스자리의 모양은 헤라클레스의 영어 첫 글자가 'H'로 시작하는 것을 알면 쉽게 알아볼 수 있다. 물론 헤라클레스의 머리는 아버지인 백조의 머리와 같은 방향에서 직녀를 바라보고 있을 것이다. 한 가지 더, 헤라클레스는 신사이기 때문에 직녀를 향해 한쪽 무릎을 꿇고 있다는 것도 알아 두자.

(p.216. 여름철의 별자리 지도 참고)

정/리/하/기

- **의심받은 사랑의 별자리-헤르쿨레스자리** : 부인의 의심으로 죽음에 이르게 된 영웅 헤라클레스의 별자리

The Little Prince

"당연히, 나는 당신을 사랑해요." 꽃이 말했습니다.

"그동안 이 사실을 몰랐던 것은 내 잘못이에요. 그건 중요하지 않아요. 하지만 당신도 나처럼 바보였어요. 부디 행복하세요…… 유리 덮개는 그냥 놔둬요. 이젠 필요 없어요."

"하지만 바람이 불면……."

"내 감기는 대단치 않아요. 차가운 밤공기가 내 몸에 더 좋아요. 난 꽃인걸요."

"하지만 짐승들이 오면……."

"나비와 친구가 되려면, 두세 마리의 애벌레는 견뎌야겠지요. 나비는 무척 아름다워요. 나비나 애벌레가 아니면 누가 나를 찾아와 주겠어요. 당신은 멀리 있겠지요. 큰 짐승이 와도 무섭지 않아요. 내겐 손톱이 있으니까요."

꽃은 네 개의 가시를 보여 주며 말을 이었습니다.

"그렇게 우물쭈물하지 마세요. 떠나기로 결심했으니, 지금 가세요."

꽃은 울고 있는 모습을 어린왕자에게 보이고 싶지 않았습니다. 그만큼 자존심이 강한 꽃이었습니다.

목성의 위성 이오 - 화산 활동이 있는 가장 작은 위성

어린왕자의 별에는 불을 뿜는 화산이 2개 있고, 잠자는 화산도 하나 있다고 한다. 그렇게 작은 소행성에 화산이 있을 수 있을까? 사실은 불가능한 일이다. 별이 작으면 작을수록 빨리 식기 때문에 내부에 뜨거운 마그마를 가질 수가 없다. 우리 태양계에서 화산 활동이 있는 가장 작은 천체는 목성의 위성인 이오이다. 하지만 이오는 지름이 약 3,700km로 어린왕자의 별(소행성)보다 훨씬 커다란 천체이다.

지구와 달 사이와 비슷한 거리를 두고 목성 주위를 돌고 있는 이오는 달과 비슷한 크기지만, 달보다 300배나 더 큰 목성의 중력 영향을 받고 있다. 이오는 강한 목성의 중력 때문에 지구의 달처럼 공전과 자전주기가 같다. 큰 천체를 도는 작은 천체는 큰 천체의 중력으로 인해 항상 같은 모습만을 보여준다. 큰 천체의 중력이 작은 천체의 회전을 막는 것이다. 무서운 사람 앞에서 그 힘에 눌려 고개를 돌리지 못하는 것과 같은 이치이다. 이것을 '동주기 자전'이라고 한다.

목성에는 많은 달이 있고, 가니메데 같은 달은 수성보다 크기 때문에 이오에 미치는 중력의 상호작용은 무척 복잡하다. 하나의 달이 또 다른 달 옆을 지날 때는 평소와 다른 중력이 작용하여 서로 잡아당긴다. 이러한 중력의 변화로 인해 이오의 내부는 아주 뜨겁게 가열되고 지구의 내부처럼 녹아 있는 상태가 되었다. 그리고 화산 활동으로 내부의 녹아 있는 물질을 밖으로 분출하고 있다.

철새 별자리 – 백조자리

조종사는 어린왕자가 철새들이 이동할 때 함께 별을 떠났으리라고 생각했다. 사실 지구의 계절이라는 것은 지구의 자전축이 기울어져 있기 때문에 나타나는 현상이다. 다른 별이나 행성에도 계절이 있을 수 있지만 그 계절은 지구의 계절과 같을 수는 없다. 물론 지구에도 북반구와 남반구의 계절이 다르기 때문에 조종사의 생각에는 조금 동의하기가 어렵다.

물론 천문학자가 아닌 조종사를 탓할 수는 없다. 우리가 보는 밤하늘에는 멋진 철새의 별자리가 있다. 어린왕자가 이동할 때 이 철새 별자리를 따라 이동한 것은 아닐까? 밤하늘에 빛나는 멋진 철새 별자리, 백조자리에 대해 알아보자.

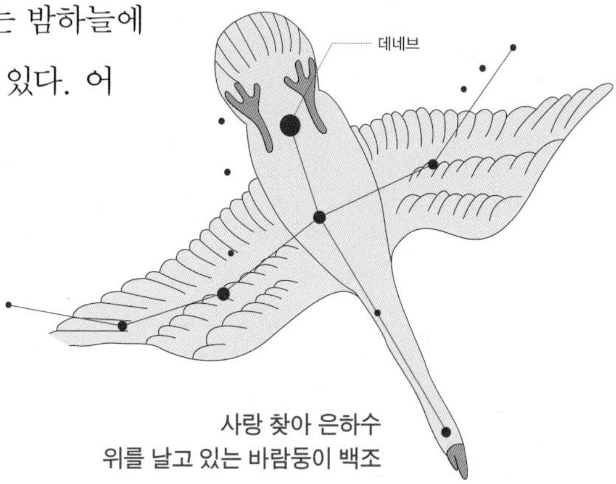

사랑 찾아 은하수
위를 날고 있는 바람둥이 백조

밤하늘의 많은 별자리 중에서 가장 그럴듯한 별자리가 무엇이냐고 묻는다면 필자는 여름철 은하수 위를 날고 있는 백조자리라고 대답할 것이다. 맑게 갠 여름밤, 은하수를 따라 견우와 직녀 사이를 날아가는 백조의 모습은 감탄의 소리가 절로 나올 정도로 멋지고 우아하다. 은하수 위에 걸쳐져 있는 백조자리는 직녀와 견우 사이를 날아 남쪽으로 향하고 있다.

(p.216. 여름철의 별자리 지도 참고)

철새인 백조가 추위를 피해 따스한 남쪽 나라로 날아가는 것일까? 아니면 사랑하는 사람을 만나기 위해 누군가가 백조로 변신한 것일까?

백조는 일부일처의 상징으로 알려진 동물이다. 하지만 신화 속에서는 제우스신이 바람을 피우기 위해 변신한 모습이 백조라고 한다. 가끔 백조가 바람을 피운다는 사실이 보고되기도 하는데, 아마 제우스신의 탓이 아닌가 싶다. 백조의 사생활이 어찌되었건 우리는 보이는 그대로의 멋진 백조를 즐기면 된다.

백조자리에는 알파(α)별 데네브(Deneb)를 정점으로 베타(β), 감마(γ), 델타(δ), 그리고 엡실론(ε) 별이 십자가를 그리듯이 펼쳐져 있다. 이 별들은 남반구 하늘의 남십자성에 대하여 북십자성이라고 부른다. 북십자성은 남십자성(남십자자리의 밝은 4개의 별. 우리나라에서는 보이지 않는다.)에 비해 크기도 크고 모양도 훨씬 가지런한 십자가이다. 북십자성이 정확하게 지평선 위에 우뚝 서는 모습은 백조자리가 서쪽 하늘로 지는 겨울밤에 볼 수 있다. 성탄절 무렵 서쪽 하늘에 나타나는 커다란 십자가를 보며 저녁 기도를 올려보지 않겠는가? 십자성의 주위에는 4, 5등성의 별들이 약간 대칭을 이루면서 좌우에 흩어져 있다. 이곳의 별들을 자세히 보면 어떤 새가 날고 있는 모습이라는 것을 쉽게 알아차릴 수 있다. 바로 새들의 여왕인 백조가 우아하게 날아가는 모습이다.

백조자리에는 여러 가지 신화가 전해지고 있는데, 독수리자리와 같이 대신 제우스의 변신이라는 것이 가장 널리 알려진 이야기이다. 그리스 신화의 가장 위대한 신이었던 제우스에게는 나쁜 버릇이 있었으니 바로 바람기였다. 하지만 제우스가 바람을 피우지 않았다면 밤하늘의 별자리 가운데 상당 부분은 지금과 다른 모습을 하고 있을 것이다. 제우스의 바람기로 인해 밤하늘의 별자리가 훨씬 풍성해졌다는 것은 우리에겐 다행한 일이다.

제우스신은 아름다운 인간 여인을 유혹할 때면 대부분 동물의 모습으로 변신했다. 그중 하나가 바로 백조자리이다. 제우스는 스파르타(Sparta)의 왕비 레다(Leda)의 아름다움에 빠져 그녀를 유혹하게 되었는데, 질투가 심한 아내 헤라에게 들킬 것을 염려하여 그녀를 만나러 갈 때면 언제나 백조의 모습으로 땅에 내려왔다. 레다는 백조로 변한 제우스와의 사랑으로 2개의 알을 낳았는데, 그중 하나에서는 카스토르(Castor)란 남자아이와 클리타이메스트라(Klytaimestra, 트로이 전쟁을 승리로 이끈 아가멤논의 아내)라는 여자아이가, 다른 하나에서는 폴룩스(Pollux)라는 남자아이와 헬레네(Helene, 절세 미모로 트로이 전쟁의 원인이 된 여인)라는 여자아이가 태어났다. 이들 자식들은 크게 성장하여 카스토르와 폴룩스는 로마를 지키는 위대한 영웅이 되었고, 후에 쌍둥이자리의 주인공이 된다. 제우스신은 훗날 레다와의 추억을 영원히 간직하기 위해 이 별자리를 만들었다고 한다.

자존심 강한 여자, 사랑 앞에 마음을 열다
- 돌고래자리

신화 속에서 가장 무서운 모습으로 등장하는 신이 바로 바다의 신인 포세이돈이다. 큰 키에 턱수염을 기르고 항상 삼지창을 들고 다니는 포세이돈은 불타는 성격을 지닌 신이다. 하지만 그 역시 사랑 앞에서는 나약한 남자일 뿐이었다. 어느 날 포세이돈은 낙소스 섬에서 춤을 추고 있던 바다의 님프, 암피트리테를 보고 그만 사랑에 빠지고 말았다. 포세이돈은 암피트리테에게 달려가 자신의 사랑을 받아줄 것을 간청했지만, 암피트리테는 포세이돈의 무서운 외모에 겁을 먹고 도망치고 만다. 하지만 포세이돈은 결코 그녀를 포기할 수 없었다. 자신의 부하였던 바다의 동물들에게 그녀를 찾아올 것을 명령했고, 그의 충실한 부하였던 돌고래가 그녀를 찾아냈다. 돌고래는 암피트리테에게 포세이돈의 장점을 열심히 설명했고, 결국 돌고래의 설득에 감명받은 암피트리테는 포세이돈과 결혼하여 바다의 여왕이 되었다. 그 공로로 돌고래는 하늘의 별자리가 되었으며, 사랑을 전하는 동물로 지금까지도 많은 사람의 사랑을 받고 있다. 올 여름, 누군가가 돌고래를 선물한다면 그것은 바로 사랑을 고백하는 것이라는 사실을 눈치채기 바란다.

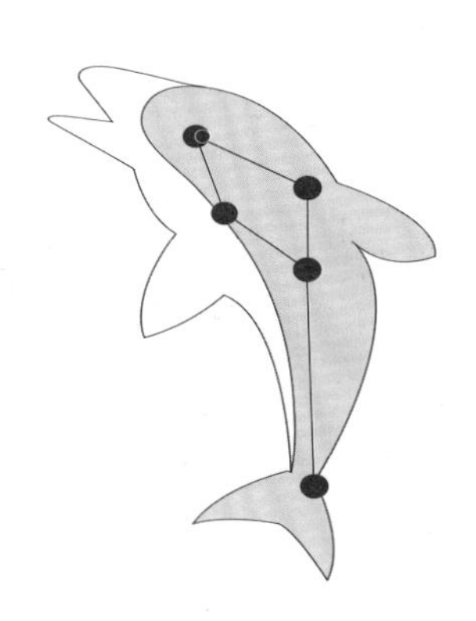

사랑의 별자리 돌고래자리

돌고래자리는 어떻게 찾을까? 돌고래는 물에 사는 동물이기 때문에 은하수 근처에 있을 것이다. 포세이돈이 돌고래를 통해 부인인 암피트리테를 찾았던 것처럼 여름철 은하수 속에서 부인을 애타게 찾는 사람이 누구일까? 바로 그 사람 곁에 돌고래가 있을 것이다. 정답은 바로 견우이다. 견우의 앞쪽에서 귀엽게 뛰어오른 다이아몬드 모양의 별들이 바로 돌고래자리이다. 여인들이여! 남자를 외모만으로 판단하지 말지어다.

(p.216. 여름철의 별자리 지도 참고)

정/리/하/기

- **목성의 위성 이오** : 화산 활동이 있는 가장 작은 위성
- **철새 별자리** : 백조자리는 제우스신이 변신한 모습이다.
- **돌고래자리** : 포세이돈의 사랑을 이루어준 돌고래의 별자리

임금님이 사는 별 10

The Little Prince

어린왕자는 소행성 325, 326, 327, 328, 329, 그리고 330번 별들과 가까이 있었습니다. 그래서 그는 견문을 넓히기 위해 그 별들을 방문하기로 했습니다.

첫 번째 별에는 임금님이 살고 있었습니다. 그 임금님은 붉은 천과 흰 담비털로 만든 옷을 입고, 간소하면서도 위엄 있는 옥좌에 앉아 있었습니다. 임금님은 어린왕자가 오는 것을 보자, 큰 소리로 말했습니다.

"오, 신하가 한 명 왔구나!"

어린왕자는 '한 번도 본 적이 없는데, 어떻게 나를 아는 것일까?' 하고 생각했습니다.

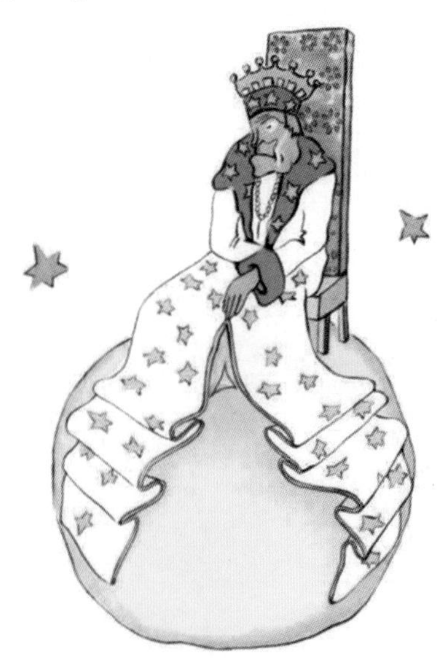

임금님들에게는 이 세상이 얼마나 간단한지 어린왕자는 몰랐습니다. 임금님들에게는 모든 사람이 신하입니다.

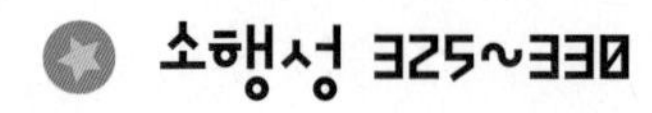

어린왕자가 사는 별 근처에 있다고 하는 325번부터 330번까지의 소행성은 실제로 존재하는 별이다. 이들 소행성은 1892년부터 1910년 사이에 유럽에서 발견된 것으로 크기가 가장 작은 것은 330번 소행성이고, 가장 큰 것은 328번이다.

국제천문연맹에 등록된 325번부터 330번까지의 소행성 목록

325 Heidelberga	—	March 4, 1892	Heidelberg	M. F. Wolf
326 Tamara	—	March 19, 1892	Vienna	J. Palisa
327 Columbia	—	March 22, 1892	Nice	A. Charlois
328 Gudrun	—	March 18, 1892	Heidelberg	M. F. Wolf
329 Svea	—	March 21, 1892	Heidelberg	M. F. Wolf
330 Adalberta	A910 CB	February 2, 1910	Heidelberg	M. F. Wolf

소행성 325~327번의 특징

325 Heidelberga

Discovery	
Discovered by	Max Wolf
Discovery date	March 4, 1892
Designations	
Named after	Heidelberg
Minor planet category	Main belt
Orbital characteristics[1]	
Epoch 30 January 2005 (JD 2453400.5)	
Aphelion	559.942 Gm (3.743 AU)
Perihelion	398.527 Gm (2.664 AU)
Semi-major axis	479.234 Gm (3.203 AU)
Eccentricity	0.168
Orbital period	2094.229 d (5.73 a)
Average orbital speed	16.64 km/s
Mean anomaly	7.79°
Inclination	8.543°
Longitude of ascending node	345.291°
Argument of perihelion	67.883°
Physical characteristics	
Dimensions	76.0 km
Absolute magnitude *(H)*	8.65

326 Tamara

Discovery	
Discovered by	Johann Palisa
Discovery date	March 19, 1892
Designations	
Named after	Tamar
Minor planet category	Main belt
Orbital characteristics	
Epoch 30 January 2005 (JD 2453400.5)	
Aphelion	412.911 Gm (2.76 AU)
Perihelion	280.598 Gm (1.876 AU)
Semi-major axis	346.755 Gm (2.318 AU)
Eccentricity	0.191
Orbital period	1288.948 d (3.53 a)
Average orbital speed	19.56 km/s
Mean anomaly	292.783°
Inclination	23.723°
Longitude of ascending node	32.335°
Argument of perihelion	238.429°
Physical characteristics	
Dimensions	93.0 km
Mass	*unknown*
Mean density	*unknown*
Surface gravity	*unknown*
Escape velocity	*unknown*
Rotation period	*unknown*
Albedo	*unknown*
Temperature	*unknown*
Spectral type	C
Absolute magnitude *(H)*	9.36

327 Columbia

Discovery	
Discovered by	Auguste Charlois
Discovery date	March 22, 1892
Designations	
Named after	Christopher Columbus
Minor planet category	Main belt
Orbital characteristics	
Epoch 30 January 2005 (JD 2453400.5)	
Aphelion	441.483 Gm (2.951 AU)
Perihelion	389.143 Gm (2.601 AU)
Semi-major axis	415.313 Gm (2.776 AU)
Eccentricity	0.063
Orbital period	1689.528 d (4.63 a)
Average orbital speed	17.88 km/s
Mean anomaly	34.971°
Inclination	7.146°
Longitude of ascending node	354.914°
Argument of perihelion	309.465°
Physical characteristics	
Dimensions	36.0 km
Mass	*unknown*
Mean density	*unknown*
Surface gravity	*unknown*
Escape velocity	*unknown*
Rotation period	*unknown*
Albedo	*unknown*
Temperature	*unknown*
Spectral type	*unknown*
Absolute magnitude *(H)*	10.1

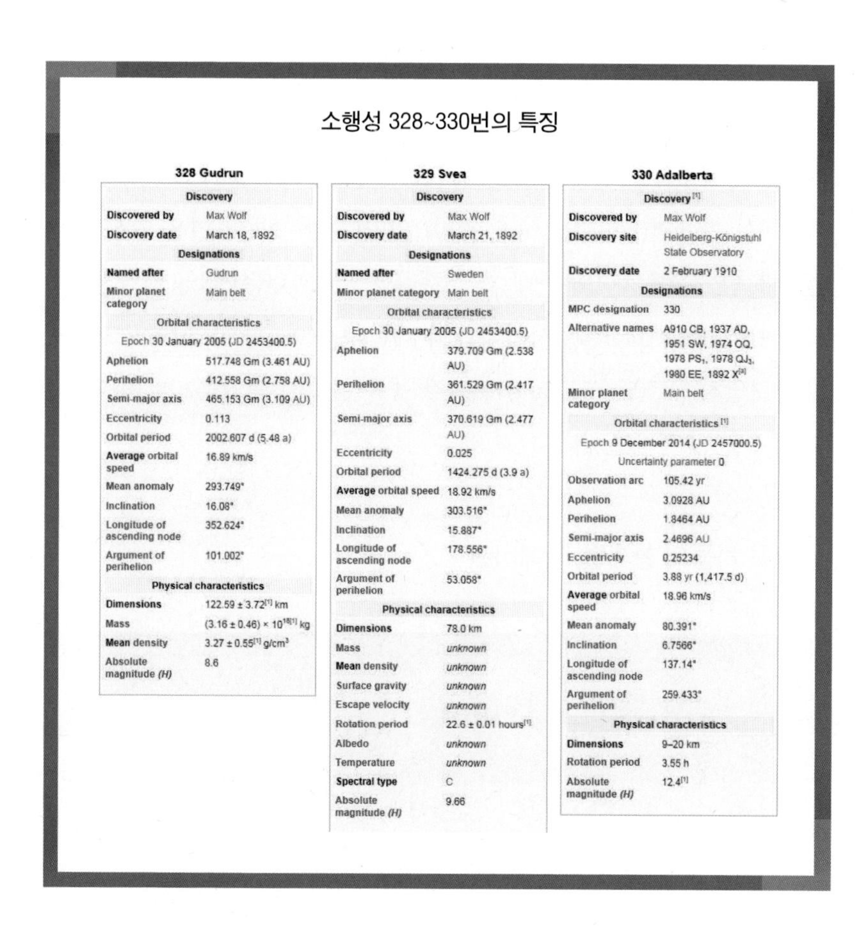

소행성 328~330번의 특징

328 Gudrun

Discovery	
Discovered by	Max Wolf
Discovery date	March 18, 1892
Designations	
Named after	Gudrun
Minor planet category	Main belt
Orbital characteristics	
Epoch 30 January 2005 (JD 2453400.5)	
Aphelion	517.748 Gm (3.461 AU)
Perihelion	412.558 Gm (2.758 AU)
Semi-major axis	465.153 Gm (3.109 AU)
Eccentricity	0.113
Orbital period	2002.607 d (5.48 a)
Average orbital speed	16.89 km/s
Mean anomaly	293.749°
Inclination	16.08°
Longitude of ascending node	352.624°
Argument of perihelion	101.002°
Physical characteristics	
Dimensions	122.59 ± 3.72[1] km
Mass	(3.16 ± 0.46) × 10^{18}[1] kg
Mean density	3.27 ± 0.55[1] g/cm^3
Absolute magnitude *(H)*	8.6

329 Svea

Discovery	
Discovered by	Max Wolf
Discovery date	March 21, 1892
Designations	
Named after	Sweden
Minor planet category	Main belt
Orbital characteristics	
Epoch 30 January 2005 (JD 2453400.5)	
Aphelion	379.709 Gm (2.538 AU)
Perihelion	361.529 Gm (2.417 AU)
Semi-major axis	370.619 Gm (2.477 AU)
Eccentricity	0.025
Orbital period	1424.275 d (3.9 a)
Average orbital speed	18.92 km/s
Mean anomaly	303.516°
Inclination	15.887°
Longitude of ascending node	178.556°
Argument of perihelion	53.058°
Physical characteristics	
Dimensions	78.0 km
Mass	*unknown*
Mean density	*unknown*
Surface gravity	*unknown*
Escape velocity	*unknown*
Rotation period	22.6 ± 0.01 hours[1]
Albedo	*unknown*
Temperature	*unknown*
Spectral type	C
Absolute magnitude *(H)*	9.66

330 Adalberta

Discovery[1]	
Discovered by	Max Wolf
Discovery site	Heidelberg-Königstuhl State Observatory
Discovery date	2 February 1910
Designations	
MPC designation	330
Alternative names	A910 CB, 1937 AD, 1951 SW, 1974 OQ, 1978 PS_1, 1978 QJ_3, 1980 EE, 1892 X[3]
Minor planet category	Main belt
Orbital characteristics[1]	
Epoch 9 December 2014 (JD 2457000.5)	
Uncertainty parameter 0	
Observation arc	105.42 yr
Aphelion	3.0928 AU
Perihelion	1.8464 AU
Semi-major axis	2.4696 AU
Eccentricity	0.25234
Orbital period	3.88 yr (1,417.5 d)
Average orbital speed	18.96 km/s
Mean anomaly	80.391°
Inclination	6.7566°
Longitude of ascending node	137.14°
Argument of perihelion	259.433°
Physical characteristics	
Dimensions	9–20 km
Rotation period	3.55 h
Absolute magnitude *(H)*	12.4[1]

물론 이들 소행성은 가장 작은 것도 지름이 수십 km에 이르기 때문에 어린왕자에 나오는 작은 별은 아니다. 현재의 기술로도 수억 km나 떨어져 있는 지름이 수십 미터가 안 되는 작은 소행성을 찾는 것은 쉬운 일이 아니다.

하늘의 황제별

고대 페르시아 시대에는 하늘의 수호자(Guardians of Heaven)로 알려진 4개의 황제별(Four Royal Stars)이 있었다. 이 4개의 별은 기본 방위(동, 서, 남, 북)를 차지하는데, 황소자리의 알데바란(Aldebaran), 전갈자리의 안타레스(Antares), 사자자리의 레굴루스(Regulus), 남쪽물고기자리의 포말하우트(Fomallhaut)가 각각 동쪽(봄), 서쪽(가을), 남쪽(여름), 북쪽(겨울)의 황제별이다.

■ 동쪽 하늘의 황제별, 알데바란

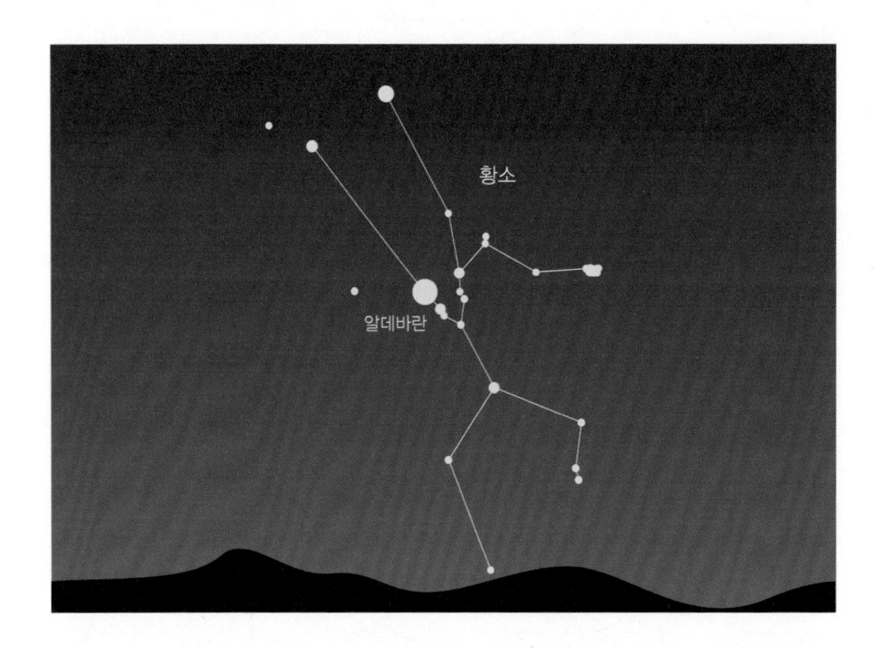

황소자리의 알파(α)별 알데바란은 '뒤에 따라오는 자'라는 의미를 가

지고 있는데, 이것은 알데바란이 플레이아데스성단의 뒤에서 떠오르기 때문에 붙여진 이름이다. 플레이아데스성단은 맨눈으로 볼 수 있는 가장 멋진 산개성단으로 북두칠성을 축소해 놓은 듯한 모습을 하고 있다. 기원전 3,000년경 춘분점은 황소자리에 있었고, 태양이 이 별자리에 왔을 때 봄이 시작되었다. 따라서 알데바란은 가장 먼저 하늘에 등장하는 지도자 별로 동쪽(봄) 하늘을 지배하는 황제별로 불렸다.

고대 메소포타미아에서는 알데바란을 빛의 전령(Messenger of Light)으로 불렀고, 유대인은 신의 눈(God's Eye)으로 부르며 대단하게 생각했다고 한다. 독자들도 다른 별들에 둘러싸여 있는 붉은색의 알데바란을 보면 이 별이 얼마나 강한 인상을 주는 별인지 느낄 수 있을 것이다.

■ 서쪽 하늘의 황제별, 안타레스

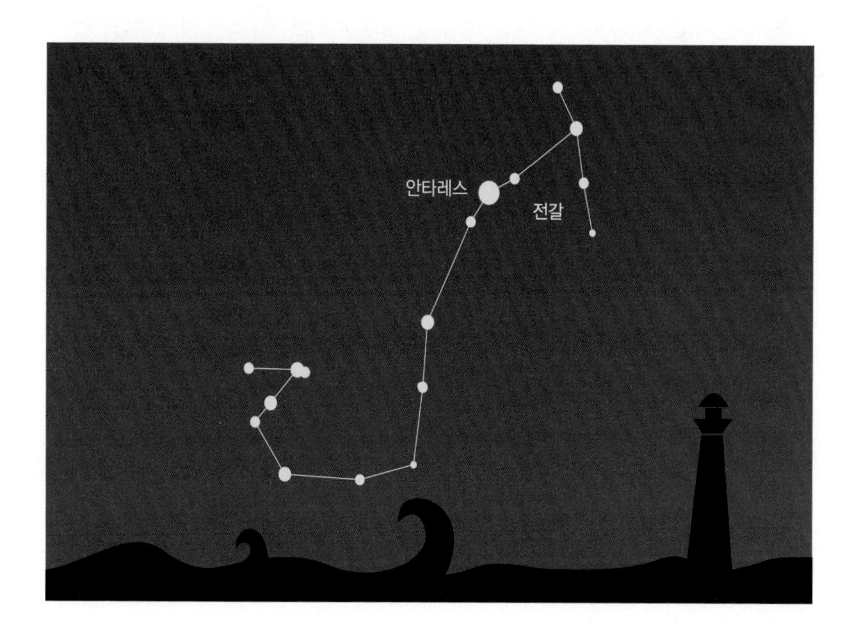

전갈자리의 알파(α)별 안타레스는 '화성의 라이벌'이라는 의미를 가지고 있다. 그것은 아마 이 별의 붉은빛이 화성(그리스 신화의 Ares, 로마 신화의 Mars와 같다)과 비슷한데다, 황도에 가깝게 있어 2년에 한 번씩 화성이 근처를 지나며 서로 가깝게 위치하기 때문일 것이다. 고대 페르시아 시대에는 태양이 전갈자리에 머무는 계절이 가을이었고, 전갈자리에서 가장 밝은 안타레스를 서쪽(가을) 하늘을 지키는 황제별로 여겼다.

동양의 점성술에서는 화성이 안타레스에 접근할 때 왕이 궁궐을 벗어나면 왕에게 불길한 일이 생긴다고 하여 조심하도록 하였다. 멕시코의 마야인도 안타레스를 죽음의 신으로 여겨 불길하게 생각했다. 밤하늘의 많은 붉은 별들 중에서 왜 안타레스가 불길한 별의 대명사처럼 여겨지게 되었을까? 별들은 지평선에 가까울수록 더 붉게 보이는데, 안타레스가 지평선에 가깝게 뜨기 때문에 붉은빛이 더 붉게 느껴졌기 때문일 것이다.

안타레스가 항상 불길한 별로만 여겨졌던 것은 아니다. 목성이나 토성이 안타레스에 접근하면 나라에 좋은 일이 생길 징조로 여겼다. 그런데 화성이 안타레스에 접근하는 것은 2년에 한 번인데 반해 목성은 대략 12년에 한 번, 토성은 30년에 한 번꼴로 안타레스에 접근하기 때문에 좋은 일보다는 나쁜 일을 더 많이 걱정했던 것 같다.

■ 남쪽 하늘의 황제별, 레굴루스

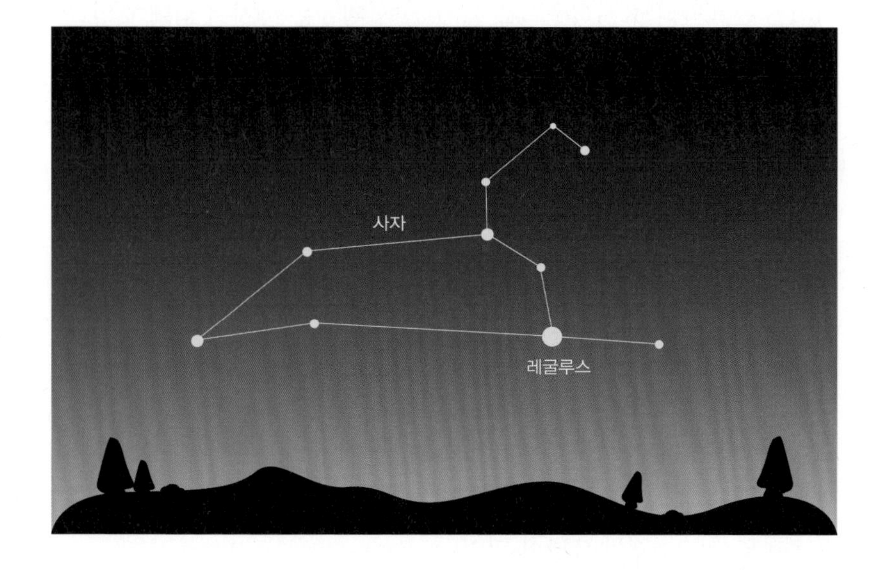

사자자리의 알파(α)별 레굴루스는 유프라테스 강 유역의 고대 문명 속에서 '붉은 불꽃'이나 '화염'으로도 불렸는데, 이것은 이 별 때문에 여름철의 더위가 온다고 믿었기 때문이다. 그렇다면 봄철 별자리에 속하는 사자자리의 으뜸별이 어떻게 남쪽을 지배하고 여름철의 더위와도 관련이 있다고 믿었던 것일까? 잠시만 눈을 감고 지금으로부터 수천 년 전의 하늘을 상상해 보기 바란다.

정답은 바로 세차운동 때문이다. 지금으로부터 약 5000년 전 고대 이집트에 피라미드가 지어지던 시절, 하늘의 북극성은 용자리의 으뜸별 투반이었고, 사자자리는 하지 무렵(6월 하순)에 태양이 위치하는 겨울 별자리이었다. 따라서 황도 바로 위에 위치한 레굴루스 근처에 태양이 오면 여름이 시작되고, 사람들은 태양의 열기에 레굴루스의 별빛이 더해져서 무더위가 시작된다고 믿었던 것이다. 후에 하늘의 북극이 옮겨지고 사자자리가 봄철의 별자리가 되면서 레굴루스가 가졌던 불꽃의 이미지는 큰개자리의 시리우스로 옮겨갔다. 지금은 하지 무렵에 태양 근처에서 가장 밝은 별이 바로 시리우스이기 때문이다.

레굴루스를 왕의 별로 여겼던 고대의 서양 점성가들은 이 별 아래서 태어난 사람은 명예와 부, 권력을 모두 가지게 된다고 믿었다. 또한, 피라미드를 지키는 수호신 스핑크스가 사자의 몸에 이집트 왕 파라오의 머리를 가지게 된 것도 이집트의 왕들이 사자자리의 힘을 빌려 백성들에게 왕의 위대함을 과시하고자 한 때문이었다. 2001년 강원도 영월군에 별마로천문대가 만들어지면서 레굴루스를 난종별로 이름을 붙였는데, 이것은 레굴루스라는 말의 의미가 바로 '어린 왕', 혹은 '작은 지배자'였기 때문이다. 봄철의 밤하늘에 맨 먼저 등장한 1등성 레굴루스는 그 위용만큼이나 정말 대단한 별이다.

■ 북쪽 하늘의 황제별, 포말하우트

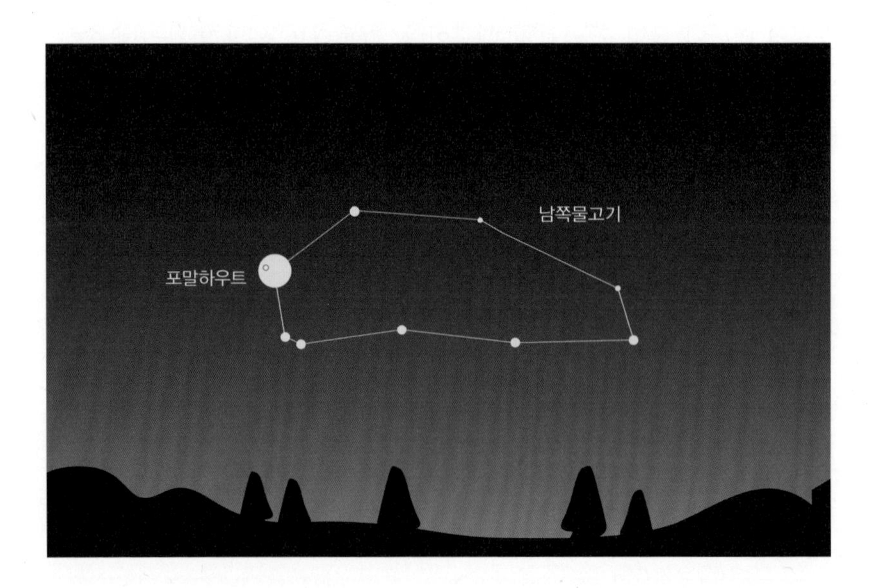

남쪽물고기자리의 알파(α)별 포말하우트는 가을을 대표하는 상징적인 별로 외로운 별(Lonely One)이란 별명을 갖고 있다. 이것은 공허한 가을의 남쪽 하늘에서 홀로 빛나는 이 별이 무척 외롭게 느껴져서 일 것이다.

우리나라의 옛날 별지도인 천상열차분야지도(天象列次分野之圖)에는 이 별에 북락사문(北落師門)이란 이름이 붙어 있는데, 이 말은 '북쪽 마을을 지키는 성문'이라는 뜻이다. 가을철 남쪽에 보이는 이 별에 북쪽과 관련된 이름이 붙은 것은 이 별이 있는 곳이 북쪽 하늘의 수호신 현무(玄武)의 영역이기 때문이다. 천상열차분야지도에는 황도를 따라 청룡(동), 백호(서), 주작(남), 현무(북)의 별자리가 자리하고 있다. 현무가 북쪽 하늘을 지키게 된 것은 고대 별자리가 만들어지던 시대에 태양이 겨울 동안 머무르는 곳이 바로 현무의 별들 속이었기 때문이다. 세차운동으로 인해 지금은 현무의 별들이 가을에 보이지만 고대엔 여름에 보였다. 그리고 태양이 여름 별자리였던 현무 속을 지날 때가 바로 겨울이었다. 같은 이유로 포말하우트는 고대 페르시아 시대에 북쪽(겨울)을 수호하는 황제별로 불렸다.

임금님 별자리 – 케페우스자리

밤하늘을 수놓는 88개의 별자리 중 간접적으로 임금과 관련된 별자리는 몇 개 있다. 하지만 공식적으로 임금의 이름이 붙어 있는 별자리는 북쪽 하늘의 케페우스자리가 유일하다. 에티오피아의 임금이었던 케페우스의 별자리에 대해 알아보자.

북쪽 하늘에 카시오페이아자리가 보일 때면 그 서쪽(왼쪽)에서 오각형으로 이루어진 에티오피아의 왕 케페우스의 별자리를 볼 수 있다. 케페우스자리에서 보면 부인인 카시오페이아자리가 'M'자 모양을 하고 있어 남편 앞에서는 매우 부드러운(Mild) 여인처럼 느껴진다. 케페우스는 잘 키운 딸 덕분에 밤하늘의 별자리가 된 행복한 아버지의 별자리이다. 케페우스자리와 카시오페이아자리 뒤에는 이들의 딸인 안드로메다 공주와 사위인 페르세우스의 별자리가 나란히 위치한다. 늦가을의 북쪽 하늘은 케페우스 왕가의 별자리로 가득 차 있어 마치 이들이 잔치를 벌이고 있는 느낌을 준다. 하지만 케페우스자리는 왕가의 다른 별자리들에 비해 별로 눈

케페우스자리

에 띄지 않는다. 밝고 아름다운 별들을 부인과 딸에게 모두 주어서 그렇게 된 것은 아닐까!

(p.217. 가을철의 별자리 지도 참고)

카페우스자리에서 밑면에 작은 삼각형 하나를 달고 있는 오각형은 마치 어린 시절 시골에서 보았던 교회당과 삽살개를 연상시킨다. 북극성을 향해 높이 솟아 있는 교회당 앞에서 작은 삽살개 한 마리가 졸고 있는 모습이 바로 이 별자리이다.

교회당을 지키는 삽살개로 본 3개의 별이 왕의 머리에 있는 왕관에 해당하는 별들이다. 제일 밝은 알파(α)별 알데라민(Alderamin, 2등성)은 오른쪽 팔에 위치하며, 베타(β)별 알피르크(Alfirk, 3등성)는 왕의 허리를 차지하고 있다. 오각형의 꼭짓점에 해당하는 감마(γ)별 에르 라이(Er Rai, 3등성)는 다리에 해당한다. 어색하기는 해도 갖춰야 할 부분은 다 갖춘 별자리이다.

신화에 의하면 케페우스 왕은 고민이 많았던 왕이었다. 허영심 많은 부인 카시오페이아로 인해 신의 노여움을 사게 되고, 백성들이 괴물 고래의 습격으로 고통 받는 것을 막기 위해 가장 사랑하는 딸마저 희생시킬 수밖에 없었던 케페우스의 심정은 그 누구보다도 처절했을 것이다. 그러나 사위가 된 영웅 페르세우스의 등장으로 모든 불행을 한순간에 끝내고 가장 행복한 남자가 된 것이다.

정/리/하/기

- **소행성 325~330** : 19세기 말에서 20세기 초에 발견된 실존하는 소행성들이다. 이들의 크기는 모두 수십 km 정도이며 가장 작은 것은 330번이고, 가장 큰 것은 328번이다.
- **하늘의 황제별** : 황소자리의 알데바란(Aldebaran), 전갈자리의 안타레스(Antares), 사자자리의 레굴루스(Regulus), 남쪽물고기자리의 포말하우트(Fomallhaut)가 각각 동쪽(봄), 서쪽(가을), 남쪽(여름), 북쪽(겨울)의 황제별이다.
- **임금님 별자리-케페우스자리** : 88개의 별자리 중 공식적으로 임금님의 이름이 붙어 있는 유일한 별자리로 카시오페이아자리 옆에 있다.

허영심 많은 사람이 사는 별

11

The Little Prince

두 번째 별에는 허영심 많은 사람이 살고 있었습니다.

"아! 아! 나를 찬미하는 사람이 찾아오는군!"

그는 어린왕자가 오는 것을 보고 외쳤습니다. 허영심 많은 사람은 다른 사람들이 모두 자기를 찬양한다고 믿고 있었습니다.

허영심 많은 사람의 별자리 – 카시오페이아자리

밤하늘의 별자리 중에는 허영심 때문에 벌을 받아 하늘에 거꾸로 매달려 있는 사람의 별자리가 있다. 바로 카시오페이아자리가 그 주인공이다. 카시오페이아의 허영심에 대해 알아보자.

더운 여름이 가고 서늘한 가을이 되면 하늘에는 북두칠성이 지평선 가까이 내려가 보기가 어렵게 된다. 이쯤에서 북쪽 하늘을 보면 영어의 W(혹은 M)자 모양을 한 카시오페이아자리가 높이 떠 있는 것을 발견할 수 있다. 에티오피아의 왕비인 카시오페이아를 상징하는 이 별자리는 북쪽 하늘의 대표적인 별자리로 북두칠성만큼 우리들에게 잘 알려져 있다. 하지만 이 별자리의 주인공인 카시오페이아가 겉모습은 부드럽지만(Mild) 성격은 매우 제멋대로인(Wild) 여인이었던 것처럼 이 별자리의 모습도 보기에 따라 M자나 W자로 다르게 보인다.

(p.217. 가을철의 별자리 지도 참고)

카시오페이아자리의 주위로는 은하수가 흐르고 있어서 실제 밤하늘에서는 깨알같이 작은 무수히 많은 별 속에서 이 별자리를 보게 된다. 그러나 이 별자리를 아무리 들여다봐도 그 속에서 아름다운 에티오피아의 왕비를 상상했던 옛 사람들의 생각에는 결코 동의하기가 쉽지 않을 것이다. 가장 유명하면서도 가장 그럴듯하지 않은 별자리가 바로 이 별자리가 아닌가 싶다. 그냥 두

카시오페이아자리

개의 봉우리를 가진 산이나 등에 두 개의 혹을 가진 낙타쯤으로 생각하는 것이 더 나을 것이다.

2등성인 알파(α)별 쉐다르(Schedar)는 왕비의 가슴을 나타낸다. 같은 2등성으로 W자의 중심에 위치한 감마(γ)별 트시(Tsih)는 허리에 해당하며, 3등성인 델타(δ)와 엡실론(ε)은 다리를 나타내고 있다. W자에 속하지 않지만 감마(γ)별 옆에 위치한 세타(θ)별 마르파크(Marfak, 4등성)는 왕비의 왼쪽 팔꿈치를 나타내는 별이다.

카시오페이아자리는 북두칠성과 더불어 북극성을 찾는 지침이 되는 별자리이다. 북두칠성이 하늘에서 보이지 않을 때는 카시오페이아의 베타(β)별과 알파(α)별을 이어 연장한 선과, 엡실론(ε), 델타(δ)별의 연장선이 만나는 점을 감마(γ)별로 이어 나가면 북극성을 찾을 수 있다.

그리스 신화에 의하면, 카시오페이아는 허영심이 매우 많은 여자였다. 그녀는 자신의 아름다움을 너무 과시한 나머지 바다의 요정들에게 미움을 사게 된다. 그 결과로 바다의 신 포세이돈이 보낸 괴물 고래(Cetus)에게 딸을 제물로 바쳐야 하는 불운을 겪는다. 물론 그의 딸 안드로메다는 당대의 영웅 페르세우스에 의해 구출되지만, 이 일은 사람의 허영심에 경각심을 주는 좋은 본보기가 되고 있다. 후에 카시오페이아는 포세이돈에 의해 하늘에 올려져 별자리가 되는데, 허영심에 대한 벌로 하루의 반을 의자에 앉은 채 거꾸로 매달려 있게 되었다.

정/리/하/기

- **허영심 많은 사람의 별자리-카시오페이아자리** : 에티오피아의 왕비 카시오페이아의 별자리로 북두칠성의 반대편에 보인다.

술꾼이 사는 별 12

The Little Prince

다음 별에는 술꾼이 살고 있었습니다.

짧은 방문이었지만, 어린왕자는 몹시 실망하고 슬펐습니다.

"여기서 뭘 하고 계세요?"

빈 술병과 술이 가득 들어 있는 술병을 죽 늘어놓고 말없이 앉아 있는 술꾼을 보고 어린왕자가 물었습니다.

"술을 마시지." 술꾼은 몹시 침울한 모습으로 대답했습니다.

"왜 술을 마셔요?"

"잊어버리기 위해서지."

"무엇을 잊는다는 거죠?" 어린왕자는 불쌍한 생각이 들어서 물었습니다.

"부끄러움을 잊는 거지."

"무엇이 부끄러운데요?"

어린왕자는 그를 도와주고 싶었습니다.

"술 마시는 것이 부끄러운 거야."

술꾼을 이해할 수 없는 어린왕자는 그곳을 떠났습니다.

술과 관련된 별자리 – 물병자리

별자리에 등장하는 영웅 중에는 술을 잘 마시는 사람들이 많았다. 하지만 이들을 술꾼으로 부르기는 어려울 듯하다. 88개 별자리 중 술과 관련된 별자리는 올림포스 산에서 술과 물을 나르는 일을 했던 트로이의 왕자 가니메데의 별자리가 그나마 유일하다.

가을 밤 페가수스자리가 높이 떠올랐을 때 남쪽 지평선 위를 보면 밝은 1등성 하나가 외로운 등대처럼 홀로 빛나는 것을 볼 수 있다. 이 별이 바로 가을의 상징인 남쪽물고기자리의 으뜸별 포말하우트(Formalhaut, 물고기의 입)이다. 페가수스자리와 남쪽물고기자리 사이에는 상당히 넓은 공간에 걸쳐 희미한 별들이 몇 줄기로 이어져 있는 것을 볼 수 있는데, 이곳이 황도 제11궁인 물병자리다.

페가수스의 머리 아래에서 영어의 'Y'자 모양을 한 별들이 물병에 해당하고 그 서쪽(오른쪽)에 보이는 2개의 3등성이 물병을 들고 있는 왕자의 어깨에 해당한다. Y자 모양의 물병에서부터 남쪽물고기자리의 포말하우트까지 이어진 별들이 물병자리의 나머지 별들이다.

물병에서 흘러내리는 물을 남쪽물고기가 받아 마시는 모습이다. 남쪽물고기자리는 포말하우트를 입으로 생각하고 그 서쪽으로 몇 개의 별들을 더 찾으면 된다.

(p.217. 가을철의 별자리 지도 참고)

옛날 아라비아 사람들은 물병자리의 중심에 위치한 감마(γ), 에타(η), 제타(ζ), 그리고 파이(Φ)별이 이루는 비뚤어진 Y자만으로 사다크비아(Sadachbia)라는 별자리를 만들었다. 사다크비아는 '은둔자의 행운별'이라는 의미로, 지금은 Y자의 한 별인 감마(γ)별의 이름이 되어 버렸다.

이런 이름이 붙은 이유는 이 별들이 태양에서 멀어져서 새벽하늘에 보일 무렵 봄이 오기 때문이었다. 사람들은 땅속에 숨어 있던 짐승이나 곤충이 이 별이 떠오르는 것을 보고 기뻐서 땅 위로 나온다고 생각했던 것이다.

물병자리의 알파(α)별 사달메리크(Sadalmelik, 왕국의 행운)와 베타(β)별 사달수우드(Sadalsuud, 행운 중의 행운)도 행운의 의미를 가지고 있다. 감마(γ)별과 마찬가지로 이 별들이 이런 의미를 가지게 된 것도 새벽의 동쪽 하늘에 이 별들이 떠오를 무렵이 되면 겨울이 지나고 부드러운 비의 계절이 시작되었기 때문이다. 아라비아 사람들은 이 별들이 비를 가져다준다고 믿었기 때문에 행운을 느끼기에 충분한 이유가 되었던 것이다. 이집트 사람들은 물병자리를 나일 강의 발원으로까지 여겼다고 한다.

그리스 신화에 따르면, 물병자리는 아름다운 미소년 가니메데(Ganymede)가 물병에서 물을 따르고 있는 모습으로 알려져 있다. 가니메데는 트로이의 왕자였으나 신에게 물과 술을 나르던 청춘의 여신 헤베(Hebe)가 발목을 다친 후 그녀의 역할을 대신하기 위해 독수리로 변신한 제우스신에게 납치되어 올림포스 산에서 살게 되었다고 한다. 물론 물병에서 흐르는 것이 물인지 술인지는 확인할 수 없다.

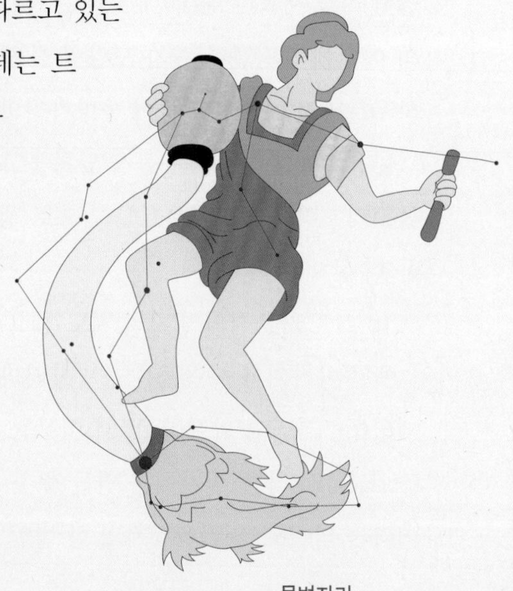
물병자리

정/리/하/기

- **술과 관련된 별자리-물병자리** : 신들에게 납치되어 올림포스 산에서 물과 술을 나르는 일을 하게 된 트로이의 왕자 가니메데의 별자리

T H E L I T T L E P R I N C E

사업가가 사는 별 13

The Little Prince

네 번째 별에는 사업가가 살고 있었습니다. 그는 열심히 일을 하느라, 어린왕자가 도착했는데도 고개조차 들지 않았습니다.

"아저씨는 별을 가지면 뭐가 좋아요?"

"부자가 되니까 좋지."

"부자가 되면 뭐가 좋아요?"

"새로운 별들이 발견되면 더 많은 별들을 살 수 있거든."

……

"나는 꽃 한 송이를 가지고 있는데, 날마다 물을 줘요. 화산도 세 개 가지고 있어서 일주일에 한 번 청소를 해주지요. 불을 뿜고 있지 않은 화산도 청소해요. 언제 폭발할지 모르니까요. 내가 화산이나 꽃을 가지고 있으면, 그것이 조금은 화산이나 꽃을 위한 일이 되기도 해요. 그런데 아저씨는 별을 위해서 아무것도 해주는 일이 없어요."

사업가는 대답할 말을 찾지 못했습니다.

별을 소유할 수 있을까?

어린왕자가 만난 사업가는 5억 100만 개(정확히는 5억 162만 2,731개)나 되는 별을 가졌다고 생각하는 부자이다. 임금님은 별을 다스리는 것이고 자신은 그 별을 소유하고 있는 것이라고 한다. 그런데 과연 실제로 우주에 존재하는 별을 가질 수 있을까?

별을 먼저 발견하는 사람에게는 별에 이름을 붙일 수 있는 권리가 주어진다. 하지만 이름을 붙일 수 있다고 그 별을 소유할 수 있는 권한까지 가지는 것은 아니다. 현재 국제법은 별에 대한 어떠한 소유권도 인정하지 않고 있다. 별뿐만이 아니라 지구를 벗어난 어떠한 외부 천체에 대한 소유권도 인정하지 않는다. 물론 그 별을 소유한다고 해도 실제로 그

별에 갈 수 없기 때문에 아무런 의미가 없다.

1967년에 10월에 발효된 이 국제법은 그 정식 명칭이 '달과 그 밖의 천체를 포함하는 우주 공간의 탐사 및 이용에 있어서의 국가 활동을 규제하는 원칙에 관한 조약'으로 간단하게 '우주조약'이라고도 부른다. 전문과 본문 17조로 구성된 이 조약에 따르면 우주는 누구의 소유도 될 수 없으며, 평화적 목적으로만 사용할 수 있다. 우리나라는 1967년 10월 13일에 이 조약을 비준하였다.

우주조약의 주요 내용은 다음과 같다.

① 우주는 모든 나라에 개방되며 어느 나라도 영유할 수 없다는 우주 공간과 천체의 법적 지위

② 달을 비롯한 모든 천체는 평화적 목적에만 이용할 수 있다는 우주 개발 활동의 기본 원칙

③ 핵무기 등 대량 파괴 무기의 궤도 비행과 천체상이나 우주 공간에서의 군사기지 설치, 핵실험 등을 금지하는 천체의 비군사화

별의 개수

밤하늘에 빛나는 별을 보고 있으면 '별은 몇 개나 되는 걸까?' 그리고 '보이지 않는 별은 또 얼마나 있을까?' 하는 의문을 갖게 될 것이다. 가슴으로 느끼는 별의 수와 눈으로 헤아리는 별의 수는 당연히 다르다. 아마 직접 별을 세어 본 사람은 거의 없을 것이다. 감정이 풍부하고 낭만을 즐기는 사람에게 별은 수없이 많아 보일 것이며, 감정이 메마르고 세파에 찌든 사람에겐 별은 거의 보이지 않을 것이다. 별을 가슴으로 느끼는 시인에게는 별이 셀 수 없을 정도로 많아 보일 것이다. 물론 이것은 시인이 게으른(!) 탓도 있을 것이다. 밤하늘의 별을 직접 세어 본다는 것이 시인에게는 너무 피곤한 일일지도 모른다.

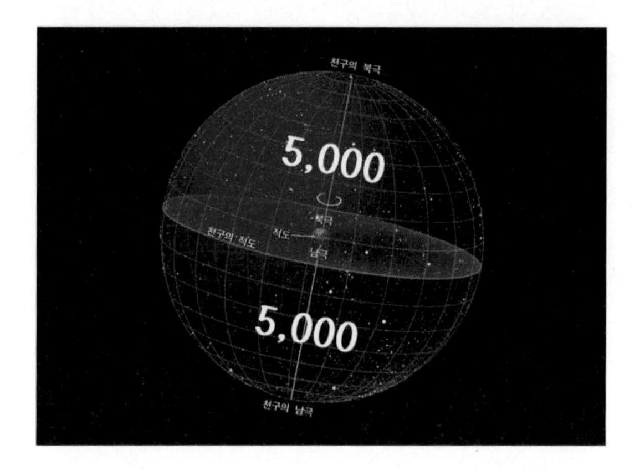

맨눈으로 볼 때 가장 밝은 별을 1등성이라고 하고 가장 어두운 별을 6등성이라고 한다. 실제로 땅에서 맨눈으로 볼 수 있는 별의 수는 약 9,000개에서 1만 개 사이이다. 이것은 1등성에서 6등성까지의 별이 1만 개가 안 된다는 뜻이다. 이 중 우리는 어느 한순간 하늘의 절반만을 보기 때문에 한 하늘에서 볼 수 있는 별은 5,000개 미만이다. 물론 우리나라처럼 산이 많은 나라에서는 이보다는 적은 수의 별이 보인다. 하지만 밤하늘에 익숙하지 않은 사람들은 6등성을 잘 볼 수 없기 때문에 보통 사람이 시골 하늘에서 셀 수 있는 별의 개수는 1,000개 정도가 고작이다.

별을 직접 세어 보는 것은 밤하늘과 친해지는 빠른 길일 수 있다. 헤아릴 수 없을 것처럼 많은 별이 있다고 생각하면 밤하늘을 안다는 것에 자신이 없어진다. 하지만 실제로 별을 세어 보고 그 별이 얼마 되지 않는다는 것을 깨닫게 되면 별들에게 좀 더 쉽게 다가갈 수 있다. 돗자리를 깔고 누워 별을 센다면 1시간 이내에 다 셀 수 있다. 4명 정도가 십자로 누워 하늘을 4등분 하고 같이 센다면 시간은 훨씬 단축될 것이다. 동아리 별로, 혹은 가족끼리 야외에서 별 세는 일을 해보기 바란다. 별 하나, 별 둘, 별을 세는 동안 별이 결코 헤아릴 수 없을 정도의 무한한 대상이 아니라는 것을 깨닫게 될 것이다.우리가 맨눈으로 보는 별은 대부분 태양에서 그리 멀지 않은 거리에 있는 별들이다. 별까지의 거리는 흔히 광년이란 단위로 표시한다. 1광년(light year)이란 빛이 1년 동안 가는 거리다. 우리가 알고 있는 미터법으로 표시하면 대략 9조 km쯤 된다. 우주 끝까지의 거리가 대략 138억 광년쯤 된다는 것은 많이 들어 보았을 것이다. 그리고 우리은하의 지름이 약 10만 광년이고, 태양은 우리은하의 중심에서 약 3만 광년쯤 떨어진 은하 변두리에 위치한다는 것도 많은 독자가 이미 알고 있을 것이다.

당연히 우리가 맨눈으로 볼 수 있는 별들이란 태양 가까이 있는 우리은하의 별이다. 대부분이 1,000광년 이내의 거리에 있는 별들이고, 가장 멀리 있다고 해야 기껏(?) 수천 광년 정도 떨어진 곳에 있는 별이다. 물론 1,000광년 이내에 있는 별을 우리가 맨눈으로 다 볼 수 있는 것은 아니다. 거리가 멀어질수록 어두운 별은 볼 수 없고, 밝은 별만이 보일 것이다.

우리는 눈의 동공을 통해서 빛을 받아들인다. 동공은 빛의 양을 조절하는 홍채에 의해 그 크기가 변하는데, 빛의 밝기에 따라서 자동으로 작동한다. 사람의 동공은 가장 커졌을 때 대부분 6~7mm 정도다. 어두운 극장에 들어가면 처음에 주변이 잘 보이지 않다가 서서히 보이기 시작하는 것(이를 '암적응'이라고 한다.)은 동공이 커지는 데 시간이 필요하기 때문이다. 시골 하늘에서도 충분히 암적응이 돼야만 많은 별을 볼 수 있다. 일반적으로 암적응에는 수 분 정도의 시간이 걸리며, 완벽하게 암적응이 되는 데는 20~30분 정도의 시간이 필요하다.

우리 눈에 보이는 별은 실제 우주에 존재하는 별들 중 극히 일부에 불과하다. 실제로 우주에는 셀 수 없을 정도로 많은 별이 있다. 그럼 우주에는 얼마나 많은 별이 있을까?

별이 모여 있는 가장 큰 집단을 은하라고 한다. 여름철에 보이는 은하수가 바로 우리은하이다. 은하에는 보통 1,000억 개 정도의 별이 있다. 그리고 우리 눈에 보이는 우주에는 이런 은하가 모두 1,000억 개쯤 된다. 그러니까 우리 눈에 보이는 우주에 있는 별의 개수는 1,000억 개×1,000억 개가 되는 것이다. 숫자의 단위를 잘 아는 사람들은 이것을 '100해'라고 읽거나 10의 22승 개라고 읽기도 한다. 물론 우리 눈에 보이지 않는 우주까지 이야기한다면 그 수는 이보다 훨씬 더 늘어날 것이다. 우리가 볼 수 있는 우주 끝까지의 거리는 138억 광년이다. 아직까지 우주의 정확한 크기가 증명되지는 않았지만 일부 학자들은 우주의 반지름이 450억 광년 이상이라고 주장하기도 한다. 여기서 말하는 별은 모두 태양처럼 스스로 빛을 내는 항성만을 의미한다. 따라서 태양 질량의

0.001%도 되지 않는 지구의 입장에서 본다면 우주가 얼마나 크고 대단한 곳인지를 상상할 수 있을 것이다. 그 많은 별 중에는 지구와 같은 행성을 갖고 있는 것들도 있을 것이고, 그중에는 인간과 비슷한 형태의 지능을 가진 생명체가 있는 곳도 있을 것이다. 우리가 볼 수 있는 것만이 세상의 전부가 아니라는 것을 천문학을 통해서도 이해할 수 있다.

정/리/하/기

- **별의 소유권** : 우주조약에 의해 어느 개인이나 국가도 지구 밖의 천체를 소유할 수 없다.
- **별의 개수** : 우리 눈에 보이는 우주에만 1,000억 개×1,000억 개의 별이 있다.

T H E L I T T L E P R I N C E

가로등과 불 켜는 사람이 사는 별

14

The Little Prince

다섯 번째 별은 매우 이상했습니다. 별 중에서 가장 작은 별이었습니다. 가로등 하나와 가로등을 켜는 한 사람이 있을 만한 공간뿐이었습니다.

하늘 어딘가에 집도 없고 사람들도 살지 않는 별에 가로등과 가로등을 켜는 사람이 왜 필요한지, 어린왕자는 도무지 알 수 없었습니다.

……

“아저씨의 별은 아주 작으니까, 세 발짝만 걸으면 별을 한 바퀴 돌게 될 거예요. 언제나 햇빛을 보려면 천천히 걸으면 되는 거지요. 쉬고 싶으면 걸어요. 그러면 아저씨가 원하는 만큼 낮이 계속되는 거예요.”

“그건 별로 도움이 안 된단다. 내가 가장 원하는 것은 잠자는 거야.”

……

‘저 사람은 임금님이나 허영심 많은 사람이나 술꾼이나 사업가에게 조롱을 받겠구나. 하지만 내게 우스꽝스럽게 보이지 않는 사람은 저 사람뿐이야. 그건 저 사람이 자기 자신 외에 다른 일을 생각하고 있기 때문일 거야.’

가장 작은 별

갈색왜성

태양처럼 스스로 빛을 내는 천체 중 가장 작은 것은 질량이 태양의 10% 정도이다. 성운 속에서 수소와 같은 가스가 모여 스스로 핵융합 반응을 통해 빛을 내기 위해서는 최소한 태양 질량의 10% 정도는 돼야 하기 때문이다. 물론 수많은 별을 다 조사해서 가장 작은 별을 찾아내는 것은 불가능한 일이다. 지금까지 관측된 별들 중 가장 작은 질량을 가진 별들은 태양 질량의 8% 정도이다.

우주에는 확률적으로 크기가 큰 별보다는 작은 별이 훨씬 많다. 성운 속에서 수소가 모여 만들어지는 천체 중에 별이 되지 못한 천체들은 갈색왜성이나 떠돌이행성으로 분류된다.

태양계의 행성 중에 가장 작은 것은 수성이다. 수성의 지름은 4,900km 정도로 지구의 1/3이 조금 넘는다. 소행성 중에서 크기가 가장 작은 것은 지름이 10m 정도인데, 이 정도로 작은 것은 지구 근처에 올 때만 발견할 수 있다. 소행성과 비슷하지만 지름이 10m보다 작은 것들은 일반적으로 유성체로 분류한다. 유성체는 태양계를 떠도는 작은 천체라는 뜻이다.

가장 빨리 회전하는 별

하루는 낮과 밤이 한 번 지날 동안의 시간이다. 따라서 지구의 하루와 화성, 달에서의 하루가 다르다. 1분에 한 바퀴씩 자전을 하는 소행성이 있다면 그곳에서는 하루가 1분이다. 24시간이 하루인 것은 지구에서만 해당하는 것이다.

앞서 말한 소행성처럼 1분에 한 바퀴씩 자전을 하면 24시간 동안 1,440번의 일출과 일몰을 볼 수 있다. 즉, 24시간 동안 1,440일이 지난다는 것이다. 이렇게 빠르게 자전하는 소행성이 존재할 수 있을까? 사실 거의 불가능한 일이다.

행성 중에서 가장 빠르게 자전하는 것은 목성으로, 목성의 하루는 9시간 55분이다. 일반적으로 가스로 이루어진 행성들의 자전 속도가 빠르고 지구처럼 암석으로 이루어진 행성들의 자전 속도가 느리다.

우주에서 가장 빠르게 회전하는 천체는 블랙홀이다. 하루에 한 바퀴 도는 지구가 블랙홀이 되기 위해서는 손톱만큼 작아져야 한다. 지름 13,000km인 지구를 하루에 한 바퀴 돌리는 힘으로 1cm 정도의 블랙홀을 돌린다고 생각해보자. 블랙홀의 자전 속도는 거의 빛의 속도에 가깝다. 따라서 블랙홀은 그 크기에 따라 차이가 있지만 1초에도 수십 번에서 수백 번 이상 자전할 수 있다.

천체가 빠르게 회전하면 할수록 원심력에 의해 적도 쪽이 부풀어 오른다. 24시간에 한 바퀴 자전하는 지구는 적도 지름이 극 지름보다 40km(0.3%) 정도 더 길다. 하지만 목성은 적도의 지름이 극 지름보다 거의 7%나 더 길다. 어린왕자에 나오는 소행성처럼 1분에 한 바퀴씩 자전을 하는 천체가 있다면 얼마나 찌그러진 모양일지 상상이 갈 것이다.

물론 그보다 훨씬 빠르게 회전하는 블랙홀은 완전히 찌그러진 납작한 모양에 가깝다는 것을 이해할 수 있을 것이다.

가장 작은 별자리 – 남십자자리와 조랑말자리

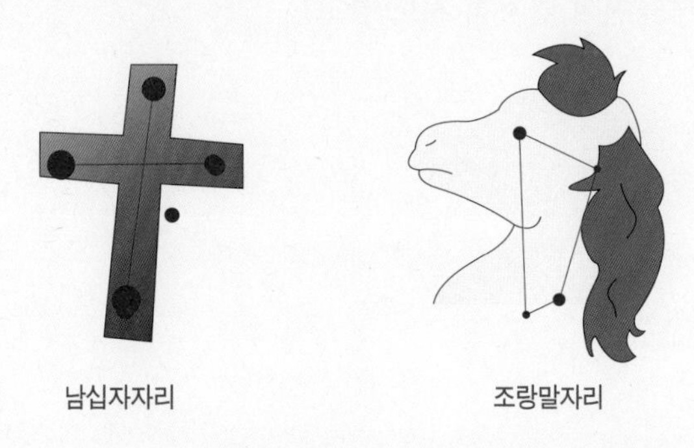

남십자자리 조랑말자리

온 하늘에 있는 88개의 별자리 중에 가장 작은 별자리는 남십자자리이다. 이 별자리는 천구의 남쪽에 있으며 2개의 1등성을 포함한 4개의 밝은 별로 구성되어 있다. 보통 남십자성으로 불린다. 원래는 이 별자리의 북쪽에 있는 켄타우루스자리(Centaurus)의 일부분으로 켄타우르의 뒷다리에 해당하는 별들이었다. 15세기 무렵부터 남십자성으로 불리기 시작했으나 정확하게 누가 만들었는지는 알려지지 않았다.

우리나라에서 볼 수 있는 별자리 중에 가장 작은 별자리는 조랑말자리이다. 조랑말자리는 남십자자리 다음으로 하늘에서 두 번째로 작은 별자리이다. 페가수스자리의 코 바로 앞에 있는 조랑말자리는 페가수스를 어미 말로 생각했을 때 어미 말이 얼굴을 비비고 있는 작은 새끼 말로 상상하면 된다. 독수리자리의 견우별과 페가수스자리의 코에 해당하는 엡실론(ε)별 에니프(Enif, 2등성)를 이은 선 위에서 찾을 수 있다. 견우에서 에니프 쪽으로 4분의 3쯤 되는 곳에서 윗부분이 걸려 있는 찌그러진 작은 사각형이 조랑말자리이다.

세 번째로 작은 별자리는 독수리자리의 견우 옆에 보이는 화살자리로 사랑의 신 에로스가 쏘아 올린 화살로 여겨지는 별자리이다.

(p.217. 가을철의 별자리 지도 참고)

정/리/하/기

- **가장 작은 별** : 태양과 같은 별 중에서는 태양 질량의 8% 정도 되는 별이 가장 작다.
- **가장 빨리 회전하는 별** : 우주에서 가장 빨리 회전하는 천체는 블랙홀이다.
- **가장 작은 별자리** : 88개의 별자리 중 가장 작은 것은 남십자자리이고 두 번째가 조랑말자리이다. 이 중 남십자자리는 우리나라에서 볼 수 없다.

T H E L I T T L E P R I N C E

지리학자가 사는 별 15

The Little Prince

여섯 번째 별은 바로 전의 별보다 열 배나 더 컸습니다. 그 별에는 방대한 책들을 쓰고 있는 늙은 신사 한 명이 살고 있었습니다.

"나는 지리학자란다."

"그렇지만 난 탐험가가 아니야. 지리학자는 마을이나 강, 산, 바다, 사막의 개수를 세기 위해 돌아다니지 않는다. 매우 중요한 일을 하고 있기 때문에 한가로이 돌아다니지 않아. 책상 앞에 꼭 앉아 있지."

"우리는 꽃에 관해서는 기록하지 않는단다."
"왜요? 제 별에서 꽃은 가장 아름다워요."
"꽃이란 덧없는 것이기 때문에 우리는 기록하지 않는단다."
"지리학 책은 모든 책들 중에서 가장 중요한 것이 씌어 있는 책이거든. 이것은 절대로 변하지 않아. 산이 위치를 바꾸는 일도 거의 없고, 바닷물이 다 말라 버리는 일도 거의 없으니까. 우리는 영원히 변하지 않는 것에 대해서만 쓴다.
"덧없다는 게 무슨 뜻이에요?"
"그건 '곧 사라져 버릴 위험에 처해 있다'는 뜻이야."
"내 꽃이 덧없다니! 이 세상에 대항해서 자기 몸을 지킬 수 있는 것이라곤 네 개의 가시밖에 없어. 그런데도 나는 그 꽃을 별에 혼자 내버려 두고 왔어!"
어린왕자는 처음으로 후회를 했습니다.

가장 큰 별

소행성 중에 가장 큰 것은 소행성 2번 팔라스(Pallas)로 평균 지름이 544km이다. 원래는 지름 952km인 1번 세레스(Ceres)가 가장 큰 소행성이었으나 2006년부터 명왕성과 함께 왜소행성으로 분류되면서 팔라스가 그 자리를 차지하게 되었다.

태양계 행성 중에서는 지름이 약 71,500km인 목성이 지구의 11.2배로 가장 크다. 행성의 위성 중에서는 목성 위성인 가니메데가 지름 5,262km로 가장 크다. 가니메데는 행성인 수성보다도 크며 지구의 위성인 달보다는 1.5배 정도 더 크다.

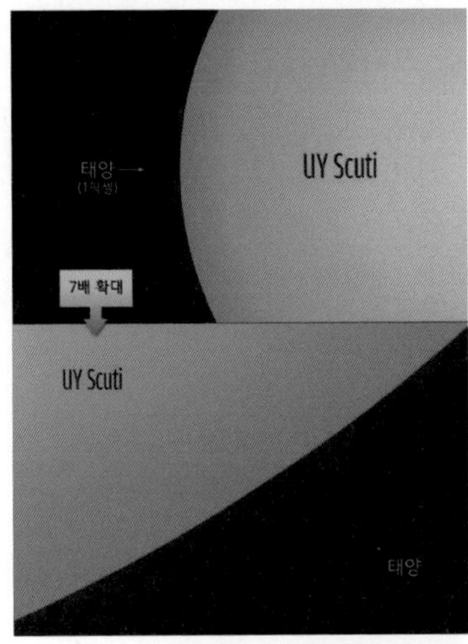

방패자리 UY별(UY Scuti),
(출처 : 위키백과)

대마젤란은하 속의 R136a1별 (출처 : ESO/M. Kornmesser, 위키백과)

현재까지 알려진 별 중 가장 큰 별은 방패자리 UY별(UY Scuti)로 반지름이 태양의 1,708배에 이른다. 이는 태양-지구 사이 거리의 약 8배에 해당하는 크기다.

질량 만으로만 보면 대마젤란은하 속에 있는 R136a1이란 별이 태양의 256배로 가장 무거운 별이다. 하지만 관측의 오차 때문에 어떤 별이 가장 크다고 단정적으로 말하기는 어렵다.

가장 큰 별자리 - 바다뱀자리

바다뱀자리는 봄철의 남쪽 하늘에 보이는 대단히 긴 별자리로 그냥 보더라도 뱀이라는 이름이 가장 적격이다. 머리는 이미 2월의 초저녁 하늘에 보이기 시작하며, 꼬리는 봄철의 마지막 별자리인 천칭자리 근처까지 뻗어 있다. 바다뱀자리를 따라 보름달을 늘어놓는다면 200개나 놓여 있는 것과 같은 길이다. 그래서 가을이 시작될 때까지도 그 모습이 다 사라지지 않는다.

바다뱀자리는 길이에서 뿐만 아니라 면적에서도 가장 넓은 별자리이다. 워낙 넓은 영역을 차지하고 있기 때문에 그 위치를 찾는 것은 힘든 일이 아니다. 단지 주변의 다른 별들과 혼동하지 않고 이 별자리의 별만을 찾아내는 것이 좀 어려운 일이다. 바다뱀의 머리는 사자자리의 델타(δ)별과 알파(α)별을 잇는 선을 거의 같은 길이만큼 연장한 곳에서 찾을

바다뱀자리

수 있다. 대여섯 개의 3, 4등성이 서로 엉겨 붙어 있는 것처럼 보이는 부분이 바다뱀의 머리에 해당한다. 그 모습이 마치 작은개자리의 알파(α)별인 프로키온을 집어삼키려는 듯하다.

사자자리의 알파(α)별 레굴루스 남쪽에서 가장 밝게 빛나는 오렌지색의 이등성이 이 별자리의 알파(α)별 알파르드(Alphard, 외로운 사람)이다. 이 별은 바다뱀의 심장이란 의미의 콜 히드라(Cor Hydra)라는 이름으로도 불린다. 바다뱀의 꼬리는 처녀자리 아래쪽을 지나 천칭자리까지 뻗어 있는데, 바로 윗부분에 있는 컵자리, 까마귀자리와 혼동하지 않도록 주의한다.

(p.215. 봄철의 별자리 지도 참고)

바다뱀자리는 그리스 신화 속에 등장하는 머리가 아홉 개 달린 물뱀 히드라의 모습이다. 그리스의 레르나 지방에 살던 이 물뱀은 영웅 헤라클레스와의 싸움에서 죽임을 당하고 헤라클레스의 12 모험 중 두 번째 기념물로서 하늘의 별자리가 되었다. 헤라클레스는 맹독을 가진 물뱀의 피를 그의 화살에 묻히고 다녔는데, 그때부터 헤라클레스의 독화살에 대드는 사람이 없었다고 한다. 일설에는 까마귀자리와 연관된 물뱀이 이 별자리가 되었다고도 전해진다.

정/리/하/기

- **가장 큰 별** : 소행성 중에 가장 큰 것은 팔라스로 지름이 약 544km, 별 중에서는 방패자리 UY별(UY Scuti)로 반지름이 태양의 1,708배나 된다.
- **가장 큰 별자리** : 바다뱀자리가 88개의 별자리 중 가장 크다.

지구

The Little Prince

어린왕자가 일곱 번째로 찾아온 별이 지구였습니다.

지구는 결코 평범한 별이 아니었습니다! 지구에는 111명의 임금님과 7,000명의 지리학자, 90만 명의 사업가, 750만 명의 술꾼과 3억 1,100만 명의 허영심 많은 사람들을 합하여 대략 20억 명쯤 되는 어른이 살고 있습니다.

전기가 발명되기 전에는 여섯 개의 대륙 전체에 가로등에 불 켜는 사람이 실제의 군대처럼 46만 2,511명이 있었다는 이야기를 들으면, 지구의 크기를 짐작할 수 있을 것입니다.

날짜 변경선

맨 처음은 뉴질랜드와 오스트레일리아의 가로등에 불 켜는 사람들의 차례입니다. 그들은 가로등에 불을 켜고 잠을 자러 갑니다. 그다음에는 중국과 시베리아의 가로등에 불 켜는 사람들이 무대에 나타나 춤춥니다. 그들이 또 무대 양옆으로 물결치듯 사라지면, 이번에는 러시아와 인도의 가로등에 불 켜는 사람들이 등장합니다. 그다음에는 아프리카와 유럽 사람들이, 그다음에는 남아메리카와 북아메리카 사람들이 차례로 나타납니다. 이 사람들은 무대에 등장하는 차례를 한 번도 놓치는 일이 없습니다.

-《어린왕자》 중에서

지구의 자전으로 인해 동쪽에서 서쪽으로 가면서 차례로 해가 진다. 그런데 왜 뉴질랜드와 오스트레일리아의 가로등이 먼저 켜지는 것일까? 그것은 이 지역의 표준시가 날짜변경선과 가깝기 때문이다. 날짜변경선은 영국의 그리니치 천문대와 180도 떨어진 태평양 근처로 지구에서 하루가 가장 먼저 시작되는 지점이다. 하지만 강제 조항이 아니기 때문에 이 선 근처의 나라들이 임의로 자신들의 시간을 정해서 조금은 복잡한 선이 되었다. 뉴질랜드와 사모아 등 남태평양의 섬들이 영국과 12시간 차이 나는 시간을 사용하고 있다. 따라서 이들 지역이 지구에서 하루가 가장 먼저 시작되고 밤이 가장 먼저 찾아오는 곳이다.

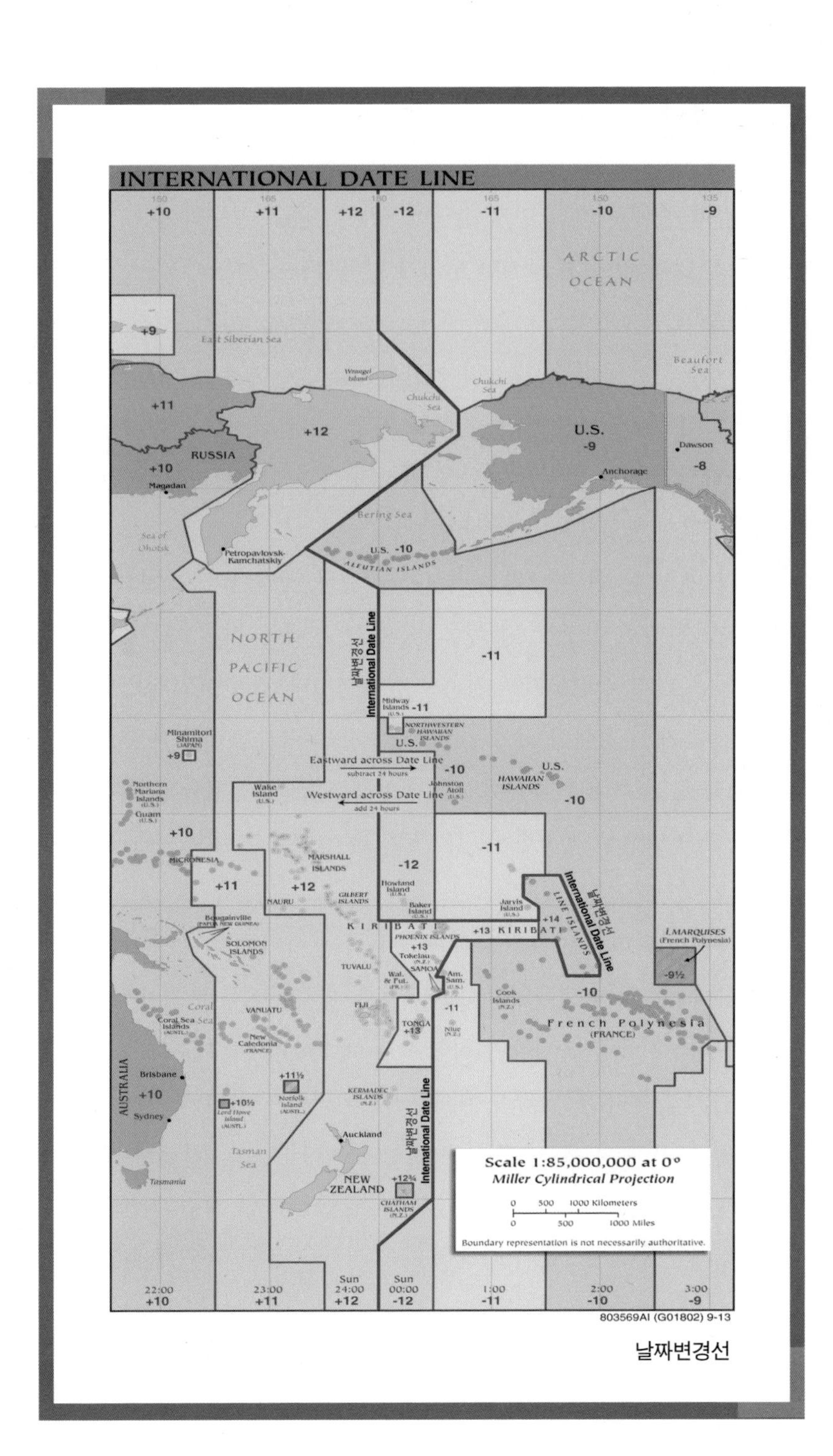
INTERNATIONAL DATE LINE
+10
+11
+12
-12
-11
-10
-9
ARCTIC OCEAN
+9
East Siberian Sea
Wrangel Island
Chukchi Sea
Beaufort Sea
RUSSIA
Magadan
Sea of Okhotsk
Petropavlovsk-Kamchatskiy
Bering Sea
U.S. -10
ALEUTIAN ISLANDS
U.S.
Dawson
-8
Anchorage
NORTH PACIFIC OCEAN
날짜변경선
International Date Line
Midway Islands (U.S.)
NORTHWESTERN HAWAIIAN ISLANDS
Minamitori Shima (JAPAN)
Eastward across Date Line
subtract 24 hours
Westward across Date Line
add 24 hours
Wake Island (U.S.)
Johnston Atoll (U.S.)
HAWAIIAN ISLANDS
Northern Mariana Islands (U.S.)
Guam (U.S.)
MICRONESIA
MARSHALL ISLANDS
NAURU
GILBERT ISLANDS
Howland Island (U.S.)
Baker Island (U.S.)
Jarvis Island (U.S.)
+14
LINE ISLANDS
KIRIBATI
+13
PHOENIX ISLANDS
Tokelau (N.Z.)
SAMOA
Am. Sam. (U.S.)
Bougainville (PAPUA NEW GUINEA)
SOLOMON ISLANDS
TUVALU
Wal. & Fut. (FR.)
FIJI
TONGA
Niue (N.Z.)
Cook Islands (N.Z.)
I. MARQUISES (French Polynesia)
-9½
French Polynesia (FRANCE)
Coral Sea
Coral Sea Islands (AUSTL.)
VANUATU
New Caledonia (FRANCE)
AUSTRALIA
Brisbane
Sydney
+10½
Lord Howe Island (AUSTL.)
+11½
Norfolk Island (AUSTL.)
KERMADEC ISLANDS (N.Z.)
Auckland
Tasman Sea
Tasmania
NEW ZEALAND
+12¾
CHATHAM ISLANDS (N.Z.)
Scale 1:85,000,000 at 0°
Miller Cylindrical Projection
0 500 1000 Kilometers
0 500 1000 Miles
Boundary representation is not necessarily authoritative.
22:00
23:00
Sun 24:00
Sun 00:00
1:00
2:00
3:00
803569AI (G01802) 9-13

날짜변경선

시간

자연과학 중에서 가장 먼저 발달한 학문이 바로 천문학이란 것을 아는 사람은 많을 것이다. 하지만 우리가 일상생활을 하면서 가장 자주 접하는 학문이 천문학이라는 것을 아는 사람은 별로 없다. 천문학이라고 하면 대부분의 사람들은 별자리나 점성술을 생각하고, 실제로 생활 속에서는 거의 몰라도 되는 학문 정도로 알고 있다. 하지만 우리의 일상에서 천문학적인 지식 없이는 하루도 편하게 살기 힘들다는 것을 알게 된다면 천문학이 다르게 생각될 것이다.

우리가 매일 한 번 이상씩 쳐다보는 시계와 달력이 바로 천문학에서 만들어진 것이다. 하루는 지구가 자전하는 시간을 기준으로 만들어졌고, 한 달은 달의 공전주기를 기초로 만들어졌다. 또한, 일 년은 지구의 공전주기를 재서 정해진 것이다. 따라서 지구와 달, 그리고 태양의 정확한 위치를 알기 위해 천문학적인 지식이 필요했고, 천체들의 정확한 위치 정보를 바탕으로 정확한 시간과 날짜를 알아내는 것이 천문학의 중요한 역할이었다.

천문학이 발달하지 않았던 고대에는 사람들 사이에 정확한 시간 약속을 한다는 것이 무척 힘들었다. 또한, 언제 곡식의 씨를 뿌려야 할지, 언제부터 추운 겨울을 준비해야 하는지를 예측하기 어려웠다. 천문학의 발달로 정확한 시간과 날짜를 잴 수 있게 되면서 사람들 사이에 약속이 가능해졌고, 미래를 예측하면서 계절을 준비하는 것도 가능해졌다. 거의 완벽한 달력을 갖게 된 요즘은 누구나 달력을 통해 계절의 변화를 알 수 있고, 매일매일 친구들과 정확히 약속 시간을 잡을 수 있게 되었다.

표준시

외국을 여행하다 보면 각 나라마다 시간이 다르기 때문에 그 나라의 시간에 맞춰 시계를 돌려야 한다. 그렇다면 왜 각 나라마다 시간이 다른 것인가? 만약 전 세계가 똑같은 시간을 쓰게 되면 어떻게 될 것인가? 그렇게 된다면 어느 나라에서는 아침 7시에 하루 일과를 시작하지만, 또 다른 어떤 나라에서는 밤 9시에 일과가 시작될 수도 있다. 당연히 해의 위치와 시간이 맞지 않는 나라에서는 커다란 혼란과 불만이 나올 것이다. 인간은 오래전부터 해가 뜰 무렵 하루 일을 시작해서 해가 질 무렵 하루 일을 마무리하는 것이 습관처럼 되어 왔다. 그리고 해가 가장 높이 떴을 때를 정오, 가장 멀어졌을 때를 자정이라고 불렀다. 따라서 나라는 달라도 해가 뜰 무렵과 가장 높이 떴을 때, 그리고 질 무렵 식사를 하는 습관도 거의 비슷하게 맞춰져 있다.

각 나라마다 쓰고 있는 시간을 그 나라의 표준시라고 한다. 이 표준시는 영국의 그리니치 천문대를 기준으로 하는 시간인 세계시(UT)에 대하여 지방시, 혹은 지방 평균태양시라고 부른다. 각 나라의 표준시는 해가 그 나라의 중앙자오선(북극과 천정을 잇는 가상의 원)에 왔을 때를 정오로 정해 사용하는 것이 일반적이다. 우리나라의 경우 중앙자오선은 동경 127.5도로 세계시와는 8시간 30분이 차이 난다. 표준시의 기준이 되는 자오선을 표준자오선이라고 하는데, 모든 나라의 표준자오선이 중앙자오선과 일치하는 것은 아니다.

우리나라에서 사용하고 있는 표준시는 세계시와 9시간 차이가 난다. 이것은 우리가 일본의 중앙자오선인 동경 135도를 표준자오선으로 사

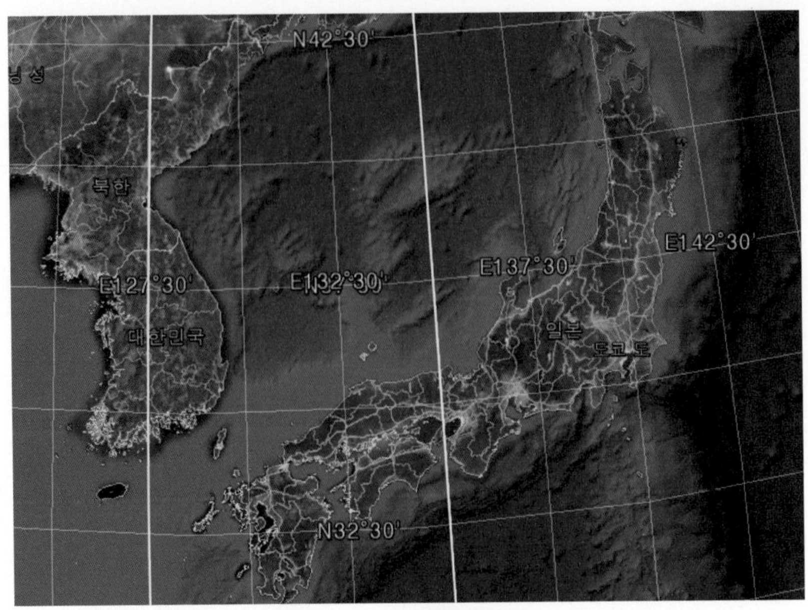

동경 127.5도
(우리나라 중앙경도)

동경 135도
(현재 표준자오선)

용하고 하고 있기 때문이다. 왜 우리는 우리나라의 중앙자오선인 동경 127.5도를 기준으로 하는 시간을 쓰지 않고 일본의 시간을 함께 쓰고 있는 것일까? 그것을 다시 전통적인 우리 시간으로 환원할 수는 없는 것일까?

대부분의 국민은 시계가 정하는 시간에 따라 움직이기 때문에 표준자오선을 동경 135도로 하나 127.5도로 하나 크게 문제될 것은 없다. 처음에 시계를 30분 뒤로 돌리는 번거로움만 감수할 수 있다면 그 다음에는 이전처럼 시계를 보며 생활하면 되기 때문이다. 그 이유로 지난 100년 동안 표준자오선이 세 번이나 바뀌었지만 이를 불편했던 기억으로 갖고 있는 사람은 거의 없다. 외국의 시간을 알고 싶을 때도 덧셈과 뺄셈에 30분만 추가하면 된다.

우리나라는 조선시대에 세종대왕이 '칠정산'이라는 고유한 역법을 완성한 이후 한양, 즉 서울을 기준으로 하는 전통적인 시간을 사용해 왔다. 조선시대 말기에 사대주의 사상이 높아지면서 한동안 동경 120도를 기준으로 하는 중국의 시간을 표준시로 사용하기도 했지만, 1908년 2월 7일 대한제국 표준시 자오선이 공포되면서 동경 127.5도를 공식적인 표준자오선으로 사용하였다.

그러나 일제강점기에 일본은 우리나라의 표준시를 일본 표준자오선인 동경 135도를 기준으로 하는 일본 시간으로 바꾸도록 하였다. 이 표준시는 해방 후에도 한일 양국에 주둔한 미군의 작전 편의 등으로 인해 한동안 유지되다가 대통령령에 의해 1954년 3월 21일 동경 127.5도를 표준자오선으로 하는 시간으로 환원되었다. 하지만 7년이 지난 1961년, 5·16 군사쿠데타가 일어난 후 군인들이 주축이 된 국가재건최고회의는 1961년 8월 10일을 기해 우리나라의 표준자오선을 다시 동경 135도로 변경하였다. 당시 표면적인 이유는 1시간 단위의 표준시를 사용하는 것이 국제관례이고 경제적인 이익도 많다는 것이었다. 하지만 실제는 한반도에 전쟁이 일어났을 경우 일본에 주둔한 미군과의 시간을 맞추기 위한 이유가 컸다.

그 이후로 표준시를 바꿔야 한다는 주장이 국회에서 가끔씩 거론되곤 하였다. 그러나 현행대로 유지해야 한다는 의견도 만만치 않아서 제대로 토론에 붙여지진 못했다. 어떤 학자들은 표준시 문제를 남북이 함께 해결해야 할 과제라고 주장했다. 독자적으로 표준시를 개정할 경우 무르익고 있는 남북 협력 관계에서 또 다른 이질적인 요소를 만들 수도 있다는 지적도 있었다.

그런데 2015년 8월 15일을 기해 북한이 독자적으로 표준자오선을 동경 127.5도로 바꾸었다. 표면적인 이유는 경술국치 이전으로 시간을 돌림으로써 일제의 잔재를 청산하겠다는 것이었다. 우리나라 정부를 포함하여 많은 학자들은 북한의 독자적인 시간 변경이 남북한 동질성을 깰 수 있다고 우려하고 있다. 미국이나 러시아, 호주처럼 하나의 국가에서 몇 개의 시간을 쓰는 경우도 있다. 다른 시간을 쓴다고 해서 한 국가의 정체성이 크게 훼손된다고 보기는 어렵다. 하지만 우리나라와 북한의 관계는 조금 다르다. 하나의 국가에서 여러 개의 시간을 쓰는 나라는 최소한 영토가 동서로 길게 이어진 곳들이다. 남북으로는 아무리 길어도 하나의 시간을 쓴다. 시간은 위도의 문제가 아니라 경도의 문제이기 때문이다.

북한이 세계표준시보다 8시간 30분 빠른 평양 표준시를 제정하여 쓰는 것을 막을 수 있는 방법은 현실적으로 없다. 과연 남북이 다른 시간을 쓰게 되면 어떤 문제가 있을지 생각해 보자.

가장 큰 문제는 남북한이 하나의 민족, 하나의 나라라는 동질감이 떨어진다는 것이다. 우리나라 헌법 제3조(대한민국의 영토는 한반도와 그 부속도서로 한다)에 따르면 북한 땅도 엄연한 우리나라이다. 하지만 시간마저 다르게 된다면 남북한을 같은 나라로 생각하는 사람들의 수는 상당히 줄어들 것이다. 개성공단을 출입하거나 금강산 관광을 할 때 우리는 시계를 30분 뒤로 돌려야 한다. 마치 외국 여행을 할 때 그 나라 시간을 맞추는 것처럼 말이다. 북한의 뉴스를 말할 때 우리나라 방송이나 신문은 평양시간으로 ○월 ○일 ○시라는 표현을 쓰게 될 것이다. 세계적으로 가장 많이 평양시간을 언급하고 선전해 주는 것이 우리나라 언론이 될 것이라는 것을 충분히 상상할 수 있다.

한반도의 중앙을 지나는 동경 127.5도가 국제적으로 평양시간의 기준으로 알려진다는 것은 한반도의 정통성을 주장하는 우리나라에게는 큰 타격이 될 수 있다. 북한은 한반도의 중앙을 지나는 평양시간을 쓰고 있고, 우리나라는 일본의 중앙을 지나는 동경시간을 쓴다는 것을 다음 세대들에게 어떻게 이해시켜야 할지도 고민해 보아야 할 문제이다.

그렇다면 우리가 북한과 같이 표준자오선을 동경 127.5도로 옮기면 무슨 문제가 있을까?

가장 큰 어려움은 북한의 주장에 우리가 동조했다는 자존심 문제일 것이다. 북한의 주장을 어쩔 수 없이 따른다는 것은 정부로서도, 대부분의 국민도 결코 용납하고 싶지 않은 일이다.

또 다른 문제는 군사적인 측면이다. 1961년 우리나라의 표준시를 동경 135도로 변경할 때 고려되었던 사항 중의 하나가 바로 한반도가 준전시 상황이라는 것이다. 물론 그 상황은 지금도 변함이 없다. 그런데 만약 1961년 이전처럼 남북한의 시간이 다르게 된다면 과연 군사적으로 문제가 없을까? 남북한의 시간이 다르다는 것은 만에 하나 있을지도 모르는 전쟁 상황에서 지역에 따라 전장의 시간이 다르다는 것을 뜻한다. 전장의 시간을 일치시키는 것과 우방인 일본과의 시간이 일치되는 것 중 어느 쪽이 전쟁 수행에 유리한지는 군사 전문가들이 연구해 봐야 할 문제이다.

다음으로 생각해볼 문제는 경제적인 측면이다. 국제적으로 1시간 단위의 표준시를 쓰는 나라가 다수이다. 그리고 많은 나라들이 중앙자오선을 표준자오선으로 쓸 수 없을 경우 경제적인 이익 때문에 동쪽의 자오선을 채택하고 있다. 여기서 말하는 경제적 이익이란 대부분 일광 절약제의 효과에서 비롯된다. 시간이 빨라지기 때문에 해가 일찍 뜨고, 결국 낮이 길어져서 저녁 시간을 활용할 여지가 많아진다는 것이다. 만약

30분이 느려진다면 그만큼 사람들이 집으로 돌아가는 시간이 빨라지고, 소비 활동은 줄어들게 될 것이다. 이러한 경제적인 효과 역시 전문가들이 충분히 고려해 보아야 할 문제이다. 물론 경제적인 측면만을 놓고 보면 시간의 기준을 동경 127.5도로 바꾸고, 써머타임제를 실시하는 방법도 함께 고려할 수 있을 것이다. 그렇지만 다수가 쓰고 있다고 해서 1시간 단위의 표준시를 쓰는 것을 관례라고 할 수는 없다. 비록 소수이지만 10억이 넘는 인구가 30분 단위의 시간을 쓰고 있기 때문이다.

세계 표준시 지도

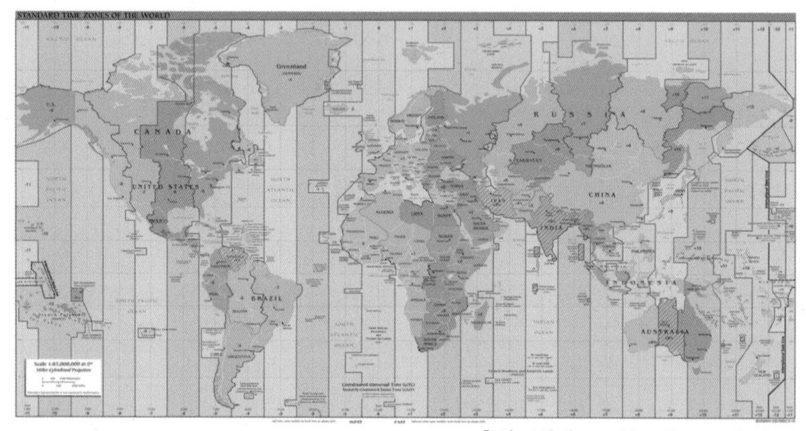

출처 : US Central Intelligence Agency

실제로 시간을 옮기는 데 들어가는 현실적인 비용은 많지 않다. 윤초 1초를 늘리는 것과 시간을 30분 돌리는 것은 크게 다르지 않다. 일단 한 번만 돌리고 잊어버리면 되기 때문이다. 외국과의 거래도 마찬가지이다. 계산식에 30분만 추가하면 된다. 30분 단위의 시간을 쓰는 대표적인 나라 인도를 생각해보자. 인도가 표준시 때문에 국제적으로 불이익을 받는 것이 있는가? 호주의 대도시 중 하나인 남부 에들레이드 시가 30분 단위의 시간을 쓰기 때문에 문제가 된 적이 있는가?

지금까지 살펴본 것처럼 표준시 문제는 간단한 문제가 아니다. 물론 시간을 어떻게 정해서 쓸지는 그 나라 사람들이 결정해야 할 문제이다. 현실적으로 한반도는 남북한이 나누어 쓰고 있다. 남북한 당국자 간의 진지한 토론이 필요한 부분이다. 또한, 우리나라 역시 좀 더 신중한 검토와 대처가 필요할 것이다.

북한은 2018년 4월 27일에 열린 2018년 제1차 남북정상회담을 계기로 하여 2018년 5월 5일 0시부터 기존의 표준시(세계 표준시와 9시간 차이)로 재변경하였다. 이에 따라 남북한의 표준시 차이에 따른 문제는 일단 사라졌다. 하지만 언제 또 이런 문제가 제기될지 모르기 때문에 표준시에 대해서는 앞으로도 계속적인 관심을 갖고 고민해야 할 필요가 있다.

극지방의 밤과 낮

북극에 하나밖에 없는 가로등을 맡고 있는 남자와, 남극에 하나밖에 없는 가로등을 관리하는 그의 동료만이 한가롭게 지내고 있었습니다. 그 두 사람은 일 년에 두 번 일할 뿐이었습니다.

-《어린왕자》 중에서

북극과 남극에서 밤에 불을 켜야 하는 사람이 있다면 그 사람은 일 년에 두 번만 일할 뿐이다. 일 년에 밤과 낮이 한 번만 바뀌기 때문에 밤이 될 때 가로등을 켜고 낮이 될 때 가로등을 끄면 된다. 극지방의 낮과 밤의 변화에 대해 알아보자.

지구의 자전축이 공전 궤도의 축에 대해 23.4도 기울어져 있기 때문에 계절에 따라 태양의 고도가 바뀐다. 북반구가 태양 쪽으로 기울어져 있는 하지에는 태양이 적도보다 북쪽으로 23.4도 올라와 있고, 반대로 동지에는 적도보다 남쪽으로 23.4도 내려가 있다. 따라서 북반구를 기준으로 할 때 태양이 가장 북쪽(+23.4도)으로 올라올 때가 하지, 가장 남쪽(-23.4도)으로 내려갈 때가 동지, 그리고 태양이 천구의 적도(0도)에 위치할 때가 춘분과 추분이다.

북극에서는 머리 위에 북극성이 보이고 지평선에는 천구의 적도가 걸린다. 지구는 북극을 축으로 돌기 때문에 북극에서는 모든 별이나 달, 태양까지도 뜨고 지는 일이 없다. 해와 달, 별은 모두 오른쪽으로 돌기만 한다. 북극에서는 어느 쪽을 보아도 남쪽이기 때문에 지구가 도는 방향이 오른쪽(서)에서 왼쪽(동)이고, 천체들은 왼쪽(동)에서 오른쪽(서)

으로 움직인다. 물론 남극에서는 반대로 해와 달을 포함한 모든 천체들이 왼쪽으로 움직인다. 그림 속의 북극과 남극 위에 여러분이 서 있다고 생각하면 좀 더 이해가 쉬울 것이다.

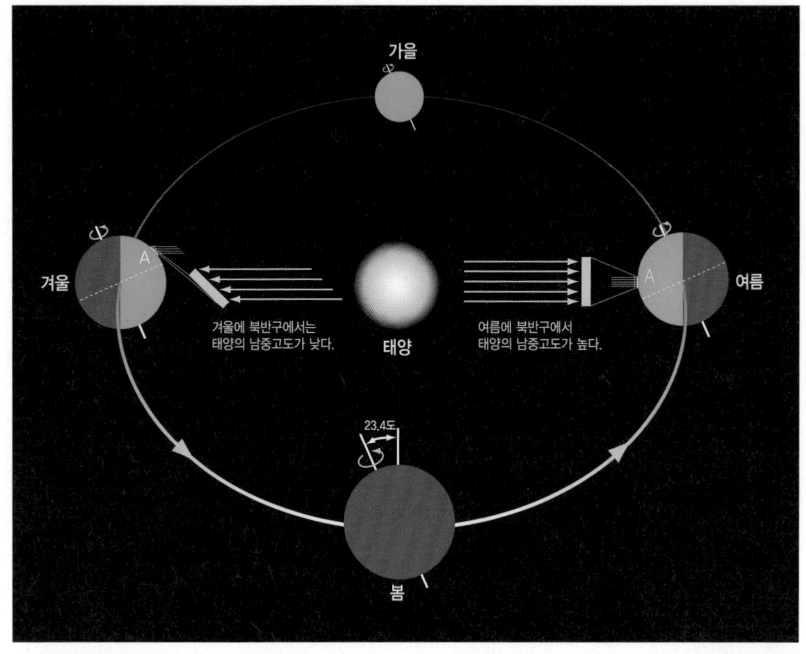

계절의 변화

북극에서는 태양이 적도 위로 올라오는 춘분부터 하지를 거쳐 추분까지는 항상 태양이 지평선 위에 있다. 즉, 봄부터 가을까지는 낮만 계속되는 것이다. 추분을 넘어서면 태양은 적도 아래로 내려가고 그때부터 밤이 시작된다. 남극에서는 북극의 밤이 시작되는 때부터 낮이 시작된다.

물론 밤이 된다고 바로 어두워지는 것은 아니다. 박명 현상으로 인해 태양이 지평선 아래 6도까지 내려가야 사람들은 해가 진 것을 느끼게 된다(시민 박명 시간). 따라서 극지방에서는 해가 뜨지 않아도 주위에 빛이 남아 있는 백야 현상이 생긴다. 백야 현상은 북위 60.6도 이상에서 생기는데, 극지방으로 갈수록 그 시간이 더 길어진다. 한낮에 태양이 남중할 때의 고도는 '90도-위도+태양의 적위(하늘에서의 위도)'로 우리나라의 경우 하지 때는 76.4도(=90도-37도+23.4도), 춘분과 추분 때는 53도, 동지 때는 29.6도이다. 반대로 한밤중에 태양이 가장 낮게 내려갈 때의 고도는 '-90+위도+태양의 적위'로 우리나라 하지의 경우 -29.6도, 춘분과 추분에는 -53도, 동지에는 -76.4도다. 즉, 하지에 태양이 가장 높이 뜨는 고도가 반대로 동지에 태양이 지평선 아래로 가상 낮게 내려가는 고도가 되는 것이다.

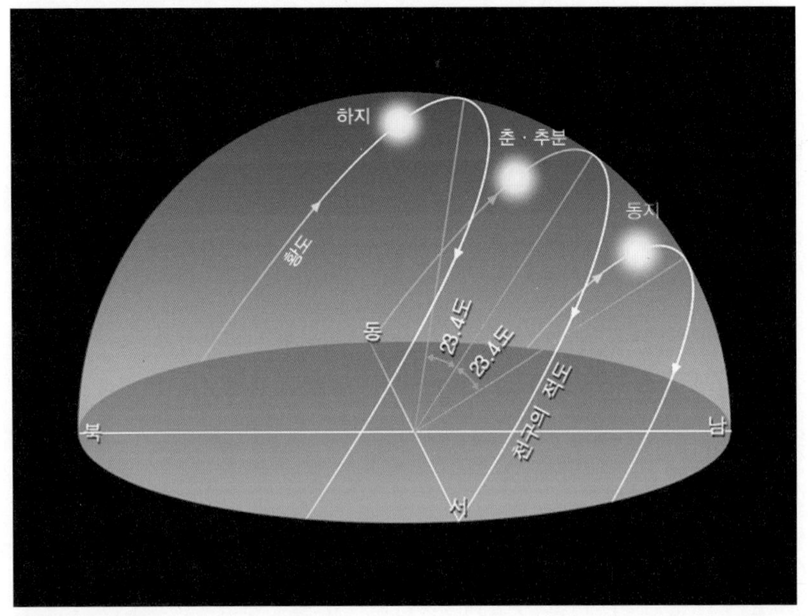

태양 고도 변화

북극에서는 온종일 태양 고도가 변하지 않기 때문에 하지 때는 23.4도, 춘분과 추분 때는 0도, 동지 때는 −23.4도가 그대로 유지된다. 북위 60.6도 지방에서는 한낮 태양 고도가 하지 때는 52.8도, 춘분과 추분 때는 29.4도, 동지 때는 6도가 된다. 한밤을 기준으로 하면 하지 때는 −6도, 춘분과 추분 때는 −29.4, 동지 때는 −52.8도가 된다. 따라서 북위 60.6도 지역에서는 하지에 한밤중이 되어도 태양의 고도가 지평선 아래 6도까지밖에 내려가지 않아 백야 현상이 일어난다.

정/리/하/기

- **표준시** : 각 나라마다 쓰고 있는 그 나라의 시간. 우리나라는 세계표준시와 9시간 차이가 나는 동경 135도를 기준으로 하는 시간을 쓰고 있다. 북한은 2015년 8월 15일부터 동경 127.5도를 기준으로 하는 시간을 쓰기 때문에 우리나라보다 시간이 30분 느리다.
- **극지방의 낮과 밤** : 극지방에서는 낮과 밤이 6개월 동안씩 지속된다. 북위 60.6도 이상 지역에서는 밤에도 해가 진 것을 느끼지 못하는 백야 현상이 나타난다.

배고과 어린왕자 17

The Little Prince

어린왕자는 지구에 도착했을 때, 사람이 하나도 보이지 않아 깜짝 놀랐습니다. 별을 잘못 찾아왔나 걱정이 되기 시작했습니다.

"여기는 사막이야. 사막에는 아무도 살지 않아. 지구는 크거든."

어린왕자는 돌 위에 앉아 하늘을 쳐다보며 말했습니다.

"별이 하늘에서 반짝이는 것은, 언젠가 우리 각자가 다시 자기의 별을 발견할 수 있도록 하기 위해서일까…… 내 별을 봐. 바로 우리 위에 있어! 그런데 얼마나 멀리 떨어져 있는 것일까!"

……

뱀은 금팔찌 모양으로 어린왕자의 발목을 휘감았습니다.

"누구든지 내가 건드리기만 하면 그가 어디서 왔든 누구나 땅으로 되돌아가게 되지. 하지만 너는 순진하고 진실해. 그리고 별에서 왔으니까……"

어린왕자는 아무 대답도 하지 않았습니다.

"돌투성이인 이 지구에서 견디기에는 네가 너무나 약하다는 걸 생각하니 몹시 가엾구나. 만약 네 별이 너무나 그리워서 돌아가고 싶다면,

언제라도 내가 도와줄 수 있어. 난…….”

“그래, 너의 마음을 잘 알겠어. 그런데 왜 너는 수수께끼 같은 말만 하는 거니?”

“나는 모든 것을 해결할 수 있어.”

우주여행 가능한가?

우리는 영화 속에서 우주선이 지구 밖의 다른 별까지 여행하는 장면을 많이 본다. 별과 별 사이의 거리는 빛의 속도로 여행을 하더라도 최소한 몇 년 이상이 걸리는 먼 거리이다. 현재 인간이 만든 우주선 중 가장 멀리 날아가고 있는 보이저 1호는 약 시속 6만 km의 속도로 우주를 비행하고 있다. 이렇게 빠른 속도로도 가장 가까운 별인 켄타우루스자리 알파(α)별까지 비행하는 데에는 8만 년 가까운 시간이 걸린다. 수천, 수만 광년 떨어져 있는 우리은하의 다른 별까지 비행은 감히 상상할 수도 없다. 물론, 수백만 광년 이상 떨어져 있는 외계 은하는 단지 바라보는 것으로 만족할 수밖에 없는 세계이다.

그렇다면 과연 우주여행은 가능할 것인가? 먼저 SF 영화 속의 장면들을 생각해보자. 영화 속에 등장하는 다른 별까지의 여행 방법에는 크게 두 가지가 있다. 하나는 광속 비행이다. 빛의 속도나 그에 가까운 속도로 우주를 날아서 외계의 별까지 가는 방법이다. 또 하나의 방법은 워프(warp)라고 하는 순간적인 공간 이동이다. 워프는 웜홀과 같은 왜곡된 우주 공간을 통해 순간적으로 다른 세계로 이동하는 방법이다.

차를 타고 달릴 때 땅에서는 아무리 액셀을 밟아도 어느 속도 이상은 올라가지 않는다. 또한, 액셀을 밟지 않으면 속도는 줄어든다. 하지만 진공에 가까운 우주 공간은 지구와 달리 공기 저항이 없는 곳이다. 따라서 액셀을 밟을수록 속도가 증가한다. 즉, 우주선이 추진을 하면 할수록 속도는 지속적으로 빨라진다는 말이다. 따라서 우주선에 연료가 충분하고, 계속해서 속도를 높인다면 언젠가는 광속에 가까운 속도를 낼 수 있다. 광속에 도달할 때까지의 시간이 오래 걸린다는 것과 그때까지의 연료가 충분해야 한다는 문제를 제외하고는 광속에 근접한 속도로 비행하는 것이 불가능한 것은 아니다. 따라서 광속 비행은 먼 미래에 충분히 가능한 우주여행 방법이 될 수 있을 것이다.

워프에 대해서도 생각해보자. 웜홀은 블랙홀과 블랙홀 사이에 존재할 수 있는 상상의 터널이다. 수학적으로는 존재가 증명되었지만, 실제로 우주에 존재하는지는 확인할 수 없다. 또한, 존재한다고 하더라도 그 수명이 극히 짧은 것으로 예상되고 있다. 문제는 웜홀을 통과하기 위해서는 블랙홀로 들어가야 한다는 것이다. 블랙홀이라는 세계는 지구 전체를 손톱만 한 크기로 압축하는 힘을 가진 곳이다. 과연 인간의 우주선이 그 속으로 들어가서 반대편 블랙홀로 나오는 것이 가능할 것인가? 그것은 현대의 과학적인 상식으로는 불가능한 일이다. 블랙홀 반대편에 화이트홀이 있다는 것은 만화 속에서만 나오는 상상이다. 블랙홀로 들어가 웜홀을 통과하더라도 반대쪽은 화이트홀이 아니라 블랙홀이다.

스티브 호킹 박사의 이론에 의하면 블랙홀이 물질을 빨아들이기만 하는 것은 아니고 호킹 복사라는 방법을 통해 물질을 내보내기도 한다. 하지만 문제는 들어간 물질과 나온 물질이 같은 것이 아니라는 것이다. 호

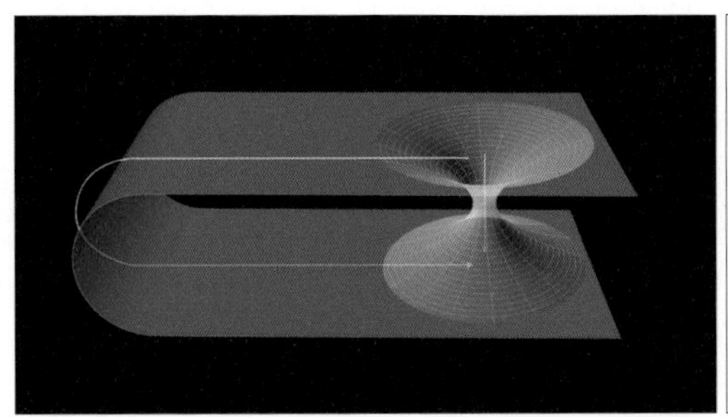

웜홀의 개념도

킹 박사에 따르면 물질이 블랙홀로 들어갈 때는 모든 정보를 블랙홀 경계선 밖에 두고 들어간다. 그리고 블랙홀에서 나오는 물질이 경계선에 저장되어 있는 임의의 정보를 가지게 된다. 간단하게 말하면 블랙홀 속으로 들어간 물질과 나오는 물질이 같은 것이 아니라는 것이다. 물론 지구 가까운 곳에 블랙홀이나 웜홀이 존재하지 않기 때문에 그것을 찾아가는 것 자체가 더 문제일 수도 있다.

더 생각해 볼 수 있는 것은 인간의 모든 정보를 팩스처럼 우주 공간에 전파로 날려 보내고 그 전파에서 받은 정보를 통해 반대쪽에서 다시 인간을 복원하는 방법이다. 이 생가에서는 첫째 그 방법도 빛의 속도를 넘지 못한다는 것과 인간의 정신 정보까지도 디지털 신호로 바꿀 수 있을지에 대한 해답이 없다는 것이다. 물론 성경 속에 나오는 노아의 방주처럼 자급자족이 가능한 거대한 우주선을 만들어 그 속에서 수백 수천 세대를 거치면서 우주를 비행한다면 언젠가 다른 별에 도착할 수도 있을 것이다.

여러 가지 가능성으로 볼 때 다른 별로의 여행 방법 중 현재까지 가장 가능성이 큰 것은 광속에 가까운 우주선을 만드는 일일 것이다.

뱀자리

밤하늘에 있는 88개의 별자리 중 뱀과 관련된 별자리는 모두 3개다. 봄철에 볼 수 있는 바다뱀자리, 여름철의 뱀자리, 그리고 남반구에서 볼 수 있는 물뱀자리가 그것이다. 물뱀자리는 우리나라에서 볼 수 없고, 바다뱀자리는 앞에서 이야기했기 때문에 여기서는 뱀자리에 대해서만 알아보기로 하자.

뱀자리의 주인공은 의학의 신 아스클레피오스의 지팡이에 감겨져 있는 두 마리의 뱀 중 하나이다. 이 지팡이는 카두세우스(Caduceus)라고 불리는 것으로 의학의 상징으로 여겨지고 있다. 뱀자리는 뱀주인자리(아스클레피오스의 별자리)에 의해 두 부분으로 나누어져 있어서 두 별자리를 같이 설명해야 한다.

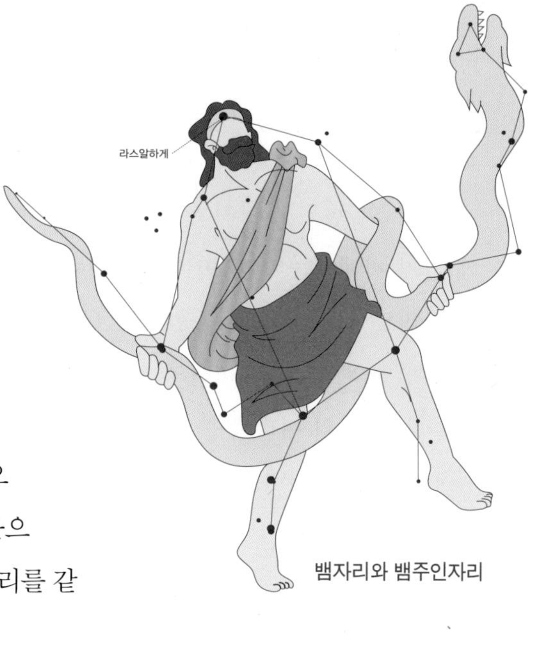

뱀자리와 뱀주인자리

여름밤 헤르쿨레스자리와 전갈자리 사이의 넓은 공간에 작은 별들로 이루어진 커다란 별자리를 발견할 수 있다. 양손에 뱀을 잡고 전갈 위에 올라탄 것처럼 보이는 이 별자리는 헤르쿨레스자리와 머리를 맞대고 있는 뱀주인자리이다. 뱀주인이 들고 있는 뱀이 바로 뱀자리인데 머리 부분과 꼬리 부분으로 나뉘어 있다. 두 별자리는 서로 섞여 있고, 퍼져 있는 공간이 매우 넓은데 반해, 특별히 눈에 띄는 별들이 없어 밤하늘에 익숙하지 않은 사람은 찾기가 쉽지 않다.

뱀주인자리를 찾는 데 가장 편리한 지침은 직녀와 견우이다. 뱀주인의 머리에 해당하는 알파(α)별 라스알하게(Rasalhague, 2등성)가 직녀, 견우와 서쪽(오른쪽)으로 커다란 이등변삼각형을 이루고 있기 때문이다. 그러나 헤르쿨레스자리를 정확하게 알고 있는 사람은 헤라클레스의 머리에 해당하는 라스알게티(Rasalgethi. aHer)의 바로 동쪽(왼쪽)에서 라스알하게를 찾는 것이 쉬울 수도 있다. 뱀주인(땅꾼)의 발이 전갈자리 위에 얹혀 있는 것을 알면 나머지 별들의 위치를 찾는 데 도움이 될 것이다.

뱀자리의 경우는 머리 부분을 찾는 것이 우선인데, 이 부분을 확실하게 알기 위해서는 먼저 반원형의 왕관자리를 알고 있어야 한다. 왕관자리의 바로 아래(남쪽) 4등성으로 이루어진 조그만 사각형이 보이는데, 이것이 뱀의 머리이다. 뱀의 머리에서 왼쪽 아래(남동쪽)로 뻗어 있는 별들의 열(뱀의 머리 부분. Serpent Caput)을 따라가면 곧 뱀주인자리의 몸통 부분과 만난다. 여기를 지나 다시 왼쪽 위(북동쪽)로 시선을 옮기면 뱀의 꼬리 부분(Serpent Cauda)이 계속 연결되어 있는 것을 발견하게 될 것이다.

(p.216. 여름철의 별자리 지도 참고)

뱀주인자리의 주인공은 그리스 신화 속에 나오는 의술의 신 아스클레피오스(Asclepios)이다. 그는 인류 역사상 최고의 의사였으나 죽은 사람을 살리는 의술을 베풀었기 때문에 결국 인간 세계의 한계를 지키려 했던 제우스신에게 번개를 맞아 죽게 된다. 그러나 제우스신은 의사로서의 그의 업적을 높이 사서 그를 하늘에 올려 별자리로 만들어 주었다고 한다.

뱀자리는 아스클레피오스가 인류 최대의 명의가 되는 데 결정적인 영감을 주었던 뱀으로 아스클레피오스와 함께 하늘의 별자리가 되었다. 그러나 아스클레피오스의 양손에 들려져 있었기 때문에 오랜 세월 뱀주인자리와 영토 분쟁을 했고, 결국은 주인에게 밀려 머리와 꼬리 두 부분으로 나뉘게 되었다.

정/리/하/기

- **우주여행 가능한가?** : 항성 간 우주여행 방법으로 가장 가능성이 큰 것은 광속에 가까운 속도로 날 수 있는 우주선을 만드는 것이다.
- **뱀자리** : 의학의 신 아스클레피오스의 별자리로 뱀주인자리에 의해 두 부분으로 나뉘어져 있다.

어린왕자가 만난 꽃 18

The Little Prince

어린왕자는 사막을 가로질러 갔지만 단지 꽃 한 송이와 만났을 뿐이었습니다. 꽃잎이 세 장밖에 없는 보잘 것 없는 꽃이었습니다.

"사람들은 어디에 있니?"

어린왕자는 공손하게 물었습니다.

꽃은 언젠가 캐러밴이 지나가는 것을 본 적이 있었습니다.

"사람들? 예닐곱 명쯤 있는 것 같아, 몇 해 전에 그들을 본 적이 있어. 지금은 그들이 어디에 있는지 몰라. 바람이 그들을 날려 버리거든. 뿌리가 없으니까, 살아가는 데 힘들 거야."

사막에서 살아남기

만약 여러분이 어딘지도 모를 사막에 홀로 남게 된다면 어떻게 그곳을 벗어날 수 있을까? 물론 사막을 벗어나기 위해서는 많은 생존 기술이 필요할 것이다. 여기서는 다만 천문학적 지식을 이용하여 사막을 벗어나는 데 도움을 주고자 한다.

밤하늘의 별자리를 알 수 있다면 심리적으로 안정을 찾을 수 있을 것이다. 세상의 반은 하늘이고, 시간의 반은 밤이다. 하늘의 별자리를 아는 것은 세상의 반을 아는 것과 같다. 익숙한 곳에서는 그만큼 마음이 편해진다. 사막을 여행할 일이 있거나 사막에 갈 경우가 생긴다면, 그 전에 미리 별자리를 익히기 바란다.

위치 알기

자신이 있는 곳의 위치를 알기 위해서는 위도와 경도가 필요하다. 물론 GPS 장치가 있다면 바로 자신의 위치를 알 수 있다. 하지만 이런 장치가 없다면 옛사람들처럼 오로지 별을 통해 위치를 찾아야 한다. 위도는 북극성만 확인하면 된다. 지평선에서부터 북극성까지의 각도('고도'라고 한다.)는 자신이 있는 곳의 위도와 같다. 즉, 북극 지역에서는 머리 위에 북극성이 보이고, 이는 지평선과 관측자, 그리고 북극성이 직각(90도)이란 것이다. 북극의 위도는 북위 90도이다. 적도(위도 0도)에서는 북극성이 지평선에 걸린다. 북두칠성이나 카시오페이아자리같이 잘 알려진 별을 통해 북극성을 찾는 일이 먼저다. 일단 북극성을 찾았으면 지평선에서부터 북극성까지의 각도를 잰다.

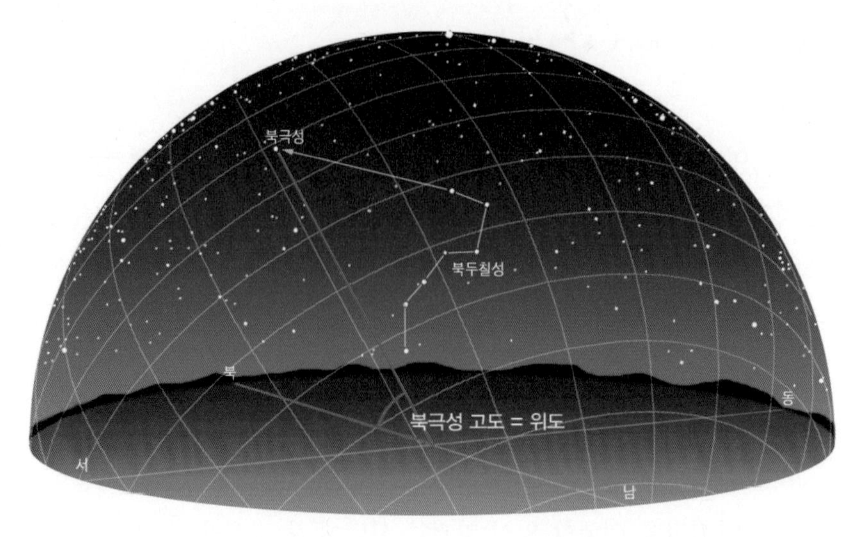

북극성의 고도가 위도이다.

태양이 가장 높이 뜨는 시각, 즉 그림자가 가장 짧아지는 시각이 정오 무렵이다. 만약 오후 3시쯤 해가 가장 높이 뜬다면 자신이 시계를 맞춘 지역보다 3시간 정도 해가 늦게 뜬 것이다. 태양은 한 시간에 15도씩 움직이기 때문에 3시간이면 45도 정도 더 서쪽으로 와 있는 것이다. 물론 지역에 따라 해가 남중하는 시간이 다르지만, 자신이 시계를 맞춘 지역에서 해가 남중했을 때의 시간을 알고 있다면 좀 더 정확한 위치를 파악할 수 있다.

이라크와 쿠웨이트 등에서는 바그다드를 지나는 자오선인 동경 45도 선을 중앙 경도로 쓰고 있다. 즉, 그리니치 천문대를 지나는 세계표준시보다 3시간 빠른 시간이 표준시다. 이집트와 이스라엘, 터키는 카이로 근처를 지나는 동경 30도를 표준자오선으로 쓰기 때문에 세계표준시보다 2시간 빠르다. 정오는 낮 12시로 표준자오선에 태양이 오는 시간이다. 해가 가장 높이 뜨는 시간과는 다른 의미이다.

위도가 같다면 어느 지역에서나 시간의 차이가 날 뿐 같은 별을 볼 수 있다. 따라서 시계가 없다면 일반인이 자신이 있는 곳의 경도 좌표를 알아내는 것은 사실상 불가능에 가깝다.

남중 시각에 해의 고도 측정하기

태양이 남중했을 때의 고도는 위도에 따라, 그리고 계절에 따라 다르다.

> **태양의 남중 고도 = 90도 - Φ + θ**
>
> **Φ = 위도, θ = 태양의 적위**
>
> **(하지 +23.5, 동지 −23.5, 춘분·추분 0)**

북극성을 이용하여 자신의 위도를 알 수 있다면 태양의 남중 고도를 측정하여 태양의 적위를 알 수 있다. 따라서 정확한 날짜를 알 수는 없지만 태양 적위를 통해 대략적인 날짜를 알 수 있다.

달의 위치 변화로 시간 재기

만약 달이 떠 있다면 달을 이용하여 시간의 흐름을 알아낼 수도 있다. 달은 별을 배경으로 한 시간 동안 동쪽(왼쪽)으로 약 0.55도, 거의 자신의 지름만큼 움직인다. 별들 속에서 달이 움직이는 거리를 잰다면 시간이 얼마나 흘렀는지 짐작할 수 있다.

하늘에서 거리 재기 – 각거리

가끔 별에 관심 있는 사람에게서 전화가 올 때가 있다. 하늘에서 특이한 별을 봤는데 그것이 무엇이냐는 것이다. 그런데 그것을 전화로 어떻게 설명을 할 수 있을까? "저기 하늘 위에 보이는 것이 무엇이죠?", "어느 하늘이요?", "저기요 저기!" 이런 대화를 하다 보면 같은 하늘을 보고 있지 않은 필자나 전화를 건 사람이나 조금 갑갑함을 느끼게 된다.

하늘에서 위치를 나타내는 약속 같은 것을 알고 있다면 대화는 조금 쉽게 이루어질 것이다. 정확한 의사소통을 위해서는 밝은 1등성이나 2등성을 기준으로 그 별에서 어느 방향으로 어느 정도의 거리쯤에 보이는 별이라는 것을 이야기할 수 있어야 한다. 그럼 여기서 별과 별 사이의 거리를 어떻게 잴 수 있을까?

실제로 별까지의 거리는 매우 멀고 보통 빛이 1년 동안에 간 거리를 이용해서 잰다. 하지만 이것은 일반인이나 아마추어 천문가가 실제 밤하늘의 별을 보는 데는 큰 도움이 되지 않는다. 땅에서 관측할 때 중요한 것은 그 별까지의 실제 거리가 아니라 별과 별 사이가 상대적으로 얼마나 떨어져 보이느냐는 것이다. 즉, 천구에서의 상대적인 거리가 더 중요하다.

천구에서의 거리는 각도를 이용해 재는데, 이것을 각거리라고 한다. 한쪽 지평선에서 머리 위까지의 각거리는 90도, 그리고 반대쪽 지평선까지는 180도다. 그러면 이 각도를 어떻게 잴 수 있을까? 물론 가장 좋은 방법은 각도기와 같은 것을 이용하여 직접 하늘에 대고 각도를 재는 것이다. 과거의 천문학자들은 사분의나 육분의라고 하는 각도기를 이용하여 하늘의 각도를 재었다. 학교에서 사용하는 각도기를 이용하여 하늘의 각도를 재는 방법도 있는데 이것은 뒤에 설명하기로 하자.

각거리는 도(°)와 분(′), 그리고 초(″)를 이용한다. 60초가 1분이고, 60분이 1도인 것은 이미 알고 있을 것이다. 별과 별 사이의 거리뿐 아니라 천체의 겉보기 크기도 각도를 이용하여 나타낸다. 해와 달의 지름은 각거리로 약 0.5도다. 망원경으로 보이는 천체들은 분이나 초를 이용하여 겉보기지름(시직경)을 나타낸다. 금성이나 목성과 같이 큰 행성은 대략 0.2~0.4분 정도의 겉보기지름을 가진다. 안드로메다은하처럼 가장 크게 보이는 은하는 거의 180분(긴 쪽)×60분(짧은 쪽) 정도의 크기로 달이 10개 이상 들어갈 정도로 크다. 각거리는 맨눈으로 관측할 때뿐 아니라 망원경을 이용하여 관측할 때도 매우 유용하다. 관측 대상의 크기와 밝기를 알아야만 정확한 관측 장비를 결정할 수 있기 때문이다.

특별한 장비 없이 간단하게 각거리를 잴 수 있는 방법이 있다. 하나는 별자리를 이용하는 것이고, 다른 하나는 손을 이용하는 것이다. 별자리를 이용하는 방법은 잘 알려진 별자리에 속한 별들 사이의 각거리를 미리 알고, 그것을 기준으로 다른 별까지의 각도를 재는 것이다. 가장 많이 이용되는 것이 바로 큰곰자리에 속한 북두칠성이다. 북두칠성의 양쪽 밝은 별 사이의 각거리는 25도이고, 국자 그릇 사이의 각거리는 10도이다. 북두칠성은 항상 보이는 별이기 때문에 특별한 문제가 없는 한 북두칠성을 기준 자로 생각해서 각거리를 재면 된다.

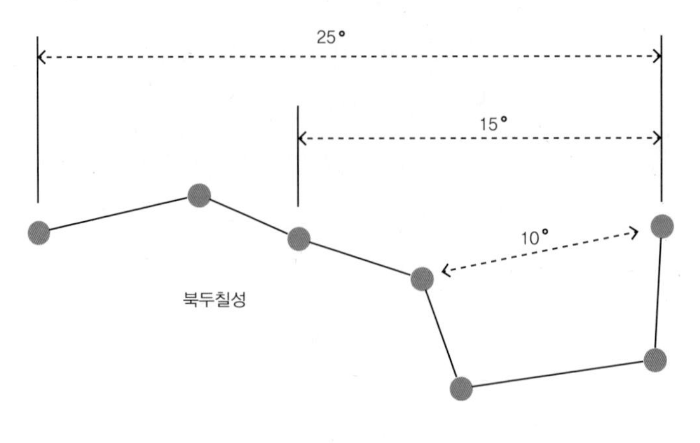

북두칠성 각거리

각거리를 잴 때 아마추어 천문가들 사이에 가장 많이 사용되는 방법은 손을 이용하는 것이다. 팔을 길게 뻗었을 때, 새끼손가락의 폭이 1도에 해당한다. 즉, 한쪽 눈을 감고 보면 새끼손가락으로도 달이나 해를 가릴 수 있다. 엄지와 새끼손가락을 제외한 나머지 세 손가락을 합친 폭은 5도이고, 주먹 하나는 10도, 그리고 손바닥을 쫙 폈을 때는 20도이다. 물론 사람마다 조금씩 손 크기가 다르지만 크게 차이 나지는 않는다. 그러면 실제로 손을 이용한 각거리 측정을 연습해보자.

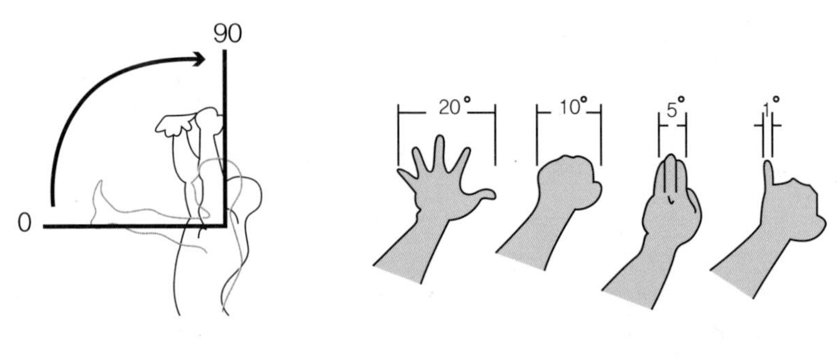

각거리 재는 모습

손을 이용한 각거리 재기

먼저 그림에서처럼 오른팔을 얼굴의 정면으로 길게 뻗은 다음 엄지손가락이 아래로 가고 새끼손가락이 위로 가게 손바닥을 완전히 펼친다. 이때 엄지손가락 끝과 겨드랑이가 수평이 되어야 한다. 이렇게 하면 오른손이 재고 있는 각도가 바로 수직 방향으로 20도다. 오른손을 움직이지 말고, 왼손을 같은 방법으로 뻗어서 오른손의 새끼손가락 위에 왼손의 엄지손가락이 닫게 한다. 이제 40도를 잰 것이 되고 우리나라에서는 왼손의 새끼손가락 근처에서 북극성을 찾을 수 있다. 왼손을 움직이지 말고 오른손을 빼서 다시 왼손 위에 올린다. 이렇게 하면 60도다. 다시 같은 방법으로 왼손을 옮겨서 오른손 위로 올리면 80도가 되고, 끝으로 오른손으로 주먹을 쥐고 같은 방향으로 왼손 위에 올리면 90도, 즉 천정을 향한다. 처음 해보면 팔이 아래로 쳐지거나 손바닥이 완전히 펴지지 않아 오차가 클 수 있을 것이다. 여러 번 연습을 통해 숙달되면 유용하게 사용할 수 있다. 왼팔부터 시작해도 되고, 반복해서 실시하면 스트레칭 체조의 효과도 얻을 수 있다.

필자가 하는 일 중에 천문대를 지을 수 있는 '명당자리'를 찾아주는 일이 있다. 묫자리를 찾아주는 사람을 지관이라고 하는 것처럼 천문대 자리를 찾아주는 사람을 천관이라고 해도 될 것 같다. 물론 천관이란 말이 사전에 나올 리는 없으니까 찾아보지는 말기 바란다. 천문대를 세우기 위해서는 주변의 시야가 얼마나 트여 있느냐가 매우 중요한 문제이다. 물론 가장 좋은 장소는 사방이 탁 트여 있는 곳이다. 하지만 우리나라에서 그런 곳을 찾기는 매우 힘들다. 동서남북 중에서 특히 남쪽과 서쪽의 시야가 중요하다. 남쪽과 서쪽으로 산이 높다면 천문대 자리로서는 적당하지 않다. 태양계 천체나 관측하기 좋은 대상이 남쪽에 많이 있기 때문이다. 서쪽이 트여 있을수록 볼 수 있는 대상이 많아진다. 동쪽의 별들은 시간이 지나면 남쪽으로 높이 올라오지만 서쪽의 별은 더 이상 올라오지 않고 지기 때문이다.

따라서 남쪽과 서쪽으로 산이 20도 이상 하늘을 가리고 있다면 일단 다른 후보지를 찾아보는 것이 좋다. 북쪽으로는 북극성 정도만 보이면 된다. 어차피 북극성을 중심으로 별들이 계속 돌기 때문에 북극성 아래에 있는 별들도 시간이 지나면 충분히 볼 수 있기 때문이다.

필자가 천관이 되어서 자리를 볼 때 간단하게 이용하는 것이 바로 손을 이용하여 각거리를 재는 것이다. 요즘은 멀리 있는 산까지의 거리와 고도를 재주는 휴대용 입체경과 같은 측량 장비를 이용하기도 한다. 하지만 이 장비는 하늘에 사용할 수 없기 때문에 천문가가 굳이 갖출 필요는 없다.

각거리를 이용하여 북극성 찾기

북극성이 떠 있는 고도를 각도로 재면 자기가 서 있는 곳의 위도와 같다. 즉, 우리가 있는 곳의 위도가 37도쯤 되기 때문에 북극성도 땅에서 37도쯤 되는 곳에 있다. 따라서 팔을 길게 뻗고 손바닥을 두 번 정도 펴서 40도 정도를 재면 그 근처에서 북극성을 찾을 수 있다. 다른 별들은 시간이 지남에 따라 위치가 변하지만 북극성은 자리가 변하지 않기 때문에 한 시간쯤 지난 다음 다시 확인해 보면 그것이 북극성인지를 확실하게 검증할 수 있다.

정/리/하/기

- **사막에서 살아남기** : 세상의 반은 하늘, 시간의 반은 밤이다. 별자리를 아는 것은 세상 반을 이해하는 것이다.
- **위치 알기** : 별자리를 알면 자기가 있는 곳의 위도를 알 수 있다.
- **남중 시각에 해의 고도 측정하기** : 해가 남중할 때 고도를 측정하면 날짜를 알 수 있다.
- **달의 위치 변화로 시간 재기** : 달은 별들을 배경으로 한 시간에 자기 지름만큼 왼쪽(동쪽)으로 이동한다.
- **하늘에서 거리 재기 - 각거리** : 팔과 손을 이용하여 하늘의 각도를 잴 수 있다. 팔을 뻗었을 때 손바닥은 20도, 주먹은 10도, 새끼손가락은 1도이다.
- **각거리를 이용하여 북극성 찾기** : 북극성의 고도는 자기가 있는 곳의 위도와 같다.

산에 오른 어린왕자 19

The Little Prince

어린왕자는 높은 산으로 올라갔습니다. 어린왕자가 지금까지 알고 있던 산은 무릎 정도의 높이밖에 안 되는 세 개의 화산뿐이었습니다.

"내 친구가 되어줘. 나는 혼자야."

어린왕자가 말했습니다.

"나는 혼자야… 나는 혼자야… 나는 혼자야…"

메아리가 대답했습니다.

어린왕자는 생각했습니다.

"참 괴상한 별이야. 모든 게 메마르고 뾰족뾰족하고 거칠고 험악해. 그리고 사람들은 상상력이 없어. 남이 한 말을 계속 따라 하잖아……. 내 별에는 한송이 꽃이 있었지. 그 꽃은 언제나 먼저 말을 걸어 주었는데……."

외로운 사람의 별 – 포말하우트와 알파르드

밤하늘에는 외로운 사람을 뜻하는 2개의 별이 있다. 하나는 가을 하늘에 보이는 포말하우트이고 다른 하나는 봄철에 보이는 알파르드이다. 어두운 하늘을 배경으로 밝게 빛나는 2개의 별은 각각 가을과 봄에 외로운 사람을 위로하는 별로 알려져 있다.

남쪽물고기자리의 알파(α)별 포말하우트(Formalhaut, 1등성)는 가을을 대표하는 상징적인 별로 외로운 별(Lonely One)이란 별명을 갖고 있다. 이것은 공허한 가을의 남쪽 하늘에서 홀로 빛나는 이 별이 무척 외롭게 느껴져서 일 것이다.

바다뱀자리의 알파(α)별 알파르드(Alphard)도 외로운 사람을 뜻하는 이름이다. 이른 봄 남쪽 낮은 하늘에서 홀로 빛나는 2등성의 이 별이 유

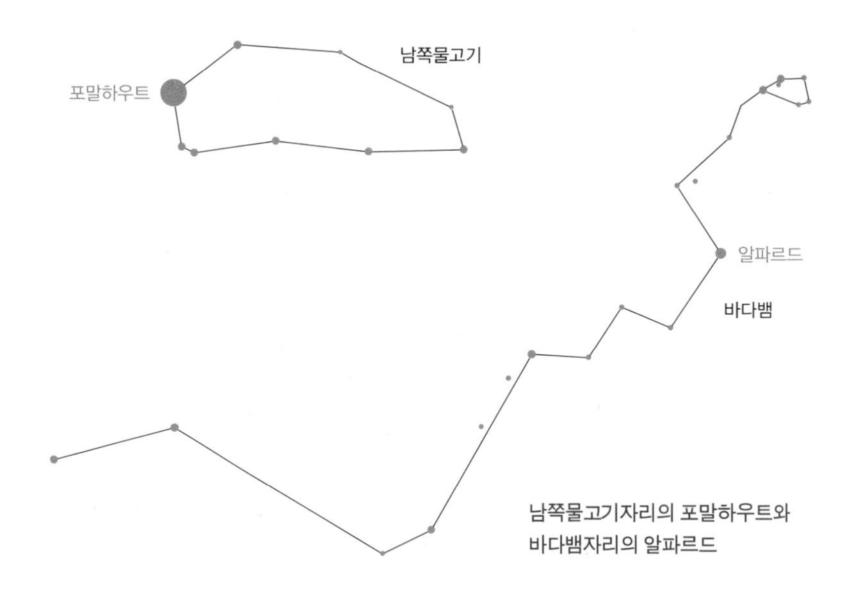

남쪽물고기자리의 포말하우트와
바다뱀자리의 알파르드

독 눈에 띄어서 이런 이름이 붙었을 것이다. 이 별은 바다뱀의 심장이란 의미의 콜 히드라(Cor Hydra)라는 이름으로도 불린다.

정/리/하/기

- **외로운 사람의 별** : 밤하늘에는 외로운 사람을 뜻하는 별이 두 개 있는데 봄철 바다뱀자리의 알파르드(2등성)와 가을철 남쪽물고기자리의 포말하우트(1등성)가 그들이다.

장미꽃을 만난 어린왕자 20

The Little Prince

어린왕자는 장미꽃이 만발한 정원 앞에 서서 말했습니다.

"안녕!"

장미꽃들도 인사를 했습니다. 어린왕자는 그 꽃들을 바라보았습니다. 모두가 어린왕자의 꽃과 닮았습니다.

어린왕자는 몹시 슬펐습니다. 그의 꽃은 자기가 이 세상에서 하나밖에 없는 꽃이라고 말했던 것입니다. 그런데 여기에는 단 한 곳의 정원에도 똑같은 꽃들이 5천 송이나 피어 있는 것입니다.

"나는 부자라고 생각했었지. 이 세상에서 단 하나뿐인 꽃을 가지고 있으니까. 그런데 내가 가지고 있는 것은 평범한 장미꽃에 지나지 않았어. 평범한 장미꽃 하나와 무릎 높이밖에 안 되는 세 개의 화산……. 그중에 하나는 영원히 불을 뿜지 않을지도 몰라…… 이것들만으로는 난 위대한 왕자가 될 수 없을 거야."

어린왕자는 풀밭에 엎드려 엉엉 울었습니다.

탄생 별자리와 점성술

꽃들은 모두 비슷해 보이지만 사실은 조금씩 다르다. 사람 역시 마찬가지이다. 세상에 똑같은 존재는 있을 수 없다. 물론 똑같은 운명을 가진 사람도 없다. 문명 이래 인류는 지구의 가장 강력한 지배자로 자리잡았지만, 한 사람 한 사람만을 놓고 보면 바람 앞의 등불 같은 존재일 수도 있다. 그래서 사람들은 오래전부터 밤하늘의 별을 보며 자신의 운명을 알아보는 점성술을 발달시켰다. 그 점성술의 가장 기본이 되는 것이 탄생 별자리이다. 탄생 별자리의 의미와 점성술에 대해 알아보자.

과학 분야 중에 가장 먼저 발달된 것이 바로 천문학이었을 것이다. 하지만 이것은 자연과학으로서가 아니라 점성술로서의 시작이었다. 고대인에게 있어 밤하늘의 천체들은 인간 세계를 지배하는 신들로 받아들여졌다. 그중에서도 해와 달, 그리고 오행성이 가장 중요하게 여겨졌는데, 하루하루 그들의 위치가 변함에 따라 세상의 운명도 함께 바뀐다고 믿었다.

천문학이 발달하게 된 것도 인간과 사회의 미래를 예측하기 위해서는 천체들의 정확한 위치를 알 필요가 있었기 때문이다. 그 후 지구가 우주의 중심이 아니라는 사실이 밝혀지고, 망원경을 통해 우주를 자세히 관측하면서 천문학은 점성술과 결별하고 자연과학으로서의 독자적인 길을 가게 되었다. 그것은 지금으로부터 불과 수백 년 전의 일이다.

별자리가 만들어진 동기는 어찌 보면 아주 단순할 수도 있다. 지금처럼 밤의 문화가 다양하지 않았던 고대에는 해가 지고 난 후 어둠 속에서 보이는 것이라고는 밤하늘의 별밖에 없었다. 따라서 그들이 별을 보고 하늘의 이치를 생각했던 것은 과학이라기보다는 생활에 가까웠다고 할 수 있을 것이다.

일반적으로 고대의 별자리는 메소포타미아 지역의 목동들에 의해서 만들어진 것으로 전해진다. 밤새 별빛 아래서 가축을 지켜야 했던 목동들은 자연스럽게 별들 속에서 여러 가지 모양을 상상하였고, 그것은 입에서 입으로 전해지며 서서히 그 모습을 잡아 나갔다. 그 후 점성술이 발달되면서, 특히 해와 달, 그리고 오행성이 지나는 길목에 있는 별자리가 중요하게 여겨졌다. 이들을 따로 황도 별자리라고 부른다.

황도 별자리는 초기에는 11개였으나 그리스 시대부터 12개로 확정되었다. 이것은 일 년이 열두 달인 것과 관련 있다. 고대 그리스인들은 별자리를 통해 운명을 점치는 것을 무척 즐겼는데, 축제 때 황금으로 별자리 모양을 만들어 나무를 장식하기도 했다고 한다. 그들은 자신들의 신화와 별자리를 연관시켜 다양한 이야기를 만들어 내기도 했다.

별자리 중에서 가장 중요시되었던 것은 춘분점이 있는 곳이었다. 춘분점은 낮과 밤의 길이가 같아지는 날에 태양이 위치하는 곳으로, 아주 오래전부터 하늘의 기준점으로 여겨졌다. 춘분점은 지구의 세차운동으로 인해 2만 6,000년을 주기로 변하는데, 고대 그리스 시대에는 양자리에 그 기준점이 위치했다. 따라서 점성술이 만들어지던 고대 그리스 시대에 양자리가 황도 12궁 중 제1궁이 될 수 있었다.

춘분점은 매년 조금씩 서쪽으로 이동하는데, 우연히도 예수가 탄생하던 시기에 맞춰 물고기자리로 옮겨졌다. 당시 로마 제국의 박해를 받던 초기 기독교인들은 춘분점이 새로운 별자리로 이동한 것을 새로운 시대의 시작으로 받아들였고, 예수의 시대를 물고기자리의 시대로 불렀다. 따라서 당시 기독교인들은 물고기 문양을 자신들을 나타내는 표식, 혹은 암호로 사용하였다. 이것은 현재까지 전해져 물고기 문양은 기독교인들의 표식으로 인식된다.

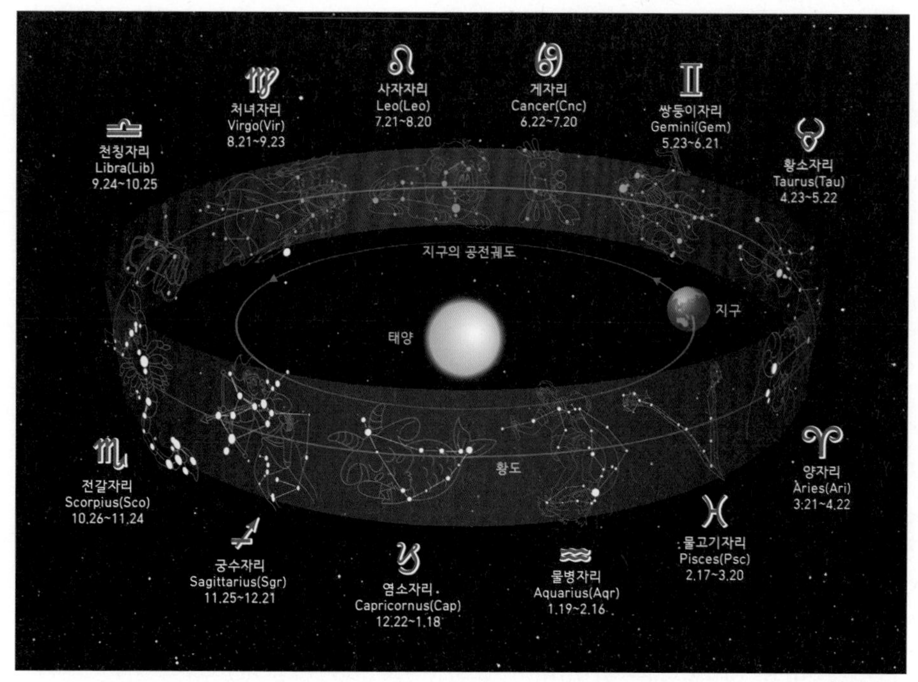

황도12궁

21세기 중에 춘분점은 다음 별자리인 물병자리로 이동한다. 따라서 기독교인들은 새로운 메시아의 등장을 기대하고 있으며, 점성술사들은 물병자리의 시대를 과학과 인간이 조화를 이루는 유토피아적인 시대로 기대하고 있다.

점성술에서 가장 중요시하는 황도 12궁은 사람이 태어난 날, 태양이 위치한 별자리를 의미한다. 즉, 어느 사람의 별자리가 양자리라 하면, 그 사람이 태어난 날 태양이 양자리에 있었다는 뜻이다. 하지만 여기서 천문학과 점성술의 차이가 있다. 천문학에서 이야기하는 황도 12궁은 그 크기가 모두 다르기 때문에 실제로 태양이 어느 한 별자리에 머무는 시간도 모두 다르다.

하지만 점성술에서 이야기하는 황도 12궁은 모두 같은 크기이다. 점성술사들은 춘분점을 기준으로 하늘을 30도씩 12개로 나눠서 황도 12궁이라고 부른다. 따라서 춘분점에서 동쪽으로 30도까지가 점성술에서 이야기하는 양자리이고, 그 다음 30도까지가 황소자리이다.

점성술이 처음으로 완성되었던 기원전 2000년에서 3000년경에는 춘분점의 위치가 양자리였기 때문에 점성술의 황도 12궁과 실제 하늘의 황도 12궁 위치가 거의 비슷했다. 하지만 세차운동으로 이미 2000년 전에 춘분점이 물고기자리로 옮겨갔고, 현재 점성술에서 말하는 황도 12궁과 실제 하늘에서의 황도 12궁은 차이가 있다.

점성술사들이 해석하는 황도 12궁의 각 별자리별 운명이나 성격은 그 별자리의 이름과 상당히 밀접한 관련이 있다. 예를 들어 사자자리의 경우는 사자처럼 강하고 열정적인 운명을 말한다. 염소자리(반은 물고기고, 반은 염소), 궁수자리(반은 사람이고, 반은 말), 쌍둥이자리(두 사람), 물고기자리(두 마리의 물고기) 등은 이중적인 성격이 있는 것으로 해석되고 있다.

천칭자리의 사람은 균형 잡힌 우아한 세계를 추구하는 사람으로 해석되고, 사자자리는 명쾌한 성격과 뜨거운 열정을 가진 사람이다. 반면, 황소자리는 온후한 성격과 성실한 인간관계를 갖고 있으며, 처녀자리는 섬세한 감정과 순수한 정신의 소유자라고 한다. 전갈자리는 창의성과 강한 탐구심을 갖고 있으며, 궁수자리는 자유분방한 천성과 인간미를 지니고 있다. 물병자리는 물이 흐르는 것처럼 대중과 함께 하는 것을 좋아하는 사람이고, 물고기자리는 예능적인 끼와 사회성을 함께 가지고 있다. 양자리는 황도 1궁답게 통솔력과 정의감을 갖고 태어나고, 게자리는 성실하며 가정적인 성격의 소유자라고 한다. 쌍둥이자리는 인간과 신의 성격을 함께 가진 별자리로 자유로운 생각과 결단력을 함께 가지고 있으며, 염소자리는 염소의 온순함과 물고기의 자유분방함을 함께 가진 별자리이다. 잘 생각해 보면 별자리 자체가 의미하는 바와 크게 벗어나지 않는다는 것을 알 수 있다.

황도 12궁의 상징 기호는 실제 별자리의 모양과 상당한 연관성을 갖고 있다. 양과 황소는 머리 모양을 나타내고, 쌍둥이는 어깨동무한 형제의 모습을 추상화한 것이다. 게와 사자는 전체 모습을 담았고, 천칭은 균형 잡힌 저울을, 활을 쏘고 있는 궁수는 화살 모양이다. 반은 양이고, 반은 물고기인 염소자리는 양자리에 물고기 꼬리를 단 모양이다. 물병자리는 물병에서 물이 흐르는 모습이기 때문에 흐르는 물을 상징하는 기호이고, 물고기자리는 두 마리의 물고기가 끈에 묶여져 있는 모습을 단순화시킨 것이다. 처녀자리와 전갈자리의 기호는 서로 비슷한데 밖으로 독을 내놓고 있는 것이 전갈, 안으로 숨긴 것이 처녀이다.

사실 인간은 별과 무관할 수 없는 존재이다. 인간의 몸을 만들고 있는 대부분의 물질이 별에서 만들어진 것이기 때문이다. 우주를 구성하는 물질의 4분의 3은 수소이고, 4분의 1은 헬륨이다. 그 이외의 원소는 아주 미미하다. 별을 만드는 대부분의 물질도 바로 수소이다. 별은 그 일생 동안 수소를 태워서 그보다 무거운 헬륨을 만들고, 또 헬륨을 태워서 더 무거운 탄소를 만든다. 그리고 계속되는 과정에서 더 무거운 물질이 만들어지고, 마지막 순간에 폭발하면서 철보다 무거운 물질들도 만들어 낸다.

우리 몸을 만들고 있는 물질의 60% 이상이 수소이다. 그리고 다음이 산소, 탄소, 질소 순이다. 하지만 지구를 이루는 물질 중 가장 많은 것은 산소로 50%를 차지한다. 그 다음으로는 철, 규소, 마그네슘이 차지한다. 태양의 대부분은 수소이다. 그 다음은 헬륨, 산소, 탄소, 질소의 순이다. 휘발성 강한 헬륨을 제외한다면, 사람을 이루는 물질의 구성 성분은 지구보다는 태양과 비슷함을 알 수 있다.

현재 태양은 최초의 우주로부터 만들어진 4세대 별로 알려져 있다. 즉, 태초에 만들어진 별의 증손자에 해당하는 별이란 뜻이다. 인간도 태양과 마찬가지로 태초의 우주와 증조할아버지 별, 할아버지 별, 그리고 아버지 별이 죽으면서 만들어낸 물질들로 이루어져 있는 것이다.

하지만 분명한 것은 인간도 우주 속에서 우주의 진화와 함께 만들어진 별과 같은 존재라는 사실이다. 따라서 별과 별, 그리고 별과 지구 사이에 중력의 영향이 미치듯 별과 인간, 행성과 인간 사이에 눈에 보이지 않는 힘이 미치고 있다는 것도 부인할 수 없다.

점성술사들은 사람의 탄생 시간에 따라 호로스코프라는 점성술 시계를 작성한다. 이 호로스코프에는 황도 12궁이 그려져 있고, 태어난 시간의 해와 달, 그리고 각 행성의 위치가 표시된다. 점성술사들은 호로스코프에서 각 천체의 위치와 상호 각도를 통해 그 사람의 운세를 계산한다. 물론 이것을 과학적으로 증명할 수는 없다. 단지 이 천체들이 인간에 영향을 미칠 것이라는 가정하에 오랜 세월 동안 쌓인 통계를 통해 확률적으로 점을 치는 것이기 때문이다.

참고로 각 생일에 해당하는 탄생 별자리는 다음과 같다.

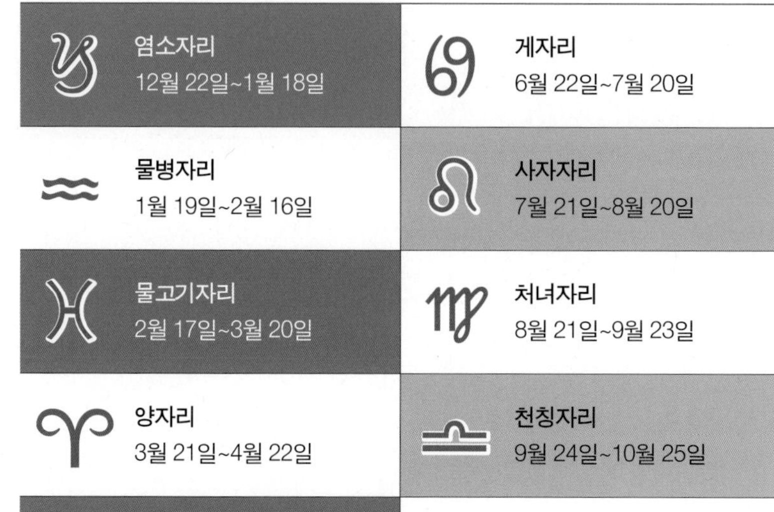

염소자리 12월 22일~1월 18일	게자리 6월 22일~7월 20일
물병자리 1월 19일~2월 16일	사자자리 7월 21일~8월 20일
물고기자리 2월 17일~3월 20일	처녀자리 8월 21일~9월 23일
양자리 3월 21일~4월 22일	천칭자리 9월 24일~10월 25일
황소자리 4월 23일~5월 23일	전갈자리 10월 26일~11월 24일
쌍둥이자리 5월 24일~6월 21일	궁수자리 11월 25일~12월 21일

정/리/하/기

- **탄생 별자리와 점성술** : 태어난 날 태양이 있는 곳이 바로 그 사람의 탄생 별자리이다. 태양을 비롯한 태양계 천체들이 그 사람의 운명에 영향을 줄 것이라는 전제하에 오랜 세월 쌓인 통계를 통해 확률적으로 점을 치는 것이 점성술이다.

여우를 만난 어린왽자 21

The Little Prince

“나와 놀자. 난 정말 슬퍼…….”

어린왕자가 여우에게 말했습니다.

“나는 너와 놀 수 없어. 나는 길들여지지 않았거든.”

“넌 나에게 아직 수많은 다른 아이와 별로 다를 게 없어. 그래서 나는 네가 필요하지 않아. 너도 네 입장에서 보면 내가 필요하지 않겠지. 너에게 나는 수많은 다른 여우일 뿐 아무것도 아니야. 하지만 네가 나를 길들이면, 우리는 서로 필요한 존재가 된단다. 너는 나에게 이 세상에서 단 한 사람이 되는 거고, 나는 너에게 이 세상에서 하나밖에 없는 여우가 되는 거야…….”

“무엇이든 길들여야 그것에 대해 알 수 있는 거야. 사람들은 더 이상 무언가를 이해할 시간이 없어졌어. 그들은 상점에서 이미 만들어져 있는 것을 사거든. 그렇지만 우정을 살 수 있는 상점은 아무 데도 없어. 그래서 사람들은 친구가 없는 거야. 네가 친구를 원한다면 나를 길들여야 해.”

"……넌 금빛 머리카락을 가졌어. 네가 나를 길들이면 얼마나 멋질까! 황금빛 밀밭을 보면 네 생각이 날 거야. 그러면 나는 밀밭 사이를 스치는 바람 소리를 좋아하게 되겠지."

"어떻게 해야 너를 길들일 수 있니?"

"인내심을 가져야 해. 처음에는 나에게서 이만큼 떨어져서 풀밭에 앉는 거야. 내가 너를 곁눈질로 쳐다보아도 너는 아무 말도 하지 마. 말이란 오해의 원인이야. 하지만 날마다 너는 조금씩 나에게 가까이 앉게 될 거야."

그래서 어린왕자는 여우를 길들였습니다.

"잘 가! 참, 이제 내 비밀을 말해 줄게. 아주 간단한 거야. 어떤 것을 잘 보기 위해서는 오직 마음으로 보아야 해. 가장 중요한 것은 눈에 보이지 않는 거야."

"네 장미꽃이 너에게 그렇게 소중한 것은, 그 꽃을 위해서 네 시간을 보냈기 때문이야."

"사람들은 이런 진실을 잊고 있어. 하지만 너는 잊으면 안 돼. 네가 길들인 것에 대해 너는 영원히 책임을 져야 해. 그러니 너는 너의 장미꽃에 대해 책임이 있어……"

별 길들이기

별 이름

천문학에 관심을 갖는 대부분의 사람이 가장 먼저 해보고 싶은 일은 밤하늘에서 직접 별을 찾아보고 별자리를 알아내는 일일 것이다. 그러기 위해서 제일 먼저 해야 할 일 중 하나는 바로 별의 이름을 아는 것이다. 친구를 사귈 때 이름부터 알기 시작하는 것과 같은 이치다. 누군가의 이름을 기억하고 있다는 것은 그 사람과의 친밀도가 그만큼 늘어났다는 증거이기 때문이다.

낯선 언어의 외국 사람이나 외국 배우는 그 이름을 외우는 것부터 어렵다. 언어를 모르기 때문이기도 하지만 이름에 익숙하지 않기 때문에 더 어렵게 느껴질 수도 있다. 별에 붙여져 있는 이름은 외국 사람의 이름만큼이나 생소하고, 심지어는 이상한 암호처럼 느껴질 수도 있다. 그 이름들이 익숙해지는 데는 그만큼 노력과 시간이 필요하다.

일단 이름을 알면 그 사람이 어디에 사는지 궁금해질 것이다. 별과 친해지는 것도 크게 다르지 않다. 별의 이름을 알고, 별을 찾기 위해서는 성도(星圖)라는 것을 볼 수 있어야 한다. 여행을 즐기는 사람이 보다 생생한 여행을 하기 위해서 지도를 잘 보아야 하는 것처럼 밤하늘 여행도 하늘의 지도, 즉 성도를 잘 볼 줄 알아야 한다. 성도에는 우리가 찾아볼 수 있는 별과 여러 가지 천체의 이름이 나온다.

별 이름 중에 가장 많이 알려진 것은 고유이름이다. 고유이름은 특별한 원칙 없이 오래전부터 불려 오던 이름이다. 이 이름들은 무척 생소해서 한두 번 듣고 외우는 것은 거의 불가능하다. 하지만 충분한 시간을 갖고 반복해서 외우고 쓰다 보면 자연스럽게 익숙해진다. 현재까지 약 200개 정도의 고유이름이 쓰이고 있는데, 이중 1등성에 붙은 이름만 기억해도 별 관측 모임에서 웬만큼 대화에 낄 수 있다.

여름철의 경우 직녀(Vega, 베가), 견우(Altair, 알타이르), 데네브(Deneb, 꼬리), 안타레스(Antares, 화성의 라이벌) 정도의 별 이름을 알면 된다. 가을철에는 1등성이 하나밖에 없다. 포말하우트(Formalhaut, 남쪽물고기자리 입)가 그것인데, 조금 더 원한다면 데네브 카이토스(Deneb Caitos, 고래자리의 꼬리별), 알페라츠(Alpheratz, 안드로메다자리 으뜸별), 알골(Algol, 악마의 별) 정도가 기억할만한 밝은 별이다. 봄철에 보이는 별 중에는 아르크투루스(Arcturus, 목동자리), 스피카(Spica, 처녀자리), 레굴루스(Regulus, 사자자리), 데네볼라(Denebola, 사자자리 꼬리) 정도이고, 겨울철 별 중에서는 시리우스(Sirius, 큰개자리), 베텔게우스(Betelgeus, 오리온자리), 리겔(Rigel, 오리온자리), 알데바란(Aldebaran, 황소자리), 카펠라(Capella, 마차부자리), 카스토르와 폴룩스(Castor, Pollux, 쌍둥이자리), 프로키온(Procyon, 작은개자리)까지다. 겨울에는 밝은 별이 많기 때문에 이름을 외우는 데도 시간이 좀 더 걸린다.

별의 고유이름을 외우다 보면 알(Al)로 시작되는 이름이 많은 것을 알게 된다. 이것은 우리가 현재 쓰고 있는 별자리의 기원이 대부분 고대 아라비아이기 때문이다. 영어의 정관사 더(The)에 해당하는 아라비아어가 바로 알(Al)이어서 알자로 시작되는 이름이 많은 것이다.

오랫동안 고유이름만으로 불리던 별들의 이름은 1603년 독일의 천문학자 요하네스 바이어(Johannes Bayer, 1572~1625)에 의해서 하나의 체

■ **1등성 목록**

고유이름	학명	등급
Sirius	aCMa	-1.5
Canopus*	aCar	-0.7
Arcturus	aBoo	0.0
Vega	aLyr	0.0
Capella	aAur	0.1
Rigel*	β Ori	0.1
Alpha Centauri*	aCen	0.3
Procyon	aCMi	0.4
Achernar	aEri	0.5
Betelgeuse	aOri	0.5
Agena*	β Cen	0.6
Altair	aAql	0.8
Aldebaran	aTau	0.8
Spica	aVir	1.0
Antares	aSco	1.0
Alpha Crucis*	aCru	1.1
Pollux	aGem	1.1
Fomalhaut	aPsA	1.2
Deneb	aCyg	1.2
Beta Crucis*	β Cru	1.3
Regulus	aLeo	1.3

계를 갖게 되었다. 그는 그리스 문자를 이용하여 밝기 순으로 별의 이름을 붙였다. 이것을 바이어문자라고 하는데, 우리가 흔히 알파(α)별, 베타(β)별 하는 것이 바로 그것이다. 그런데 그리스 문자는 모두 24개밖에 안 되기 때문에 25번째로 밝은 별부터는 영어의 알파벳 소문자가 사

용되었다. 그리고 그보다 어두운 51번째 별부터는 영어의 알파벳 대문자를 이용하여 이름을 붙였다. 그가 붙인 가장 마지막 별은 영어의 대문자 Q였다.

알파(α), 베타(β), 감마(γ), 델타(δ), 엡실론(ε), 제타(ζ), 에타(η), 세타(θ), 요타(ι), 카파(κ), 람다(λ), 뮤(μ), 뉴(ν), 크시(ξ), 오미크론(ο), 파이(π), 로(ρ), 시그마(σ), 타우(τ), 업실론(υ), 피(φ), 키(χ), 프시(ψ), 오메가(ω), a, b, c, d, e, f, g, h, i, j, k l, m, o, p, q, r, s, t, u, v, w, x, y, z, A, B, C, D, E, F, G, H, I, J, K, L, M, N, O, P, Q까지.

그러니까 바이어가 그런 당시의 성도에는 한 별자리가 최대 67개의 별을 가지고 있었던 것이다.

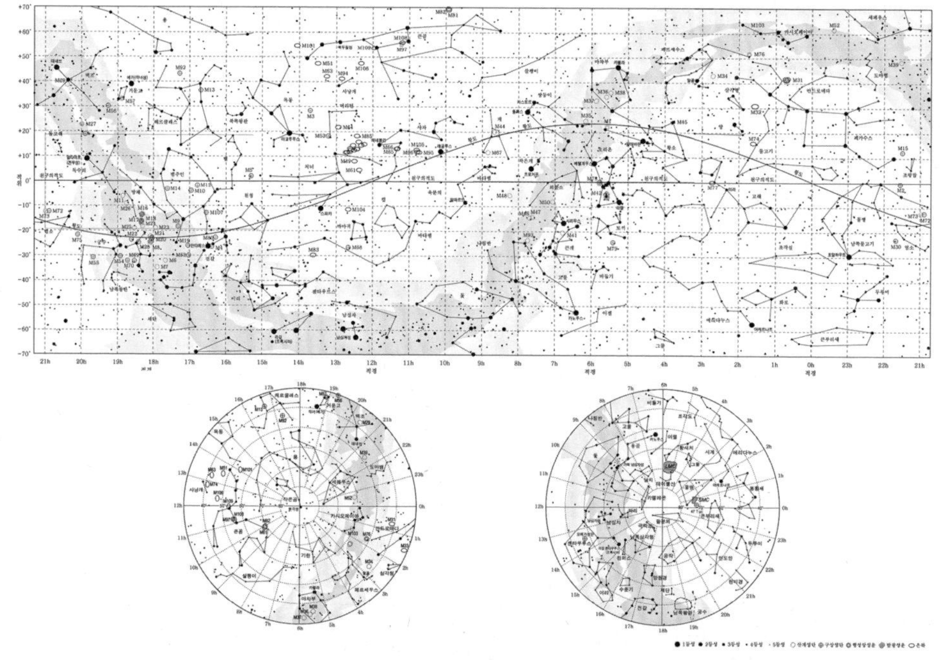

적도_남북천 성도

계절별 길잡이 별과 1등성들

북쪽 하늘 - 북두칠성과 북극성

북두칠성은 서양에서는 큰 국자(The Big Dipper)로 불린다. 하늘에는 모두 3개의 국자별이 있는데, 작은곰자리에 해당하는 작은 국자(The Little Dipper)와 궁수자리에 있는 우유국자(The Milk Dipper, 남두육성)가 나머지 2개이다.

북두칠성은 북극성을 축으로 하루에 한 번씩 그 주위를 회전하므로 밤에는 시계의 역할을 한다. 국자 모양의 손잡이 방향에 따라 계절과 시간을 알 수도 있다. 특히 봄과 여름에는 북두칠성을 저녁 하늘 높은 곳에서 볼 수 있지만, 가을과 겨울에는 지평선 근처에 위치해서 쉽게 찾기 어렵다.

북두칠성의 사발 끝 부분에 해당하는 베타(β)별 메라크(Merak)와 알파(α)별 두브헤(Dubhe)를 이어서 5배 정도 연장하면 밝은 별이 하나 보인다. 이 별이 바로 하늘의 북극을 나타내는 북극성(北極星, Polaris)이다. 이런 연유로 큰곰자리의 알파(α)별과 베타(β)별은 지극성(Pointers)이라 불리며, 북극성을 찾는 지표로 이용돼 왔다.

밤하늘에 빛나는 수많은 별 중에서 가장 유명한 별이 바로 북극성(Polaris)이다. 그 유명세로 인해 북극성을 밤하늘에서 가장 밝은 별이라고 생각하는 사람도 적지 않다. 하지만 북극성은 2등성으로 밤하늘에 빛나는 별 중에서 밝기로는 45번째(우리나라에서 볼 수 있는 별 중에서는 32번째)로 그렇게 눈에 띄는 별은 아니다. 하지만 지구의 자전축의 연장선상에 위치한 이유로 인해 방향을 찾는 기준이 되고, 북반구에서는 밝은 날이면 언제 어디서나 볼 수 있는 별이기 때문에 꼭 알아두어야 할 별이다. 북극성이 보이는 고도는 자기가 위치한 곳의 위도와 같기 때문에 북극으로 갈수록 보다 하늘 높은 곳에서 보인다.

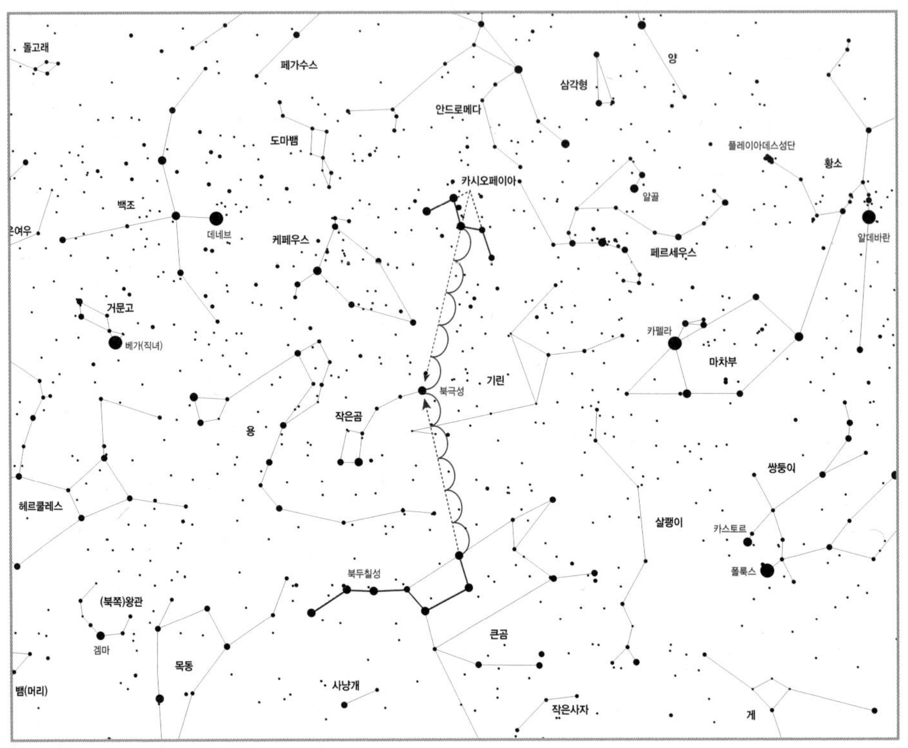

북천성도

봄철 - 봄철의 대곡선과 대삼각형

북두칠성의 국자 손잡이를 따라 약 30도 정도 나아가면 오렌지색으로 빛나는 목동자리의 알파(α)별 아르크투루스(Arcturus, 1등성)에 이르고, 이 곡선을 더 이어가면 지평선에서 얼마 안 떨어진 곳에서 하얗게 빛나는 처녀자리의 알파(α)별 스피카(Spica, 1등성)와 만난다. 북두칠성의 손잡이에서 아르크투루스를 거쳐 스피카에 이르는 이 커다란 곡선은 봄철의 대곡선(the Great Spring Curve)으로 알려져 있는데, 밤하늘에서 다른 별들을 찾는 좋은 기준이다.

봄철의 밤하늘에서 별자리를 찾는 데 이용되는 길잡이로 봄철의 대곡선 만큼 유용한 것이 봄철의 대삼각형(Spring Triangle)이다. 아르크투루스와 스피카, 그리고 사자자리의 베타(β)별 데네볼라(Denebola, 2등성)가 만드는, 한 변이 약 35°인 정삼각형이 바로 그것이다.

이들 외에 봄철에 기억해야 할 별은 사자자리의 알파(α)별인 1등성 레굴루스(Regulus)이다.

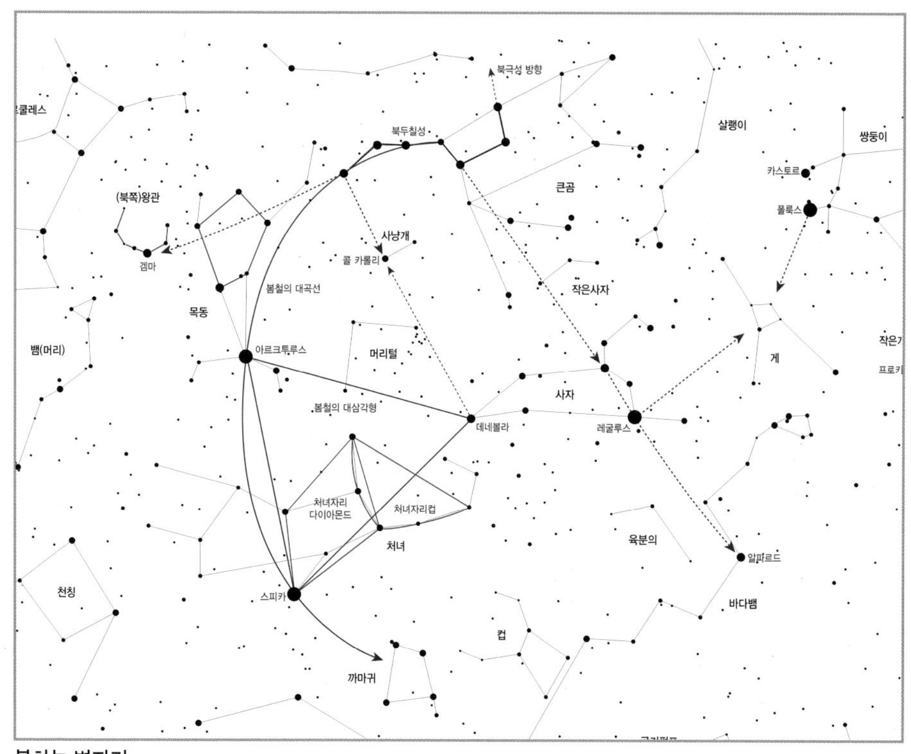

봄하늘 별자리

여름철 - 여름철의 대삼각형

여름밤 머리 위에서 가장 밝게 빛나는 별이 거문고자리의 알파(α)별 베가(Vega. 1등성)이다. 우리에게 이 별은 직녀라는 이름으로 더 잘 알려져 있다. 직녀의 남쪽으로 보이는 가장 밝은 별이 바로 견우로 알려진 독수리자리의 알파(α)별 알타이르(Altair. 1등성)이다. 이 두 별과 그들의 동쪽에 있는 백조자리의 알파(α)별 데네브(Deneb. 1등성)를 연결하면 직녀를 정점으로 하는 커다란 직각삼각형이 된다. 이 삼각형이 여름철에 다른 별을 찾는 데 가장 중요한 길잡이가 되는 여름철의 대삼각형이다. 모두 1등성으로 이루어져 있어 쉽게 찾을 수 있다.

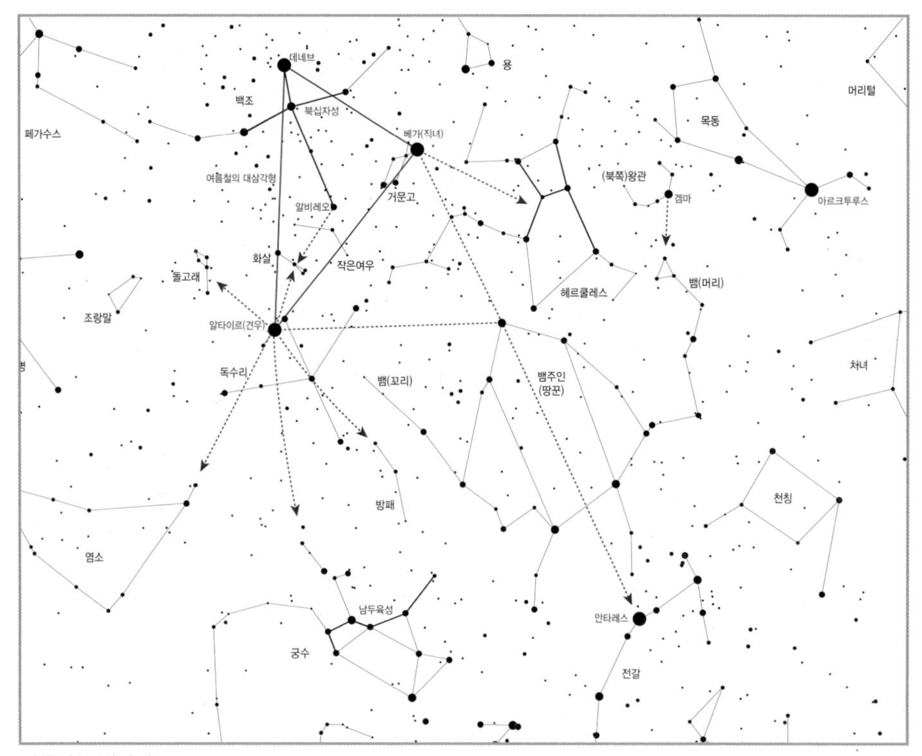

여름하늘 별자리

이들 외에 여름철에 기억해야 할 별은 전갈자리의 알파(α)별인 1등성 안타레스(Antares)이다.

가을철 - 페가수스 사각형

가을 밤하늘의 길잡이가 되는 별은 머리 위에 밝게 빛나는 직사각형 모양의 페가수스자리이다. 페가수스자리의 알파(α)별 마르카브(Marcab. 2등성), 베타(β)별 쉬트(Scheat. 2등성), 감마(γ)별 알게니브(Algenib. 3등성), 그리고 안드로메다자리(Andromeda)의 알파(α)별 알

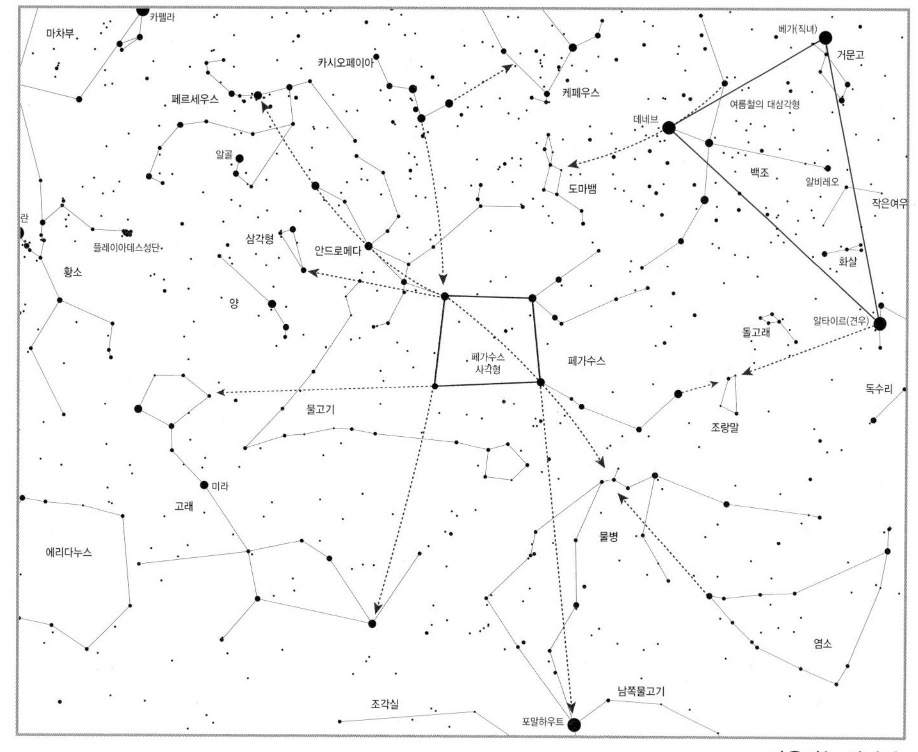

가을하늘 별자리

페라츠(Alpheratz. 2등성)가 만드는 커다란 사각형을 '페가수스 사각형(the square of Pegasus)'이라고 부른다.

이 사각형의 동서 방향 길이는 북두칠성보다 조금 더 길고, 남북 방향의 길이는 조금 더 짧은 직각사각형 모양을 하고 있다. 비록 1등성이 아닌 2~3등성으로 이루어져 있지만, 주위에 밝은 별이 없어서 쉽게 찾을 수 있다.

이들 외에 가을철에 기억해야 할 별은 남쪽물고기자리의 알파(α)별인 1등성 포말하우트(Fomalhaut)이다.

겨울철 - 겨울철의 대삼각형과 다이아몬드

큰개자리의 시리우스(Sirius), 작은개자리의 프로키온(Procyon), 그리고 오리온자리의 베텔게우스(Betelgeuse)가 이루는 커다란 정삼각형을 '겨울철의 대삼각형'이라고 부른다. 겨울철의 대삼각형은 모두 밝은 1등성으로 이루어져 있어서 겨울철에 다른 별을 찾는 가장 중요한 길잡이별이다.

겨울철의 대삼각형에서 베텔게우스 대신 오리온자리의 리겔(Rigel. 1등성)을 넣고 황소자리의 알데바란(Aldebaran, 1등성), 마차부자리의 카펠라(Capella, 1등성), 그리고 쌍둥이자리의 폴룩스(Pollux, 1등성)를 연결하면 거대한 육각형이 되는데, 이것을 '겨울철의 다이아몬드'라고 부른다. 쌍둥이자리에는 폴룩스와 비슷한 밝기의 카스토르(Castor)가 나란히 보인다는 것을 기억하자.

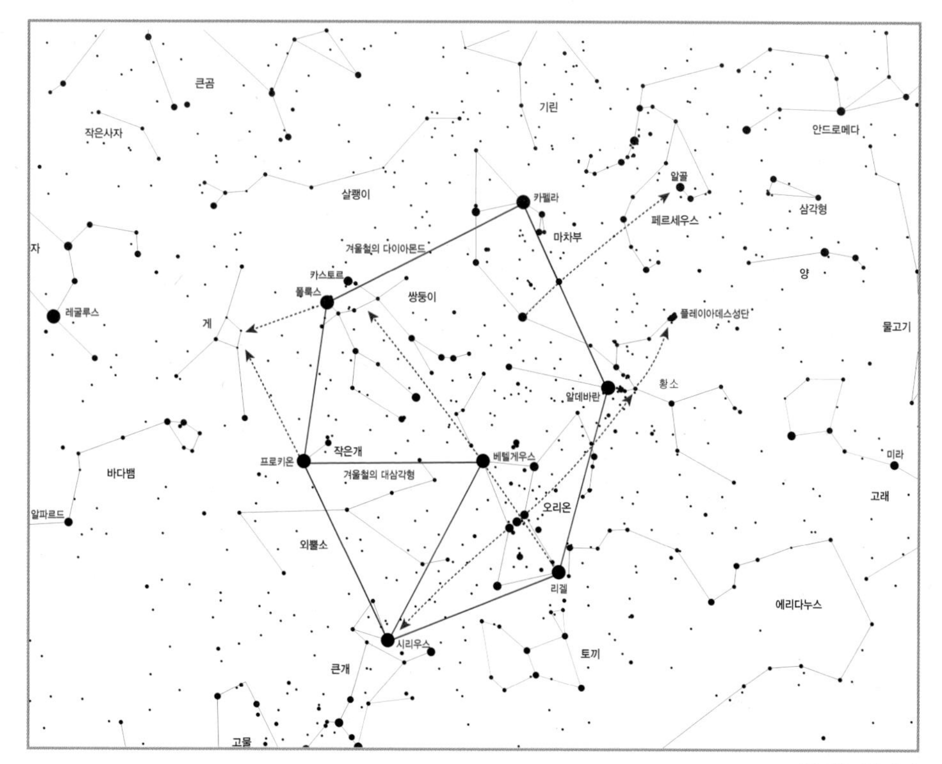
큰곰
작은사자
기린
안드로메다
살쾡이
카펠라
알골
삼각형
페르세우스
마차부
자
겨울철의 다이아몬드
카스토르
폴룩스
쌍둥이
양
레굴루스
게
플레이아데스성단
물고기
황소
알데바란
작은개
프로키온
베텔게우스
미라
바다뱀
겨울철의 대삼각형
고래
알파르드
오리온
외뿔소
리겔
에리다누스
시리우스
토끼
큰개
고물

겨울하늘 별자리

작은여우자리

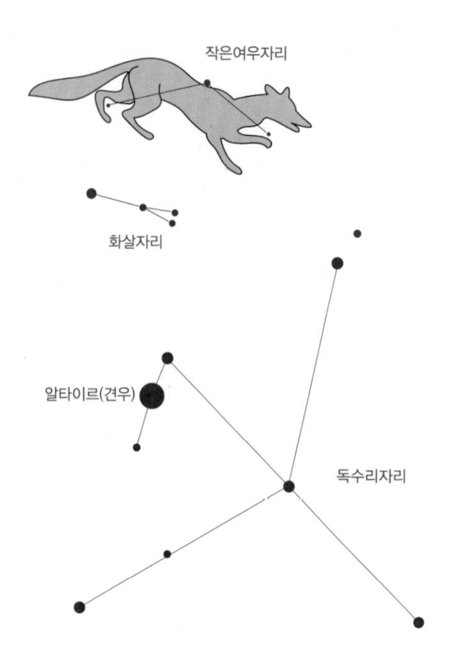

수많은 작은 별들이 구름처럼 모여 있는 은하수 속에는 사람들이 거의 모르고 지나치는 조그마한 별자리가 몇 개 있다. 독수리자리의 북쪽에 보이는 작은여우자리도 그 중 하나이다. 워낙 어두운 별들로 이루어진 별자리여서 은하수 속에서 이 별자리를 찾기는 매우 힘든 일이다.

작은여우자리는 독수리자리의 알파(α)별인 견우와 백조자리의 부리에 해당하는 베타(β)별 알비레오(Albireo)의 연장선 위에서 찾을 수 있다. 견우에서 알비레오 쪽으로 작은 화살 모양의 화살자리를 찾고, 좀 더 알비레오 쪽으로 나아가면 납작한 삼각형 모양의 작은여우자리가 보인다. 화살에 맞고 도망치다 물에 빠져 백조에게 구조를 바라는 작은 여우를 상상하면 그 위치를 짐작할 수 있을 것이다. 하지만 워낙 희미한 별들로 이루어져 있어 어두운 시골 하늘에서 달이 없는 밤에만 겨우 찾을 수 있다.

(p.216. 여름철의 별자리 지도 참고)

작은여우자리의 원래 이름은 '거위와 작은 여우'로 17세기 후반 폴란드의 천문학자 헤벨리우스가 만든 별자리이다. 그는 독수리처럼 사납고 욕심 많은 동물의 별자리를 만들고자 거위를 물고 있는 여우의 모습을 이곳에 그렸다고 한다. 작은여우자리 대신 여우자리로 불리기도 한다.

사냥꾼의 별자리 - 오리온자리

일 년을 통해 밤하늘에서 볼 수 있는 별자리 중 가장 화려하고 눈에 띄는 별자리가 바로 그리스 신화에 등장하는 최고의 사냥꾼 오리온의 별자리이다. 비록 별자리를 모르는 사람이라도 오리온이란 이름은 익히 들어보았을 것이다. 그것이 비록 영화사의 이름이든, 과자 회사의 이름이든, 오리온은 오랫동안 우리에게 친숙하게 불려 왔다.

오리온자리는 하늘의 적도에 위치하고 있어서 지구 어디에서나 볼 수 있는 별자리이다. 하지만 오리온자리가 유명해진 가장 큰 이유는 이 별자리가 다른 별자리들보다 훨씬 많은 밝은 별들로 이루어져 있기 때문이다. 우리나라에서 볼 수 있는 15개의 1등성 중 2개를, 50개 남짓한 2등성 중 5개를 오리온자리가 차지하고 있다. 이런 화려한 모습으로 인해 예로부터 많은 나라에서 이 별자리를 거인이나 용감한 사냥꾼의 이름으로 불렀다.

오리온자리는 마치 풍물놀이에 쓰이는 장고처럼 생겨서 우리나라에서는 장고별, 혹은 북별로도 불렸다. 장고 대신 나비의 모습을 상상해도 된다. 워낙 밝은 별들로

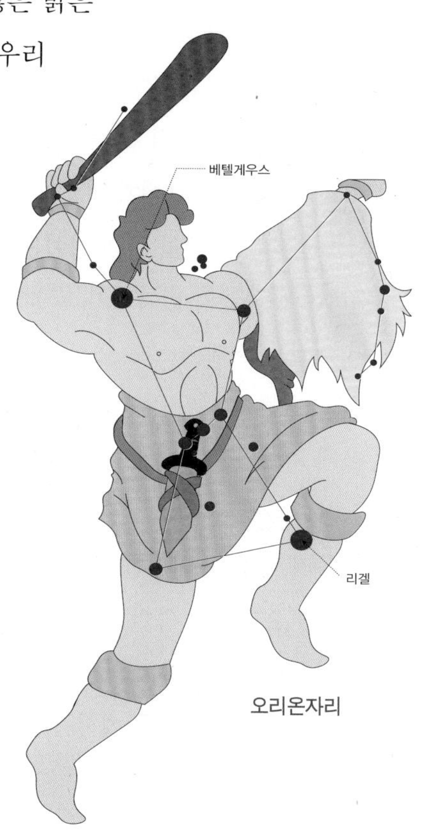

오리온자리

이루어져 있어 겨울 하늘에서 오리온자리를 찾는 것은 아주 쉬운 일이다. 7개의 별이 찌그러진 국자 모양으로 보인다고 오리온자리를 북두칠성으로 착각하는 일은 없기 바란다. 오리온자리는 정확히 동쪽에서 떠서 남쪽을 지나 정확히 서쪽으로 지기 때문에 결코 북쪽 하늘로 들어갈 염려는 없다. 오리온자리가 정확히 동쪽에서 떠서 서쪽으로 향하는 것은 이 별자리의 중심이 하늘의 적도에 걸쳐져 있기 때문이다.

하늘의 적도에 해당하는 오리온자리의 중심부에는 삼태성이라고 알려진 3개의 밝은 별이 일직선으로 모여 있다. 이 3개의 별은 모두 2등성으로 세쌍둥이 별이라고도 불린다. 하지만 이 별들이 떠오르는 모습이 마치 계단이나 사다리처럼 보인다고 해서 저승 가는 길, 혹은 저승사자가 내려온 길로 알려져 있기도 하다.

오리온이란 이름은 사실 오줌을 뜻하는 그리스어 '오우리아'에서 유래되었다. 이런 이름이 붙여지게 된 것은 오줌을 묻힌 가죽을 땅에 묻어 9개월 후에 태어난 아이가 바로 오리온이었기 때문이다. 또 다른 이야기에서 오리온은 바다의 신 포세이돈의 아들로 등장하기도 한다.

오리온이 하늘의 별자리가 된 데는 여러 가지 이야기가 있다. 달과 사냥의 여신 아르테미스가 오리온을 죽였다는 것이 가장 널리 알려진 이야기인데, 둘의 사랑을 반대한 아폴론 신이 아르테미스를 속여 그를 활로 쏘게 하였다고 한다.

혹자는 오리온이 워낙 사냥을 잘하기 때문에 세상의 모든 동물을 죽일지 몰라 이를 두려워한 아르테미스가 그를 죽였다고도 한다. 다른 이야기에는 오리온을 죽인 것이 아르테미스가 아니라 전갈자리의 주인공인 독전갈이라고 한다.

신화의 또 다른 이야기에서는 오리온이 아틀라스 신의 딸들인 플레이

아데스를 사랑하여 그들이 별이 되자 그 뒤를 따라 하늘의 별자리가 되었다고 전한다.

어떤 이야기든 신화 속에 등장하는 오리온은 강한 남자로서 많은 여성의 사랑을 받았던 당대 최고의 영웅임은 틀림없다.

정/리/하/기

- **별 이름** : 고대부터 불려온 고유이름은 약 200개 정도이고, 중세 이후에는 그리스 문자와 영어의 알파벳을 이용하여 밝기 순으로 이름을 붙였다.
- **계절별 길잡이 별과 1등성들** : 각 계절마다 다른 별자리를 찾을 수 있는 길잡이 별들이 있다. 북쪽 하늘에는 북두칠성과 북극성, 봄철의 대곡선과 봄철의 대삼각형, 여름철의 대삼각형, 가을철의 페가수스 사각형, 겨울철의 대삼각형과 다이아몬드가 그것이다.
- **작은여우자리** : 88개의 별자리 중 여우를 주인공으로 하고 있는 유일한 별자리로 백조자리 아래에 보인다.
- **사냥꾼의 별자리** : 오리온자리는 겨울철에 보이는 별자리로 밤하늘에서 가장 화려한 별자리 중 하나이다.

철도역에서 역무원을 만난 어린왕자

22

The Little Prince

"아이들만이 자신이 무엇을 원하는지 알고 있어요. 아이들은 낡은 인형을 가지고 노는 데에 시간을 보내기도 해, 그러면 그 인형은 아주 소중한 것이 되는 거야. 그래서 누군가 인형을 가져가면 아이들은 울 거예요……."

"아이들은 행복하구나." 역무원이 말했습니다.

태양계

별을 이해하고 친해지는 것도 중요하지만 우리가 살고 있는 태양계에 대해 제대로 아는 것도 꼭 필요한 일일 것이다. 이미 우리 태양계에 대해서는 많은 탐사가 이루어지고 있고, 머지않아 화성에 인간을 보내고 기지도 만들 계획이 발표되기도 했다. 지금의 어른들에게는 해당 사항이 없겠지만, 어린이 세대가 성인이 되었을 때는 태양계 여행이 가능할지도 모를 일이다.

'수, 금, 지, 화, 목, 토, 천, 해, 명' 초등학교 때부터 항상 외우고 다녔던 태양계의 행성들이다. 태양처럼 스스로 빛을 내는 항성(Star)에 비해 지구와 같이 태양을 도는 천체를 행성(Planet)이라고 한다. 어린 초등학생부터 나이가 많은 어른까지도 태양계의 행성 이름을 외우지 못하는 사람은 거의 없다. 그런데 2006년 여름부터는 '수, 금, 지, 화, 목, 토, 천, 해'로 명왕성이 행성에서 빠졌다. 명왕성보다 더 큰 천체가 명왕성 바깥에서 발견되었기 때문이다. 국제천문연맹은 명왕성을 행성에서 제외하고 왜행성(또는 왜소행성)이라는 새로운 분류를 만들었다.

태양계는 우리 인간이 다가갈 수 있는 확실한 우주이다. 그리고 우리 인간이 개발할 수 있는 우주이기도 하다. 태양계의 비밀을 밝히는 것은 또한 생명체 탄생의 비밀을 밝히는 일이기도 하다.

태양계란 무엇인가?

행성을 찾아 떠나기 전에 먼저 태양계란 곳에 대해 알아보기로 하자. 태양계는 영어로는 'Solar system', 한자로는 '太陽系'라고 한다. 영어나 한자를 읽어도 태양계가 정확히 무엇인지를 알기는 쉽지 않다.

태양계를 한마디로 말하면 '태양의 힘이 미치는 우주 공간'이다. 여기서 태양의 힘이란 태양의 중력을 말한다. 우주 공간 중에서 태양의 중력 영향을 받아 운동하는 천체들이 모여 있는 공간을 가리켜 태양계라고 한다.

태양계 질량의 99.9% 이상을 태양이 차지하고 있다. 그러니까 사실 질량만으로 보면 태양계에는 태양밖에 없다고 봐도 틀린 말은 아니다. 태양을 제외한 나머지 태양계 질량의 70%는 목성이 차지하고 있다. 그리고 남은 30%를 지구를 비롯한 나머지 행성과 위성, 소행성, 그리고 혜성이 나누어 갖고 있다.

그럼 태양계의 크기는 얼마나 될까? 지구에서 태양까지의 거리는 약 1억 5,000만 km이다. 지금은 왜행성이지만 수십 년간 태양에서 가장 먼 행성의 위치에 있던 명왕성까지의 거리는 약 60억 km이다. 1초에 30만 km를 날아가는 빛으로 가도 약 5시간 30분이나 걸리는 먼 거리에 명왕성이 있다. 하지만 그곳이 태양계의 끝은 아니다. 명왕성까지만 해도 우리나라로 치면 아직 서울을 벗어나지 못했다. 2005년 발견돼 10번째 행성 후보로 언급되었던 왜행성 에리스(Eris)는 태양에서 가장 멀 때가 140억 km나 된다. 하지만 이곳도 태양계의 끝은 아니다.

현재 과학자들이 생각하는 태양계의 끝은 태양으로부터 약 10조 km에서 20조 km 쯤 떨어진 곳이다. 이 정도면 빛의 속도로 가더라도 1년에서 2년 정도 걸리는 아주 먼 곳이다. 즉, 정확히 잴 수는 없지만 태양계의 크기는 태양으로부터 1광년에서 2광년 정도 떨어진 곳까지로 추정되고 있다. 태양계의 끝에는 무엇이 있을까? 그곳에는 혜성들의 고향으로 알려진 오르트 구름이라고 하는 얼음의 띠가 있을 것으로 생각되고 있다. 오르트 구름에서 가끔씩 떨어져 나온 얼음 덩어리가 태양계 안쪽으로 날아들어 오는 것이 바로 혜성이다.

2013년 9월 미국항공우주국은 보이저1호가 태양계를 벗어나고 있다는 발표를 한 적이 있다. 1977년에 발사된 보이저1호가 불과 36년 만에 태양계를 벗어날 수 있었을까? 보이저1호의 속도는 대략 시속 6만km이다. 이 정도 속도로 곧장 날아가도 36년 동안 갈 수 있는 거리는 190억km가 못된다. 태양의 중력권을 기준으로 한 태양계를 벗어나기에는 턱없이 부족한 거리이다.

보이저1호가 통과하고 있는 곳은 엄밀하게 말해 태양권계면이라는 곳이다. 이곳은 태양으로부터 날아오는 입자들이 도달할 수 있는 가장 먼 곳이다. 이곳까지의 거리가 약 190억 km이다. 태양풍으로 알려진 태양 입자들은 이곳에서 은하를 채우고 있는 수소나 헬륨가스들(성간물질)의 흐름(성간풍)과 부딪혀 더 이상 나아가지 못한다. 태양계를 태양풍이 미치는 공간으로 정의한다면 태양권계면을 태양계의 끝으로 볼 수도 있을 것이다. 결국, 태양계를 어디까지로 볼 것인지는 무엇을 기준으로 하느냐에 따라 달라질 수 있다.

태양계는 바람개비 모양을 하고 있는 우리은하의 중심에서 약 3만 광년 정도 떨어진 외곽의 나선팔 속에 있다. 태양계는 이곳에서 초속 약 220km의 속도로 2억 5,000만 년 정도에 한 번꼴로 우리은하를 돌고 있다. 초속 220km라면 서울에서 부산까지 약 2초 정도에 닿을 수 있을 정도의 빠른 속도이다. 물론 우리은하에는 태양과 같은 별이 수천억 개 이상 존재한다. 태양계는 우리은하의 아주 작은 부분 중 하나일 뿐이다.

행성

태양계의 행성은 크게 두 가지 기준으로 나눌 수 있다. 하나는 위치로 나누는 것이다. 지구보다 안쪽에 있는 수성과 금성은 내행성, 바깥쪽에 있는 화성, 목성, 토성, 천왕성, 해왕성은 외행성이다. 내행성은 태양 근처에서 움직이기 때문에 지상에서는 새벽과 저녁 시간에만 볼 수 있다. 하지만 외행성은 그 위치에 따라 어느 시간이든 볼 수 있다.

행성을 나누는 두 번째 기준은 행성을 이루는 물질이다. 지구처럼 딱딱한 표면을 갖고 있는 수성, 금성, 화성은 지구형 행성이라고 한다. 반대로 목성처럼 가스로 이루어진 토성, 천왕성, 해왕성은 목성형 행성이라고 한다. 목성형 행성은 지구형 행성에 비해 크기가 크고, 대부분 많은 위성을 가지고 있다. 또한, 토성처럼 크고 선명하지는 않지만 모두 고리를 갖고 있으며, 자전 속도가 빠른 것이 특징이다.

1. 태양계의 날쌘돌이 수성

태양에 제일 가까이 있는 행성은 수성이다. 수성의 영어 이름인 '머큐리(Mecury)'는 그리스 신화에 나오는 전령의 신 '헤르메스'에서 유래된 것인데 신화 속에서 날개 달린 모자와 신발을 신고 신들의 소식을 가장 빨리 전해주는 부지런한 신이 바로 헤르메스이다. 그 이름처럼 수성은 평균 초속 47km의 빠른 속도로 태양 주위를 공전하고 있다.

수성은 새벽이나 저녁에 아주 짧은 시간 동안만 볼 수 있다. 이것은 수성이 태양에 아주 가까이 있어서 지구에서 볼 때는 거의 태양과 함께 움직이기 때문이다. 따라서 수성을 관측하기는 쉬운 일이 아니다. 수성은 보기 어려운 만큼 옛날에는 수성을 보면 행운이 찾아오고 장수할 수 있다는 전설도 있었고, 수성의 수(水)자 대신 목숨 수(壽)를 써서 수성(壽星)이라고 부르기도 했다.

수성은 한마디로 '말라비틀어진 쇳덩어리'이다. 태양의 엄청난 열기로 인해 수성의 표면은 마치 말라비틀어진 찰흙 표면처럼 쭈글쭈글 주름이 접혀 있다. 수성 사진을 보면 달과 무척 비슷하다는 것을 알 수 있다. 다만, 크레이터의 수가 달보다 적으며 바닥이 얕고 평탄한 것이 특징이다. 달의 바다와 비슷하게 크레이터가 적은 부분이 있지만 달의 바다처럼 검게 보이지는 않는다. 또한, 수성에는 대기가 없기 때문에 온도의 변화가 심해서 태양을 향한 쪽은 무려 430도에 가깝고 반대쪽은 영하 173도로 매우 차갑다. 하지만 수성은 거의 똑바로 선 채로 공전하기 때문에 지구처럼 계절 변화는 없다.

수성은 비록 지구의 달보다는 1.4배 정도 크지만 태양계의 행성 중 가장 작은 행성으로 질량도 지구의 5.5%에 지나지 않는다. 따라서 중력도 지구의 38%밖에 되지 않아 80kg인 사람이 수성에 간다면 대략 30kg밖에 안 된다.

■ 수성의 하루

태양계에서 하루가 가장 긴 곳이 바로 수성이다. 수성이 한 번 공전하는 데 걸리는 시간은 지구 시간으로 88일로 채 석 달이 안 된다. 수성이 자전하는 데 걸리는 시간은 58.6일로 3번 자전하는 동안 거의 정확히 2번 공전한다. 하지만 수성에서 해가 떴다 다시 뜨는 하루는 무척 복잡하다. 수성은 자전 방향과 공전 방향이 같기 때문에 하루가 자전주기인 58.6일보다 길 것이라는 것을 예상할 수 있다. 수성에서의 하루는 약 176일이다.

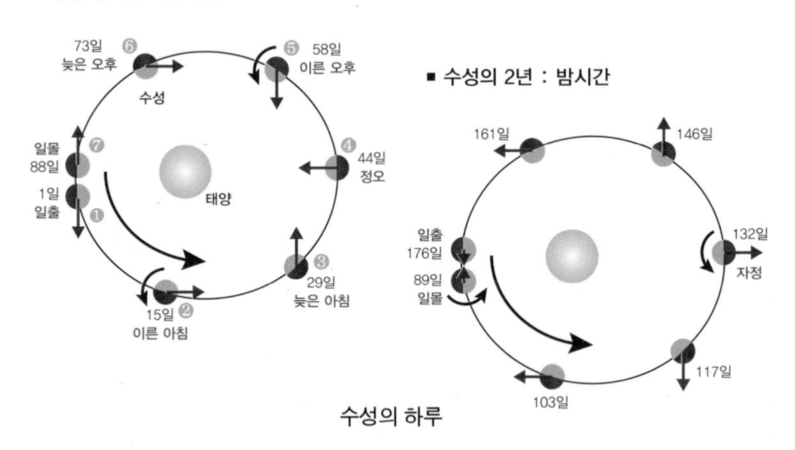

수성의 하루

그림을 통해 수성의 하루를 알아보자. 왼쪽 끝(①)을 자전과 공전의 시작점으로 생각하자. 수성은 360도 자전을 하는 데 58.6일이 걸리기 때문에 대략 90도 자전을 하는 데 15일 정도가 걸린다. 첫 번째 위치(①)에서 해가 동쪽에서 뜬다. 네 번째 위치(④)에서 해가 거의 남중하고 일곱 번째 위치(⑦)에서 해가 진다. 그다음 그림에서 176일 만에 해가 다시 뜨면서 하루가 지난다.

실제 수성의 하루는 그림에서 보는 것보다 더 복잡하다. 문제는 수성의 경우 공전 속도가 자전 속도보다 빠를 때가 있다는 것이다. 태양에서 가까울 때는 태양의 중력이 커지기 때문에 공전 속도가 빨라지고, 반대로 태양에서 멀어지면 중력이 작아지기 때문에 공전 속도가 느려진다. 수성이 태양을 도는 궤도는 매우 찌그러진 타원궤도이다. 따라서 수성이 태양에 가장 가까이 오는 날을 전후로 약 8일 정도는 공전 속도가 자전 속도보다 빠르다. 공전은 해를 자전 방향과 반대 방향으로 움직이게 하는데, 그 속도가 자전 속도보다 빠르면 해의 일주운동 방향이 반대가 된다.

공전 속도가 일정하지 않기 때문에 일주운동의 속도도 일정하지 않다. 하루 중 해가 언제 역행을 하는지는 지역마다 다르다. 어느 지역에서는 해가 뜨고 나서 며칠 후 졌다가 다시 뜰 수도 있고, 어떤 지역에서는 해가 졌다가 다시 뜬 후에 며칠 후에 다시 질 수도 있다. 물론 해가 떠 있는 상태에서 역행을 하는 지역도 있다.

정/리/하/기 - 수성

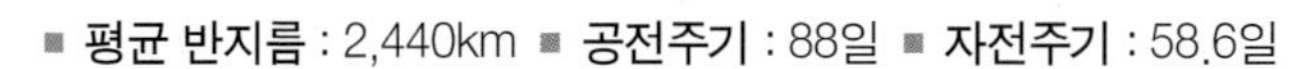

■ **평균 반지름** : 2,440km ■ **공전주기** : 88일 ■ **자전주기** : 58.6일 ■ **하루** : 176일 ■ **표면중력** : 지구의 380% ■ **태양으로부터의 거리** : 원일점 6,980만 km, 근일점 : 4,600만 km ■ **표면온도** : -173도(최저) / 427도(최고) ■ **대기** : 없음 (출처 : NASA)

2. 가깝고도 먼 이웃 금성

수성 다음에 위치한 금성은 해와 달을 제외하고는 밤하늘에서 가장 밝게 보이기 때문에 미의 여신 비너스의 이름으로 불린다. 금성은 수성과 같은 내행성으로 새벽이나 저녁때만 볼 수 있는데 우리나라에서는 보이는 시간에 따라 그 이름을 다르게 불렀다. 새벽에 동쪽 하늘에 보이는 금성은 샛별, 계명성이라고 하고, 저녁 서쪽 하늘에 보이는 금성은 개밥바라기, 태백성이란 이름을 갖고 있다.

금성은 지구에 가장 가까이 있으며, 크기나 밀도도 지구와 가장 비슷한 쌍둥이 같은 행성이다. 금성의 지름은 12,100km로 지구와 거의 같고, 중력도 지구의 90%로 매우 비슷하다. 하지만 겉보기 모습을 제외하고는 둘은 달라도 너무 다른 이란성 쌍둥이다.

태양계의 행성 중 금성만큼 인간이 살기에 부적당한 환경을 가진 곳도 없을 것이다. 금성은 짙은 대기(97% 이상이 이산화탄소)로 인해 표면의 압력이 90기압(지구 해수면의 대기압은 1기압)이나 되고, 온도는 무려 섭씨 460도가 넘는, 거의 용광로와 같은 곳이다. 태양계에서 태양을 제외하고 표면온도가 가장 높은 곳을 찾는다면 그곳이 바로 금성이다. 금성은 수성보다 태양에서 멀리 있지만 짙은 대기로 인한 온실 효과로 수성보다 온도가 더 높은 것이다. 해가 비치지 않는 밤인 지역도 낮 부분과 크게 차이가 나지 않고 뜨겁다.

금성에서는 가끔씩 황산 비가 내리고, 표면에는 용암이 흐르기도 한다. 그런 이유로 인간의 우주 탐사에서 금성에 우주선을 착륙시키는 것만큼 어려운 일도 없었다. 우주선이 황산에 부식되어 모두 녹아버렸기 때문이다. 미의 여신 아프로디테(비너스)로 불리는 금성, 하지만 지옥을 연상케 하는 불바다 금성은 우리에겐 정말 가깝고도 먼 이웃이다.

지구에서 볼 때 금성이 가장 밝게 보이는 이유는 거리 때문이 아니라 거울 역할을 하는 두꺼운 대기 때문이다. 특히 금성 대기의 윗부분을 덮고 있는 진한 황산 구름은 태양 빛을 반사시키는 능력이 무척 뛰어나다. 거리만으로 따진다면 금성이 외합(금성이 태양을 기준으로 지구의 정반대편에 위치하여 금성, 태양, 지구가 일직선이 될 때)의 위치 근처에 있을 때는 수성과 화성이 지구에서 가까울 때보다도 멀어진다. 하지만 70%에 이르는 반사율을 가진 금성의 대기는 어느 위치에서건 금성을 가장 밝은 천체로 빛나게 한다. 일반적으로 대기가 두꺼울수록 반사율은 높다. 달의 경우는 7%, 지구는 30~35% 정도의 반사율을 가지고 있다.

■ 금성의 하루

금성이 자전하는 데 걸리는 시간은 지구 시간으로 243일로 공전주기인 224일보다도 19일이나 더 길다. 금성에서 재미있는 것은 자전하는 방향이 공전 방향과 반대라는 것이다. 즉, 지구를 기준으로 볼 때 해가 서쪽에서 뜨는 곳이 바로 금성이다. 누가 '해가 서쪽에서 뜨겠네.'라는 말을 한다면 그 사람은 지구인이 아니라 금성인이 되는 것이다. 금성에서의 하루는 116.75일로 수성 다음으로 길다. 금성의 하루를 그림으로 알아보자.

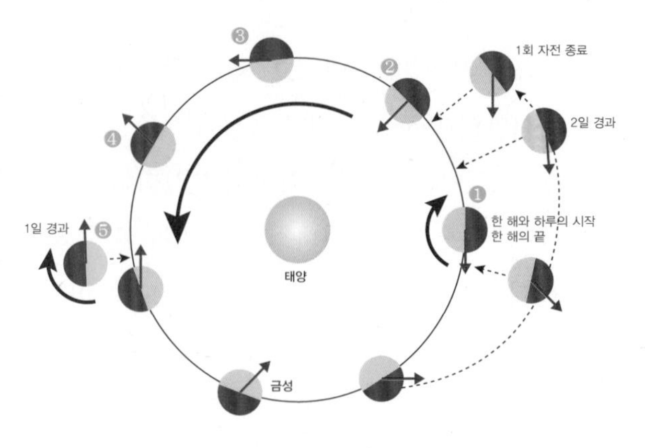

금성의 하루

태양을 기준으로 그림의 맨 오른쪽을 자전과 공전의 시작점(①)으로 생각해보자. 여기서는 화살표가 있는 지역의 서쪽에서 해가 뜬다. 그 다음 위치(②)에서 해가 거의 남중하고 세 번째 위치(③)쯤에서 동쪽으로 진다. 네 번째 위치(④)가 거의 한밤중이고 다섯 번째 위치(⑤) 직전에 해가 다시 서쪽에서 뜨면서 하루가 지난다. 이때까지 걸린 날짜는 금성이 45도씩 네 번 자전하는 데 걸리는 시간(자전주기의 절반)보다 짧은 116.75일이다. 정확한 날짜의 계산은 수학이기 때문에 여기서는 현상만 이해하고 넘어가기로 하자.

정/리/하/기 - 금성

■ **평균 반지름** : 6,050km ■ **공전주기** : 224.7일 ■ **자전주기** : 243일(지구와 반대) ■ **하루** : 116.75일 ■ **표면중력** : 지구의 91% ■ **태양으로부터의 거리** : 원일점 1억 890만 km, 근일점 1억 750만 km ■ **표면온도** : 평균 464도 ■ **대기** : 이산화탄소(96.5%)와 질소(3.5%)
(출처 : NASA)

3. 지구

지구 자체는 천문학에서 다루는 분야는 아니다. 사진으로만 감상하기 바란다.

01 지구 02 화성

4. 인류의 미래 화성

태양으로부터 네 번째에 위치한 화성은 태양계에서 지구와 환경이 가장 비슷한 행성이다. 화성의 하루는 약 24시간으로 지구의 하루와 거의 같다. 화성의 1년은 지구의 2년 정도이다. 또한, 자전축의 기울기가 25도 정도로 지구(23.4도)와 비슷해 지구처럼 계절 변화가 있다.

하지만 다른 점도 많다. 지구와 다른 특징들은 지구보다 태양에서 멀리 있기 때문에 나타나는 현상들이다. 태양에서 화성까지의 거리는 지구보다 약 1.5배 더 먼 2억 3,000만 km 정도이다. 이러한 거리 차이로 태양의 중력이나 에너지가 지구에 비해 훨씬 약하게 작용한다. 그 결과 화성은 지구보다 먼 궤도를 지구보다 느린 속도로 공전하여 1년이 지구보다 긴 687일(지구의 1.9년)이다. 또한, 화성에서 바라보는 태양은 지구에서 보는 것에 비해 60% 정도나 작아서 평균기온이 영하 65도에 불과하다. 지구의 극지방보다 더 추운 것이다.

화성과 지구의 또 다른 차이점은 크기에 있다. 화성의 지름은

6,792km로 지구의 절반 정도이고 질량도 지구의 10%밖에 되지 않는다. 그 결과 화성의 중력은 지구의 38% 정도로, 몸무게가 60kg인 사람이 화성에 가면 23 kg정도로 가벼워진다. 화성의 대기는 대부분 이산화탄소로 되어 있는데, 그 양도 지구의 1% 정도밖에 되지 않는다. 이 정도면 지구에서는 여객기가 날아가는 고도보다 더 높은 약 3만 m 하늘에서나 느낄 수 있는 기압이다. 이런 기압 조건에서는 우주복을 입지 않고는 견딜 수 없다. 가장 큰 이유 중의 하나는 기압이 낮아지면 물의 끓는 온도가 내려가기 때문이다. 기압이 낮은 산 위에서는 100도가 되기 전에 물이 끓기 때문에 밥을 해도 쌀이 설익는다. 반대로 기압이 높은 압력 밥솥에서는 100도 이상의 높은 온도에서 물이 끓기 때문에 쌀이 빨리 익는다. 지구의 1%밖에 안 되는 기압에서는 사람의 체온보다 낮은 온도에서 물이 끓는다. 사람 몸의 70%가 물이라는 것을 생각해보면 사람이 이 정도 기압에 노출되면 어떻게 될지 상상이 될 것이다. 거의 진공에 있을 때와 비슷한 현상이 나타난다.

화성은 오래전부터 붉은 행성으로 알려져 왔다. 이 붉은색이 피를 상징한다고 해서 화성의 영어 이름은 전쟁의 신인 마르스를 따서 붙여졌다. 화성이 붉게 보이는 이유는 화성 표면이 대부분 붉은 산화철의 먼지로 덮여 있기 때문이다. 산화철은 철과 산소가 결합되어 만들어진 것이기 때문에 과거에 화성에 산소가 많았다는 것을 알 수 있다. 또한, 화성에는 물이 흘렀던 강의 흔적도 남아 있고, 지금도 화성 전체를 수십 m 이상의 높이로 덮을 수 있을 정도로 많은 물이 얼음 상태로 존재한다는 것도 알려졌다. 화성의 남극과 북극에는 지구의 극지방과 같이 얼어 있는 부분도 보인다. 이곳은 극관이라고 하는데 주로 이산화탄소가 얼어붙은 드라이아이스로 되어 있고 얼음도 일부 포함되어 있다.

그렇다면 과거에는 액체 상태의 물도 있었고, 산소도 많았을 것 같은 화성이 지금은 왜 사막과 같은 죽음의 땅으로 변한 것일까? 가장 큰 이유는 바로 화성의 자기장이 사라졌기 때문이다. 처음 만들어졌을 당시 화성은 지구처럼 중심에 액체 상태의 핵을 가지고 있었다. 이 액체 상태의 핵에는 철과 같은 금속이 전기를 띤 이온 상태로 존재했고, 따라서 화성에도 지구와 같은 자기장이 있었다. 이 자기장은 태양으로부터 날아오는 고에너지 입자들을 막아 주는 역할을 했다. 화성은 작은 크기로 인해 지구보다 이른 시기에 표면이 안정화되었다. 그런데 그 기간은 오래가지 못했다. 화성이 만들어지고 수억 년 정도가 지났을 때 화성의 핵이 굳었고 자기장은 사라졌다. 보호막이 사라진 화성 표면에서 태양풍과 햇빛에 의해 대기들이 바깥으로 쓸려나가기 시작했다. 대기가 줄어들면서 표면은 빠르게 식어 갔고, 방사능은 전 표면을 오염시켰다. 표면의 공기가 사라지고 물도 모두 증발해 버리고 말았다. 생명체가 있었다고 하더라도 화성은 더 이상 생명체를 유지할 수 있는 곳이 못 되었다. 이것이 지금까지 밝혀진 붉은 행성 화성의 역사이다.

화성에는 포보스와 데이모스라는 2개의 작은 달이 있다. 이들은 각각 지름이 28km와 16km 정도로 무척 작으며 지구의 달처럼 둥근 모습이 아닌 찌그러진 감자 모양을 하고 있다.

1976년 바이킹 탐사선이 화성에 착륙한 이래 인류는 화성에 기지를 건설하기 위한 작업을 꾸준히 수행하고 있다. 하지만 화성은 아직도 많은 비밀에 쌓여 있다. 1962년 이래 시도한 25건의 화성 탐사 계획 중 절반 이상이 실패로 끝난 것도 화성을 더욱 신비스럽게 하는 이유 중의 하나이다. 최근 들어 화성에서 흐르는 소금물의 흔적이 발견되고, 화성을 주제로 한 영화들이 흥행에 성공하면서 화성의 생명체 존재 가능성에 대해 관심들이 높아지고 있다. 하지만 화성에 생명체가 있었다고 하더라도 인간과 같은 고등생명체가 아닌 단세포생물 정도였을 것이다.

미국 항공우주국은 2030년대 말에 화성에 인간이 거주하는 기지를 만들겠다는 계획을 발표했다. 머지않은 미래에 유인 우주선이 화성을 방문할 것이다. 인류가 이렇게 화성 탐사에 많은 힘을 쏟는 이유는 그래도 화성이 태양계에서 지구와 환경이 가장 비슷하고, 지구에 문제가 생겼을 때 인간이 거주지를 만들 수 있는 가장 가능성 있는 곳이 그나마 화성이기 때문이다.

정/리/하/기 - 화성

■ **평균 반지름** : 3,396km ■ **공전주기** : 687일 ■ **자전주기** : 24.6시간 ■ **하루** : 24.7시간 ■ **표면중력** : 지구의 38% ■ **태양으로부터의 거리** : 평균 2억 2,790만 km(원일점 2억 4,920만 km, 근일점 2억 660만 km) ■ **표면온도** : 평균 -65도 ■ **대기** : 이산화탄소(96%)와 질소(2%)와 아르곤(2%) ■ **위성 수** : 2개 (출처 : NASA)

5. 해가 되지 못한 행성 목성

목성

해와 달, 금성을 제외하고 밤하늘에서 가장 밝게 보이는 목성(Jupiter)은 그리스 신화의 최고신인 제우스(로마 신화 속의 주피터)의 이름을 갖고 있다. 금성보다 밝기는 약하지만 금성이 저녁과 새벽에만 보이는데 반해 목성은 밤새도록 볼 수 있기 때문에 최고신의 이름이 붙여졌을 것이다. 목성에 Jupiter란 이름이 붙여질 때만 해도 사람들은 목성이 가장 큰 행성이란 것은 몰랐다.

태양으로부터 약 7억 8,000만 km 떨어져 있는 목성은 지름이 14만 3,000km 정도로 태양계의 행성 중에서 가장 크다. 또한, 질량은 지구의 약 320배나 되며 중력도 행성 중에서 가장 커서 지구보다 2.4배나 된다. 몸무게가 60kg인 사람이 목성에 가면 144kg이나 되어서 움직이기 힘들어질 것이다. 목성이 한 번 공전하는 데 걸리는 시간은 11.86년이지만 자전주기는 9시간 55분으로 행성 중에서 가장 빠르다.

목성은 태양과 마찬가지로 대부분이 수소와 헬륨으로 이루어진 가스 덩어리다. 대기는 주로 수소와 헬륨으로 이루어져 있으며, 약간의 암모니아와 메탄이 섞여 있다. 목성의 표면에는 대기의 흐름으로 인해 흰색과 갈색의 소용돌이 모양의 구름들이 있다. 특히 적도 아랫부분에는 대적점이라고 불리는 커다란 붉은 소용돌이가 보이는데, 이곳에서는 시속 540km의 강한 바람이 불고 있다. 목성의 대적점은 1665년에 처음 관측

된 이후 350년이 지난 지금까지도 그 모습이 그대로 유지되고 있다. 다만, 처음 관측되었을 때에는 그 지름이 약 4만 km 정도였지만 그 크기가 매년 줄어들어서 2015년에는 지구보다 조금 큰 약 16,000km 정도가 되었다. 대적점은 지구의 태풍과 비슷한 구름의 흐름으로 여겨지고 있지만, 어떻게 이런 것이 만들어졌고, 왜 사라지지 않고 계속 유지되고 있는지에 대해서는 아직까지도 정확한 이유가 밝혀지지 않았다.

목성은 태양계에서 위성을 가장 많이 가지고 있는 행성으로 미국 항공우주국이 발표한 자료(http://solarsystem.nasa.gov/planets)에 의하면 2015년 12월 현재 모두 67개의 위성이 발견되었다. 그중 쌍안경이나 소형 망원경으로도 보이는 이오, 유로파, 가니메데, 칼리스토는 갈릴레이가 최초로 발견했기 때문에 갈릴레이 위성으로 불린다. 4개의 갈릴레이 위성 중 이오는 화산 활동이 진행되고 있는 유일한 위성으로 알려져 있고, 유로파는 얼음 표면 아래에 생명체가 존재할지 모르는 거대한 바다가 있을 것으로 여겨진다. 그리고 그중 가장 큰 가니메데는 태양계에서 가장 큰 위성으로 지름이 약 5,300km로 수성보다도 훨씬 크다. 1979년에는 보이저 1호가 목성 근처를 지나면서 목성에도 토성과 같은 고리가 있다는 것이 발견되었다.

만일 태양계에 목성이 없었거나 지금보다 훨씬 크기가 작았다면 지구에는 어떤 일이 벌어졌을까? 목성이 없었다면 현재 지구에 인간이 살 수 없었을지도 모른다. 목성은 지구를 지키는 중요한 방패 역할을 하고 있다. 1994년 여름, 커다란 혜성 하나가 산산조각이 나서 목성과 충돌한 사건이 있었다. 슈메이커-레비 9로 알려진 이 혜성은 목성에 너무 가까이 접근했기 때문에 목성의 중력을 감당하지 못하고 부서져서 목성과 충돌한 것이다. 만약 그런 혜성이 지구와 충돌했다면 공룡이 멸망했던 것처럼 지구 위의 생명체 중 상당수가 죽게 되었을 것이다.

천문학자들이 계산해 본 결과, 만약 목성이 없었다면 혜성이 지구와 충돌할 확률이 지금보다 1,000배는 더 늘어났을 것이라고 한다. 그 계산이 맞는다면 수만 년에 한 번꼴로 혜성이 지구와 충돌했을 것이고, 그때마다 대부분의 생명체는 지구에서 사라졌을 것이다. 인류가 현재의 문명을 이루고 살 수 있었던 것도 목성과 같은 큰 행성이 혜성의 충돌로부터 지구를 보호해 주고 있기 때문일지도 모른다. 목성이 지구보다 안쪽에 있지 않고 바깥쪽에 있는 것이 우리 인간에게는 큰 행운인 것이다.

이번에는 반대의 상상을 해 보자. 만약 목성이 조금만 더 컸다면 어떤 일이 벌어졌을까? 목성은 태양과 같이 주로 수소로 이루어진 천체이다. 만약 목성이 태양 질량의 10% 정도만 되었다면 목성은 스스로 빛을 내는 별이 되었을 것이다. 그렇게 되면 지구는 태양을 2개 갖게 된다. 해가 질 무렵 목성이 떠오른다고 상상해 보자. 지구에는 한동안 낮만 계속될 것이다. 밤 시간이 거의 없어지기 때문에 밤하늘의 별을 본다는 것은 아주 힘든 일이다. 별을 볼 수 없기 때문에 우주에 대해 알 수 있는 기회가 그만큼 줄어들 것이다. 천문학의 발달도 늦어졌을 것이고, 인간의 우주개발은 지금보다 훨씬 그 발전 속도가 더디었을 것이다. 지구의 온도도 지금보다는 조금 더 높아졌을 것이다. 따라서 지구의 생명체도 지금과는 다르지 않았을까 싶다. 물론 목성의 위성이나 화성에 또 다른 생명체가 나타났을 수도 있고, 지구가 생명체가 살 수 있는 유일한 행성이 아니었을 수도 있다.

사실 우주를 관측해 보면 두세 개의 별이 함께 만들어지는 경우가 매우 흔한 일이다. 목성이 별이 되지 못하고 커다란 행성으로 남은 것은 목성에게는 안 되었지만 인간에게는 아주 고마운 일이다.

정/리/하/기 - 목성

■ **평균 반지름** : 71,492km ■ **공전주기** : 11.86년 ■ **자전주기** : 9.9시간 ■ **하루** : 9.9시간 ■ **표면중력** : 지구의 2.4배 ■ **태양으로부터의 거리** : 평균 7억 7,860만 km (원일점 8억 1,660만 km, 근일점 7억 4,050만 km) ■ **표면온도** : 평균 -110도 ■ **대기** : 수소(90%), 헬륨(10%) ■ **위성 수** : 67개 (출처 : NASA)

6. 아름다운 고리를 가진 토성

태양계의 여섯 번째 행성인 토성은 아름다운 고리를 갖고 있어서 망원경 속에서 가장 멋진 모습으로 보이는 천체이다. 토성의 이름인 새턴(Saturn)은 로마 신화에 등장하는 농업의 신으로 그리스 신화 속에서는 제우스의 아버지인 크로노스(Cronos)로 알려져 있다. 고대에 알려진 행성 중에서 가장 느리게 움직이기 때문에 붙여진 이름이라고도 하고, 목성보다 멀리 있기 때문에 그 아버지의 이름이 붙여졌다고도 한다.

토성

토성의 고리를 처음 발견한 사람은 갈릴레이였는데, 그 당시 조그만 망원경에 보인 토성의 고리가 마치 행성에 귀가 붙어 있는 것처럼 보여서 귀를 가진 행성으로 불리기도 했다. 토성의 고리는 대부분 얼음과 먼지, 조그만 암석 부스러기로 이루어진 1만 개 이상의 가는 띠로 구성되어 있다.

토성의 고리는 어떻게 만들어졌을까? 여기에는 여러 가지 이론이 있다. 토성이 만들어졌을 때 그 주위에 있던 얼음이나 작은 암석 부스러기가 그대로 남아서 고리가 되었거나, 토성의 위성에 충돌한 혜성이나 소행성의 조각들이 고리가 되었다는 이론도 있다. 하지만 가장 그럴듯한 것은 토성에 가까이 접근해서 부서진 위성이나 작은 천체의 부스러기들이 고리가 되었다는 것이다. 토성의 고리는 매우 얇아서 고리 면이 황도면에 수평이 되는 기간, 즉 우리가 고리를 옆에서 보게 되는 시기에는 마치 고리가 없어진 것처럼 보인다. 이 시기는 토성의 공전주기인 29.5년 중에 2번 나타나는데, 토성이 물병자리와 사자자리에 오는, 대략 15년마다 한 번씩 이런 현상이 일어난다.

토성은 목성과 마찬가지로 대부분 수소와 헬륨으로 이루어진 가스 덩어리이다. 대기는 수소와 헬륨이 대부분이고 약간의 메탄과 암모니아가 포함되어 있다. 토성은 태양계 행성 중에서 가장 밀도가 작고, 물보다도 비중이 작아서 커다란 바다가 있다면 그 위에 띄울 수 있다. 물론 토성을 띄울만한 바다가 없기 때문에 이것을 증명할 수는 없지만 말이다.

토성은 지름이 12만 km로 태양계에서 두 번째로 큰 행성이며 자전주기도 목성 다음으로 짧은 10시간 40분이다. 태양으로부터의 거리는 약 14억 km로 표면온도는 영하 140도 정도이며, 질량은 지구의 95배나 되지만 중력은 지구의 94%로 지구와 가장 비슷한 행성이다. 토성에는 목성 다음으로 많은 위성이 있는데, 2015년 12월 현재 위성의 수는 62개이다. 그중 가장 큰 위성인 타이탄은 지름이 5,150km로 태양계의 위성 중 목성의 위성인 가니메데 다음으로 크다.

2004년 7월 1일 미국 항공우주국은 우주탐사선 카시니 호를 토성 궤도에 성공적으로 진입시켰고, 카시니 호에서 호이겐스 착륙선을 분리해 2005년 1월 14일에 타이탄에 무사히 착륙시켰다. 이로써 타이탄은 금성, 달, 화성, 에로스(소행성)에 이어서 인간의 우주선이 착륙한 다섯 번째 천체가 되었다.

과학자들이 탐사선까지 착륙시키면서 타이탄에 관심을 보이고 있는 것은 타이탄에서 지구 생명체 탄생의 비밀을 풀어줄 열쇠를 찾을 수 있지 않을까 하는 기대감에서였다. 타이탄은 태양계에서 유일하게 대기를 갖고 있는 위성으로 질소로 이루어진 대기가 초기 지구 대기와 매우 흡사하다. 지구형 천체의 경우, 지구 이외에 이런 대기를 가진 곳은 타이탄이 유일하다. 금성과 화성의 경우는 대부분 이산화탄소로 이루어진 대기를 갖고 있기 때문이다.

타이탄 대기의 대부분은 지구와 같은 질소이며, 일부 메탄가스가 포함되어 있다. 이 메탄가스는 태양 빛을 받아 분해되면서 액체 상태의 탄화수소 화합물을 만든다. 따라서 과학자들은 액체 탄화수소로 된 바다나 호수가 타이탄에 존재하며, 그 모습이 마치 40억 년 전쯤 지구에 생명체가 처음 생겼을 때와 비슷할 것으로 기대했다. 그리고 호이겐스의 탐사 결과, 액체 탄화수소의 호수가 존재하는 것이 밝혀졌다.

정/리/하/기 - 토성

■ **평균 반지름** : 60,268km ■ **공전주기** : 29.4년 ■ **자전주기** : 10.7시간 ■ **하루** : 10.7시간 ■ **표면중력** : 지구의 92% ■ **태양으로부터의 거리** : 평균 14억 3,350만 km(원일점 15억 1,450만 km, 근일점 13억 5,260만 km) ■ **표면온도** : 평균 -140도 ■ **대기** : 수소(96%), 헬륨(3%), 메탄(0.4%) ■ **위성 수** : 62개 (출처 : NASA)

7. 누워서 도는 천왕성

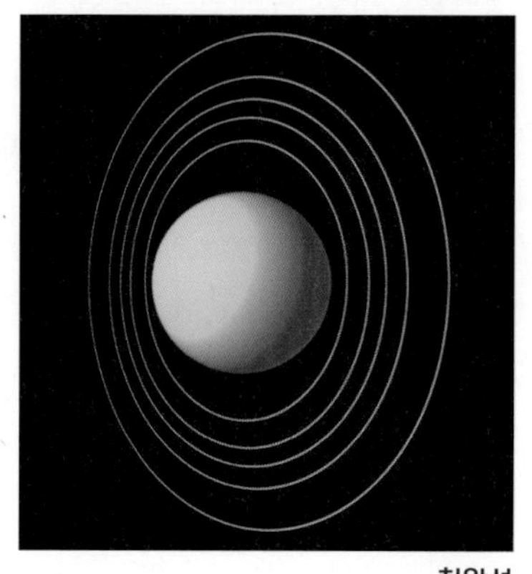
천왕성

토성보다 바깥에 있는 천왕성과 해왕성은 맨눈으로 볼 수 없는 행성으로 망원경이 발명된 덕에 발견된 행성들이다. 이들은 그만큼 멀리 있고 어둡기 때문에 쉽게 볼 수 없다. 1781년 영국의 음악가이자 아마추어 천문가였던 허셜은 밤하늘을 관찰하다 쌍둥이자리에서 천왕성을 발견하였다. 사실 천왕성은 가장 밝은 때의 밝기가 5.3등급으로 정확한 위치만 알면 맑은 시골 하늘에서는 맨눈으로도 볼 수 있다. 천왕성의 발견으로 인해 태양계에 오행성 이외에 또 다른 행성이 존재한다는 사실이 알려졌고, 이 일은 다른 행성을 찾는 계기가 되었다.

천왕성의 이름은 다른 행성들과 마찬가지로 그리스 신화에서 이름을 따왔는데, 하늘의 신 우라노스(가이아의 아들로 제우스 신의 할아버지)

가 바로 그것이다. 우라노스는 신화 속에서 아들인 크로노스(토성)에게 버림을 받는데, 토성 뒤에서 겨우 발견된 천왕성의 모습이 마치 우라노스를 닮았다고 생각했던 것 같다.

태양으로부터 29억 km나 떨어진 위치에서 84년을 주기로 공전하는 천왕성은 지름이 5만 1,000km 정도로 목성과 토성 다음으로 큰 행성이다. 목성과 토성처럼 수소와 헬륨이 주성분으로 중력은 지구의 89%밖에 되지 않으며, 대기에 있는 메탄가스 때문에 푸른색으로 보인다.

천왕성은 다른 행성들에 비해 꽤 재밌게 자전한다. 자전축의 기울기가 97도 정도나 돼 거의 누워서 옆으로 구르는 것처럼 태양을 돌고 있는 것이다. 이런 특이한 움직임 때문에 자전주기는 17시간 15분 정도로 지구보다 짧고, 자전하는 방향도 금성처럼 지구와 반대이다. 그러면 천왕성이 이렇게 이상하게 누워서 자전하게 된 이유는 무엇일까? 천문학자들은 천왕성이 만들어지고 얼마 후에 천왕성 크기의 절반 정도 되는 커다란 천체가 천왕성의 공전 궤도에 수직한 방향으로 천왕성과 충돌했을 것으로 생각하고 있다.

천왕성의 표면온도는 영하 195도 정도이고, 대기 중에 줄무늬가 관측되기도 한다. 목성이나 토성처럼 고리를 갖고 있으며, 1986년 보이저 2호가 정밀 관측을 한 이래로 2015년 12월 현재 27개 위성이 발견되었다. 그런데 천왕성의 위성 이름은 다른 행성의 위성들과는 다르다. 다른 행성들이 그리스나 로마 신화에 등장하는 주인공들로 위성의 이름을 붙인 데 반해, 천왕성은 주로 셰익스피어의 작품 속에 등장하는 주인공들로 이름을 붙였다. 가장 큰 위성인 티타니아(오베론의 아내)와 두 번째인 오베론(요정의 왕)은 《한여름 밤의 꿈》에 등장하는 주인공이고, 아리엘과 미란다는 《템페스트》에 나오는 주인공이다. 이외에도 잘 알려진 줄

리엣의 이름도 있다. 세 번째로 큰 위성인 움브리엘은 알렉산더 포프의 《머리카락 도둑》(원작은 The Rape of the Lock)에 나오는 주인공이다.

정/리/하/기 - 천왕성

■ **평균 반지름** : 25,559km ■ **공전주기** : 84년 ■ **자전주기** : 17.2시간(지구와 반대) ■ **하루** : 17.2시간 ■ **표면중력** : 지구의 89% ■ **태양으로부터의 거리** : 평균 28억 7,250만 km(원일점 30억 360만 km, 근일점 27억 4,130만 km) ■ **표면온도** : 평균 -195도 ■ **대기** : 수소(83%), 헬륨(15%), 메탄(2.2%) ■ **위성 수** : 27개 (출처 : NASA)

8. 바다가 없는 해왕성

해왕성

태양으로부터 약 45억 km 떨어진 곳에 위치한 해왕성은 태양계에서 네 번째로 큰 행성이다. 푸른빛을 띠고 있기 때문에 바다의 신 넵툰

(Neptune, 그리스 신화의 포세이돈)의 이름을 따서 해왕성으로 이름 붙여졌지만, 실제로 해왕성에는 바다가 없다. 천왕성과 거의 비슷한 모습을 하고 있는 해왕성은 지름이 약 4만 9,500km로 천왕성보다 조금 작지만 질량은 오히려 더 커서 중력이 지구의 1.11배이다.

해왕성이 발견된 것은 천왕성이 발견되고 나서 약 65년 정도 시간이 흐른 뒤였다. 아마추어 천문가였던 허셜에 의해 천왕성이 발견되자 천문학자들의 체면은 말이 아니었다. 천문학자들은 자신들의 명예를 회복하기 위해 여덟 번째 행성을 꼭 찾아야만 했다. 천왕성이 발견되고 수십 년이 흐르는 동안 천문학자들은 알려지지 않은 천체가 천왕성의 궤도에 영향을 주고 있다는 것을 알게 되었고, 1840년대에 들어와서 영국의 애덤스와 프랑스의 르베리에가 그 영향을 정확히 계산해 냈다. 결국, 1846년 9월 23일 독일 베를린 천문대의 천문학자 갈레는 르베리에가 예측한 곳에서 해왕성을 발견한다.

공전주기는 약 165년으로 해왕성이 발견된 후 이제 겨우 한 번의 공전을 끝냈다. 1979년 1월 21일부터 1999년 2월 11일까지는 명왕성이 해왕성 궤도 안쪽에 위치했기 때문에 당시에는 아홉 행성 중 가장 먼 행성이 되기도 했다. 자전주기는 16시간 정도인데 지구와 비슷하게 28도 정도 기울어져서 자전한다.

표면온도는 천왕성과 비슷한 영하 200도 이하이고, 목성이나 토성처럼 많은 줄무늬와 반점을 가지고 있다. 목성이나 토성, 천왕성과 같이 수소와 헬륨이 주성분인 가스로 이루어져 있고, 수소와 헬륨, 메탄가스로 된 대기를 가지고 있다. 물론 목성형 행성의 일반적인 특징인 가느다란 고리도 갖고 있다.

해왕성이 푸르게 보이는 것은 대기 중에 있는 메탄 성분이 붉은색을 잘 흡수하기 때문이다. 햇빛 중에서 붉은색이 흡수되면 푸른빛이 강하게 보인다. 1989년 보이저 2호의 탐사로 인해 목성의 대적점과 비슷한 소용돌이가 발견되었는데, 이것은 대흑점이라고 한다. 대흑점의 지름은 약 3만 km로 지구보다 더 크고, 그 위를 메탄이 언 흰 구름이 옅게 덮고 있다. 대흑점 이외에도 해왕성의 대기에는 많은 폭풍과 소용돌이가 일어나고 있는데, 시속 2,000km가 넘는 바람도 분다. 따라서 해왕성에도 생명체가 사는 것은 거의 불가능한 일이다.

미국 항공우주국의 발표에 의하면, 해왕성의 위성은 2015년 12월 현재 14개다. 이 중 트리톤과 네레이드라는 위성은 잘 알려져 있다. 해왕성의 위성 중 가장 큰 트리톤은 지름이 2,700km로 지구의 달보다 조금 작은데, 다른 행성이나 위성과 달리 자전 방향과 반대 방향으로 공전한다. 또한, 해왕성의 두 번째 위성인 네레이드는 태양계에서 가장 찌그러진 궤도를 도는 천체로 알려져 있다. 이 두 위성이 이렇게 특이한 운동을 하는 이유는 한때 해왕성의 위성이었던 명왕성이 궤도를 이탈하면서 생긴 영향 때문이라는 주장도 있지만, 아직까지 정확한 이유는 밝혀지지 않았다.

정/리/하/기 - 해왕성

■ **평균 반지름** : 24,764km ■ **공전주기** :164년 ■ **자전주기** : 16.1시간 ■ **하루** : 16.1시간 ■ **표면중력** : 지구의 112% ■ **태양으로부터의 거리** : 평균 44억 9,510만 km(원일점 45억 4,570만 km, 근일점 44억 4,450만 km) ■ **표면온도** : 평균 -200도 ■ **대기** : 수소(80%), 헬륨(19%), 메탄(1%) ■ **위성 수** : 14개 (출처 : NASA)

왜행성과 태양계 소형 천체들

몇 년 전까지만 해도 태양계의 행성은 '수금지화목토천해명' 모두 9개였다. 이 중 가장 먼 명왕성은 1930년 1월 미국의 로웰 천문대에서 톰보라는 천문학자에 의해 발견되었으며, 태양계에서 가장 추운 행성이기 때문에 지옥의 왕인 플루토(그리스 신화의 하데스)란 이름으로 불린다. 명왕성은 대부분이 얼음과 돌로 이루어져 있을 것으로 추측되고 있지만 그 정확한 정체가 밝혀지지 않은 천체이다. 태양으로부터의 평균거리가 약 60억 km(지구-태양거리의 약 40배)로 멀고, 크기도 달보다 작기 때문에 가장 강력한 망원경으로도 그 자세한 모습을 관측하기는 어렵다. 미국항공우주국은 명왕성의 정확한 모습을 밝혀내고자 2006년 1월 명왕성 탐사선인 뉴호라이즌스 호를 발사하였다. 이 탐사선은 2015년 7월에 명왕성에 12,500km까지 접근하여 자세한 관측을 실시하였다. 뉴호라이즌스호가 촬영한 사진들은 2016년까지 계속해서 지구로 전송될 예정인데, 현재까지의 사진만으로 보면 명왕성은 활발한 지질 활동이 이루어지고 있는 매우 젊은 표면을 가진 것으로 여겨진다.

그런데 2006년 8월 24일, 세계 천문학자들의 모임인 국제천문연맹은 명왕성을 행성에서 제외시키고 태양계의 행성을 8개로 하는 결의안을 통과시켰다. 이로써 명왕성은 발견된 지 76년 만에 행성으로서의 지위를 잃어버리고 말았다.

많은 사람이 궁금해 하는 것 중 하나는 국제천문연맹이 어떤 이유에서 갑자기 명왕성을 행성에서 제외시켰느냐는 것이다. 명왕성이 행성의 지위를 박탈당하게 된 가장 큰 이유는 무엇일까? 사실 일반인에게는 잘 알려지지 않았지만 많은 천문학자가 지난 수십 년간 명왕성을 행성이라

뉴호라이즌스 호가 보내온 사진들

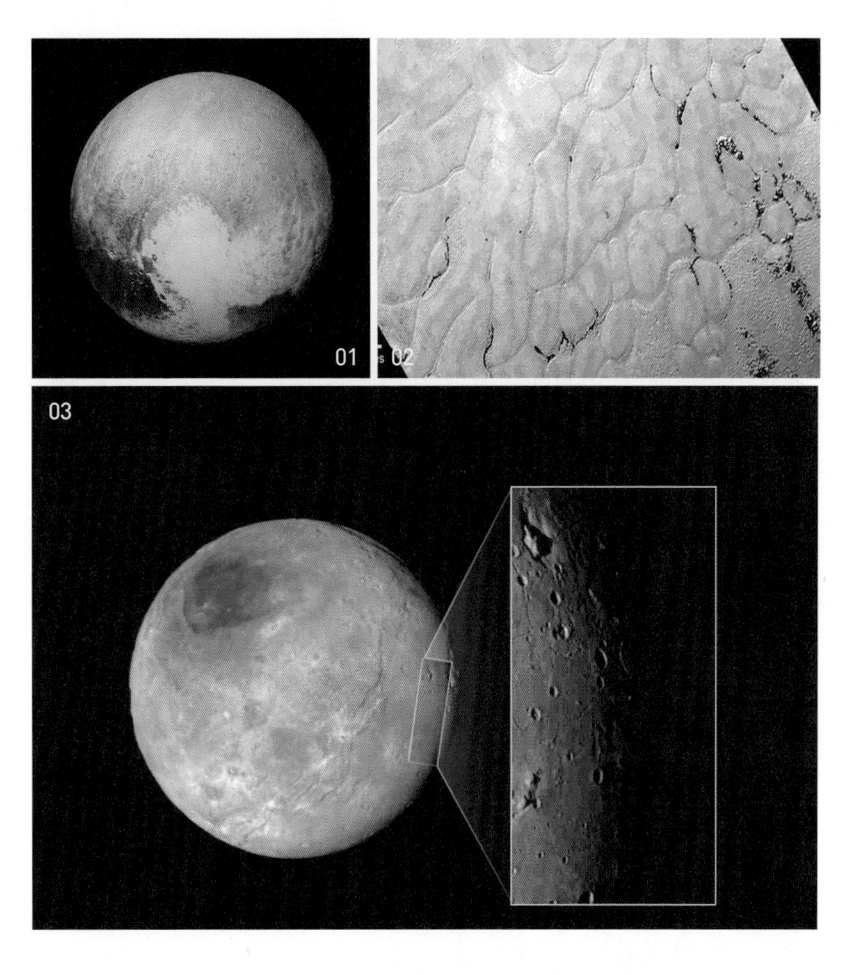

01 뉴호라이즌스 호가 명왕성에서 약 768,000km 떨어진 지점에서 촬영한 사진으로 하트 모양의 지형은 명왕성 발견자인 톰보의 이름을 따서 톰보 영역이라고 이름 붙여졌다.
02 톰보 영역 안에 있는 평지로 최초의 인공위성 이름을 따서 스푸트니크 평원으로 이름 붙여졌다.
03 왼쪽은 466,000km, 오른쪽은 79,000km 떨어진 지점에서 촬영한 카론의 모습

고 부르는 데 대해 여러 가지 문제점을 제기해 왔다.

첫 번째 이유는 명왕성이 다른 행성들에 비해 크기가 현저하게 작다는 것이다. 명왕성의 지름은 대략 2,300km 정도로 지구의 약 6분의 1 정도밖에 되지 않을 뿐 아니라 태양계의 위성들 중에도 명왕성보다 큰 위성이 7개나 된다.

두 번째는 명왕성의 물리적인 특징이 일반적인 행성과 다르다는 것이다. 태양계 행성은 지구처럼 딱딱한 암석 표면을 갖고 있는 지구형 행성과 목성처럼 가스로 되어 있는 목성형 행성으로 나뉜다. 그런데 얼음 표면으로 이루어진 명왕성은 이들 중 어디에도 속하지 않고 오히려 혜성의 핵과 비슷한 구성을 하고 있다. 1990년대 이후 해왕성 궤도 바깥에서 이런 형태의 천체들이 계속 발견되면서 이들을 카이퍼 벨트(Kuiper Belt, 이 천체들이 존재할 것을 예언한 천문학자 카이퍼의 이름을 따서 붙여졌다.)의 천체로 분류하기 시작한 것도 명왕성의 행성 지위를 위태롭게 만든 큰 이유이다.

명왕성을 행성에서 제외해야 한다는 주장은 명왕성의 발견자인 톰보(Tombaugh, Clyde William, 1906~1997)가 1997년 세상을 떠나면서 급속하게 확산되었다. 결국, 1999년 2월 국제천문연맹은 공식 회의를 통해 명왕성의 행성 지위를 계속 유지시키는 쪽으로 결론 내렸다. 70년 가까이 행성으로 인정해온 명왕성을 행성에서 제외시킬 결정적인 이유가 없었기 때문이었다.

2000년대에 들어오면서 명왕성 궤도 바깥에서 명왕성과 비슷한 크기의 새로운 천체들이 발견되면서 새로운 문제점이 제기되기 시작했다. 그러나 당시에 발견된 천체 중에는 명왕성보다 큰 것이 없었기 때문에 단지 새롭게 발견되는 천체를 10번째 행성으로 인정하느냐 하는 것이 문제의 초점이었다.

에리스 상상도

그런데 2003년에 발견된 2003UB313(임시 명칭, 현재는 에리스로 명명됨)의 지름이 명왕성보다 큰 것으로 추정되면서 명왕성의 행성 지위에 대한 논란이 본격적으로 불붙기 시작했다(현재 알려진 에리스의 지름은 2,326km로 명왕성보다 40km 정도 작다.). 국제천문연맹은 2005년 11월 전문가 회의를 열었지만, 결국 결론을 내리지 못하고 2006년 8월의 전체 총회에 이 문제를 안건으로 올렸다.

국제천문연맹은 천문학자뿐 아니라 역사학자와 작가를 포함한 7명으로 구성된 행성정의위원회(Planet Definition Committee, PDC)를 만들어 2006년 7월 행성의 정의에 대한 최종안을 만들었다. 이 최종안에 의하면 태양을 돌고 있는 천체 중에 공처럼 둥근 모양을 하고 있는 천체를 행성으로 정의되었다. 결국, 이 안에 의하면 명왕성뿐 아니라 에리스와 명왕성의 위성으로 알려진 카론, 그리고 소행성 중에서 가장 큰 세레스도 행성 대열에 낄 수 있었다. 결국, 태양계의 행성이 12개로 늘어날 상황이 된 것이다.

그러나 같은 해 8월 16일 국제천문연맹의 회의가 시작되면서 많은 천문학자들이 이 최종안에 대해 문제점을 제기하고 나왔다. 만약 행성정의위원회의 행성 정의를 인정한다면 새롭게 발견되는 비슷한 형태의 천체들을 모두 행성으로 인정해야 하기 때문이었다. 당시 이 조건과 비슷한 천체가 12개 이상 발견돼 있었기 때문에 몇 년 내에 태양계 행성이 20개를 넘어설 수도 있게 되고, 관측 결과에 따라서는 수십 개의 행성이 등장할 수도 있었다.

결국, 국제천문연맹은 며칠간의 회의 끝에 행성정의위원회에서 제안한 행성 정의에 한 가지 조건을 추가하였다. 즉, 궤도 주변에서 가장 지배적인 천체만을 행성으로 인정한다는 것이다. 즉 행성의 조건을 다음과 같이 확정한 것이다.

1) 태양을 돌 것
2) 구형에 가까운 모양을 유지할 수 있는 질량이 있어야 할 것
3) 그 궤도 주변에서 지배적인 천체일 것

이 결과 해왕성과 일부 궤도가 겹치는 명왕성은 자연스럽게 행성에서 제외되었다. 그리고 명왕성처럼 크기가 작은 천체를 '왜행성(Dwarf Planet)'이라는 새로운 개념의 천체로 분류하는 결의안도 통과시켰다. 왜소행성의 조건은 다음과 같다.

1) 태양을 돌 것
2) 구형에 가까운 모양을 유지할 수 있는 질량이 있어야 할 것
3) 그 궤도 주변에서 지배적이지 못한 천체일 것
4) 위성처럼 다른 행성을 돌고 있는 천체는 제외

행성으로 분류될 뻔했던 세레스와 에리스가 명왕성과 함께 왜행성으로 분류되었고, 명왕성은 이들 왜행성의 원조 천체로서의 새로운 지위

왜소행성 크기 비교

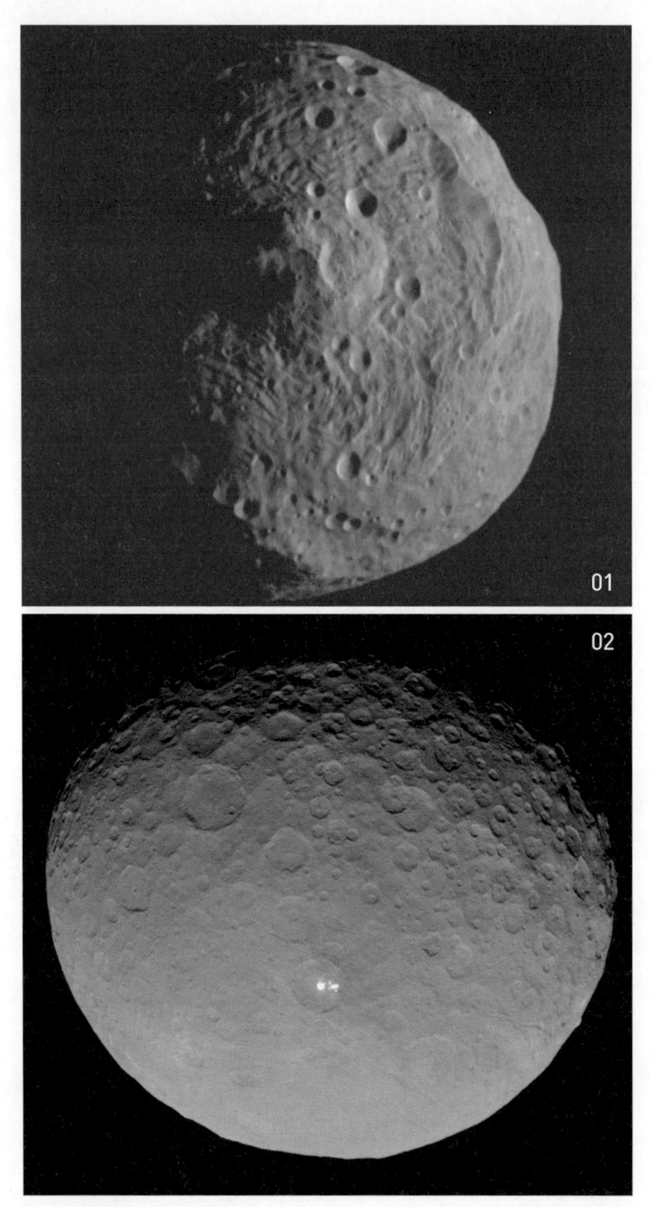

01 소행성 베스타 02 왜행성 세레스

를 갖게 되었다. 그러나 명왕성과 함께 이중행성으로 분류될 뻔했던 카론은 왜소행성의 조건을 충족시키지 못하고 명왕성의 위성으로 남았다.

국제천문연맹은 이외에 행성이나 왜행성에 들지 못하는 소행성과 혜성 등 나머지 작은 천체들을 '소형 태양계 천체'로 분류하기로 했다. 결국, 이렇게 결정된 새로운 분류 방법에 의해 태양계를 이루는 천체들은 태양과 8개의 행성, 3개의 왜행성, 수많은 소형 태양계 천체들과 위성들로 나누어지게 되었다.

2014년 11월 현재, 왜행성은 모두 5개로 늘어났는데, 명왕성과 세레스, 그리고 에리스, 마케마케(2005FY5, 남태평양 이스터 섬의 신화에 등장하는 창조의 신 이름으로 2008년 7월에 등록됨), 하우메아(2003EL61, 하와이 신화에 등장하는 풍요와 출산을 상징하는 여신의 이름으로 2008년 9월에 등록됨)가 바로 그들이다.

정/리/하/기

- **왜행성** : 명왕성, 세레스, 에리스, 마케마케, 하우메아 (2015년 10월 현재 총 5개)
- **왜행성 조건** : 태양을 돌며, 구형에 가까운 모양을 유지할 수 있는 질량이 있고, 그 궤도 주변에서 지배적이지 못한 천체이며, 위성처럼 다른 행성을 돌고 있는 천체는 제외한다.
- **소형 태양계 천체** : 행성이나 왜행성, 위성에 들지 못하는 소행성과 혜성 등 태양계의 작은 천체들

THE LITTLE PRINCE

상인을 만난 어린왕자 23

The Little Prince

어린왕자는 상인을 만났습니다. 그는 갈증을 없애 주는 알약을 팔고 있었습니다. 일주일에 한 알만 먹으면, 아무것도 마실 필요가 없다는 것입니다.

"왜 그런 약을 파는 거죠?" 어린왕자가 상인에게 물었습니다.

"아주 많은 시간을 절약할 수 있기 때문이지. 전문가들이 계산해보니까, 이 약을 먹으면 일주일에 53분이나 절약된다는 거야."

"그럼 그 53분으로 무엇을 하나요?"

"네가 좋아하는 걸 하지."

'내가 하고 싶은 일에 쓸 수 있는 시간이 53분 있다면, 나는 신선한 물이 솟는 샘을 찾아 천천히 걸어갈 텐데.'

하고 어린왕자는 생각했습니다.

일주일은 왜 7일인가?

'월, 화, 수, 목, 금, 토, 일' 일주일을 나타내는 이 이름들은 모두 태양계의 천체를 뜻한다. 월요일은 달, 화요일은 화성, 수요일은 수성, 목요일은 목성, 금요일은 금성, 토요일은 토성, 당연히 일요일은 태양을 뜻한다. 그런데 왜 일주일을 7일로 나누었을까? 옛날 사람들은 해와 달, 그리고 맨눈으로 볼 수 있는 5개의 행성이 돌아가며 하루씩 날을 지배하고 있다고 생각했다. 그래서 이 7개의 천체로 일주일을 만든 것이다.

오늘날과 같은 일주일의 이름이 정해진 것은 1세기부터 3세기 사이에 로마 제국에서부터였다. 당시 로마 제국은 8일 주기였던 달력을 7일 주기로 고치면서 태양계 천체의 이름을 따서 각 요일의 이름을 정했다.

그런데 그 순서는 어떻게 정해졌을까? 그것은 조금 복잡하다. 이 순서를 이해하기 위해서는 먼저 고대인들이 생각하고 있었던 태양계의 순서를 알아야 한다. 고대인들은 토성, 목성, 화성, 태양, 금성, 수성, 달, 지구의 순으로 천체들이 움직이고 있다고 생각했다. 지구가 우주의 중심이라고 생각했던 이 우주론을 천동설이라고 한다. 훗날 코페르니쿠스에 의해 지구가 태양 둘레를 돌고 있다는 지동설이 나오기까지는 아주 오랜 세월이 걸렸다.

자, 그럼 이제부터 각 요일의 순서가 어떻게 정해졌는지를 알아보자. 고대인들은 하루하루를 태양계의 천체들이 지배하고 있다고 믿었던 것처럼 하루의 시간도 각 천체가 지배한다고 생각했다. 그래서 달이 지배하는 날은 첫 번째 시간이 달의 시간부터 시작된다.

달이 지배하는 날은 월요일이니까 월요일의 1시는 달의 시간인 것이다. 자, 고대인들이 생각했던 천체들의 순서를 다시 기억하자. 토성, 목성, 화성, 태양, 금성, 수성, 달이다. 달 다음은 토성이다. 그러니까 2시는 토성이다. 이런 식으로 3시는 목성, 4시는 화성, 5시는 태양, 6시는 금성, 7시는 수성, 8시는 다시 달, 9시는 토성, 10시는 목성, 11시는 화성, 12시는 태양, 13시는 금성, 14시는 수성, 15시는 다시 달, 16시는 토성, 17시는 목성, 18시는 화성, 19시는 태양, 20시는 금성, 21시는 수성, 22시는 다시 달, 23시는 토성, 24시는 목성이다. 25시는 화성인데, 하루는 24시간이기 때문에 화성부터는 다음 날이 되어 화요일이 되는 것이다. 같은 방법으로 시간을 메기면 수요일은 수성부터 시작하고, 목요일은 목성, 금요일은 금성, 토요일은 토성, 일요일은 해부터 1시가 시작된다.

하루는 왜 24시간인가?

해를 기준으로 하는 태양력을 가장 먼저 사용했던 고대 이집트인들은 해가 떠서 질 때까지의 시간을 12시간으로 나눈 해시계를 사용하였다. 이런 해시계를 사용할 때는 1시간의 길이가 낮이 긴 여름에는 길고 낮이 짧은 겨울에는 짧아지는 문제가 있었다. 또한, 지역에 따라 위도가 다르기 때문에 지역마다 계절마다 다른 길이의 시간을 써야 했다.

이런 문제에도 불구하고 낮을 12시간으로 나누는 전통은 태양력을 전해 받은 로마에도 그대로 이어졌다. 로마인들은 후에 밤도 낮과 같은 12시간으로 나누어 사용하여 결국 하루가 24시간이 되었다. 밤에는 해시계를 이용할 수 없었기 때문에 기계식 시계를 만들어 밤 시간을 재었다.

이 24시간 체계는 훗날 정확한 시계가 만들어지면서 1시간의 길이가 모두 같게 맞춰졌다.

1시간은 왜 60분인가?

1시간을 60분으로 나누어 쓴 것은 고대 바빌로니아인들로부터 시작되었다. 천문학에 뛰어났던 고대 바빌로니아인들은 1년이 12달 360일이라는 것을 알고 있었고, 이를 표현하는데 60진법이 가장 편리하다는 것을 깨달았다. 또한, 원을 360도로 나누어 쓰기 시작한 것도 바빌로니아인들이었다.

60진법은 숫자를 셀 때 60까지를 한 단위로 세는 방법이다. 바빌로니아인들이 60진법을 사용했던 이유는 60이 약수(어떤 수를 나누어 떨어지게 하는 수)가 많기 때문이었다고 한다. 즉, 60은 1과 60을 제외하고도 2, 3, 4, 5, 6, 10, 12, 15, 20, 30 등 10개의 약수를 가지고 있다. 따라서 일상생활에서 숫자를 나누어 쓸 일이 많을 때에는 60진법이 편리하다. 60진법을 이용한 시간을 사용하면 1시간을 1/2, 1/3, 1/4, 1/5, 1/6, 1/10 등 다양한 방법으로 나눌 수 있다. 하지만 우리가 일상적으로 사용하는 10진법은 약수가 1과 10을 제외하면 2와 5밖에 없어서 10진법을 사용하면 시간을 나누는 방법이 그만큼 줄어든다.

결국, 훗날 바빌로니아인들의 60진법이 시간을 나누어 사용하는데 편리하다는 것이 널리 알려져서 이 체계에 따라서 1시간은 60분이 되었고, 1분은 60초가 되었다. 이 체계는 각도에도 쓰여서 360도를 나눈 1도는 60분, 다시 1분은 60초로 나누어 사용하고 있다.

정/리/하/기

- **일주일** : 해와 달, 그리고 맨눈으로 볼 수 있는 5개의 행성이 돌아가며 하루씩 날을 지배하고 있다고 생각했다. 그래서 이 7개의 천체로 일주일을 만든 것이다.
- **24시간** : 고대 이집트인들은 해가 떠서 질 때까지의 시간을 12시간으로 나눈 해시계를 사용. 로마인들은 후에 밤 시간도 낮과 같은 12시간으로 나누어 사용하여 결국 하루가 24시간이 되었다.
- **60분** : 고대 바빌로니아인들로부터 시작. 60진법을 이용하여 1시간을 1/2, 1/3, 1/4, 1/5, 1/6, 1/10 등 다양한 방법으로 나눌 수 있다.

우물을 찾아 나선 어린왕자 24

The Little Prince

"별들은 보이지 않는 한 송이 꽃 때문에 아름다운 거야……."

나는 '그래, 맞아.'라고 대답하였습니다. 그리고 더 이상 아무 말 없이 달빛 아래 쭉 펼쳐져 있는 모래 언덕을 바라보았습니다.

"사막이 아름다운 것은 어딘가에 우물을 숨기고 있기 때문이야."

하고 어린왕자가 말했습니다.

"그래, 맞아. 집이든 별이든 사막이든 그것들을 아름답게 하는 것은 눈에 보이지 않는 그 무엇이 있기 때문이지."

내가 이렇게 말하자, 어린왕자가 말했습니다.

"아저씨가 내 친구 여우와 똑같은 생각을 가지고 있어서 기뻐."

어린왕자가 잠이 들어서 나는 그를 안고 다시 걷기 시작했습니다.

'여기 잠들어 있는 어린왕자가 나를 깊이 감동시키는 것은, 한 송이의 꽃을 향한 그의 지극한 마음 때문이야. 장미꽃의 모습이, 잠자고 있는 동안에도 등불처럼 그의 마음속에서 빛나고 있기 때문이야.'

이렇게 걸으면서 날이 밝을 무렵, 마침내 나는 우물을 발견했습니다.

달이란?

달빛 아래서 잠든 어린왕자를 안고 걷는 주인공을 상상해보자. 하늘에서 달만큼 사람들에게 친근한 대상도 없을 것이다. 과연 달은 어떤 존재일까? 달에 대해 알아보자.

높이 뜬 보름달을 볼 때면 사람들은 고향을 생각하고, 멀리 떨어져 있는 가족과 연인의 얼굴을 떠올린다. 해만큼 화려하지는 않지만 눈이 부셔서 바라볼 수 없는 해에 비해 달은 구름만 방해하지 않는다면 어디서나 볼 수 있다. 비록 예쁘기로는 별에 뒤질지 모르지만, 달은 도시의 불빛 속에서도 볼 수 있다는 장점이 있다.

사람들은 매일매일 조금씩 변해 가는 달을 보며 시간의 흐름을 느끼고, 우주의 조화를 경험한다. 그래서 달은 가장 오래된 자연의 시계였다. 오늘날은 해를 기준으로 한 양력을 달력으로 쓰고 있지만, 고대에는 대부분의 사람이 달을 기준으로 한 음력을 사용했다. 비록 공식적으로는 해에게 시간의 척도를 빼앗겼지만, 지금도 많은 사람이 달을 보며 날짜의 흐름을 느끼고 있다.

로마 제국의 황제였던 율리우스 시저가 클레오파트라에게 빠져서 이집트에 오래 머물지만 않았다면 달은 시간의 척도로서 그 역할을 조금 더 오랫동안 유지했을 것이다. 오늘날 우리가 쓰고 있는 양력은 시저가 이집트에 머물면서 그 유용함을 깨닫고 전파한 것이기 때문이다.

비록 우리에게 친숙한 달이지만 모든 사람이 다 달을 좋아한 것은 아니다. 달에 대한 감정은 국가나 민족에 따라 크게 달랐다. 달에 토끼가 산다고 믿었던 우리 민족에게 보름달은 가장 친숙한 밤 친구였다. 보름달이 뜨는 날에는 처녀들이 동네 공터에 모여 강강술래를 부르며 춤을 추기도 했고, 달빛 아래 도란도란 이야기꽃을 피우기도 했다. 그래서 보름달이 뜬 날은 자연스레 사람들이 많이 모이고, 밤이 친숙하게 느껴졌을 것이다.

보름달에 익숙한 사람들은 달이 없는 그믐밤을 무척 두려워했다. 칠흑 같은 어둠 속에 산길을 걷는 사람들은 으레 귀신을 떠올리며 겁을 냈다. 그래서 우리나라의 전통 귀신들은 모두 그믐밤에 등장한다. 처녀 귀신, 총각 귀신, 달걀귀신, 몽달귀신, 심지어 도깨비까지도 달이 없는 그믐밤을 좋아했다.

우리나라와 달리 서양에서는 보름달이 가장 무섭고 싫은 존재였다. 서양 사람들은 춥고 사악한 기운이 달에서 비롯된다고 생각했다. 이런 생각은 달 속에 늑대인간이 산다는 오래된 믿음에서 비롯되었다. 우리가 토끼로 알고 있는 검은 부분의 중앙에 바로 서양 사람들이 생각하는 늑대인간이 있다. 하늘을 향해 포효하는 늑대인간의 모습을 발견한 서양 사람들에게 달은 결코 친근한 대상이 될 수 없었을 것이다. 따라서 서양에서는 보름달이 뜬 밤에는 혼자 다니는 사람이 거의 없었다. 그러다 보니 사람들은 자연스레 보름날 밤에 귀신을 떠올렸다. 영화에 등장하는 드라큘라 백작, 늑대인간 같은 서양 공포 이야기의 주인공들은 항상 보름날 밤, 달이 가장 높이 뜨는 자정 무렵에 등장한다.

요즘 우리나라 드라마나 영화를 보면 그곳에 등장하는 귀신의 국적이 의심스러울 때가 많다. 보름달을 배경으로 등장하는 처녀 귀신! 그 귀신의 머리카락색이 금발이었다면 덜 어색했을 것이란 생각이 든다. 물론 우리나라 귀신들이 긴 세월 동안 보름달에 면역이 되었다면 할 말은 없겠지만 말이다.

서양 사람들이 보름달을 싫어하는 것은 블루문(blue moon)이란 단어에서도 알 수 있다. 블루문이란 한 달에 두 번째 뜨는 보름달을 의미한다. 음력 한 달은 29일, 혹은 30일이기 때문에 양력으로 1일에 보름달이 뜨면 마지막 날쯤에 보름달이 한 번 더 뜰 때도 있다. 기분 나쁜 보름달을 한 달에 두 번이나 봐야 하는 사람들의 심정이 좋을 리는 없었을 것이다. 따라서 블루문은 주로 '우울한 달', '기분 나쁜 달'이란 의미로 쓰인다.

서양의 통계를 보면, 다른 날에 비해 보름날 범죄율이 더 높다고 한다. 심리학자들은 보름달이 잠재된 범죄 심리를 자극한다고 생각하고 있다. 보름달을 보면 마음속의 사악한 기운이 눈을 뜨는 것 같다고 말하는 사람도 있다. 우리나라의 경우 특별히 조사된 자료가 없지만, 아마 보름날 밤의 범죄율이 다른 날에 비해 높지는 않을 것이다.

토끼와 늑대인간 외에도 역사와 문화 속에 등장하는 달의 모양은 다양하다. 어두운 바다 부분을 포효하는 사자로 보기도 하고, 옆으로 기어

가는 게나 악어로 보는 곳도 있다. 또한, 아리따운 여인의 얼굴을 달에서 찾는 사람도 있다. 보름달의 사진만을 놓고 본다면 알밤을 까먹고 있는 다람쥐의 모습이 가장 그럴듯한 상상이 아닐까 싶다.

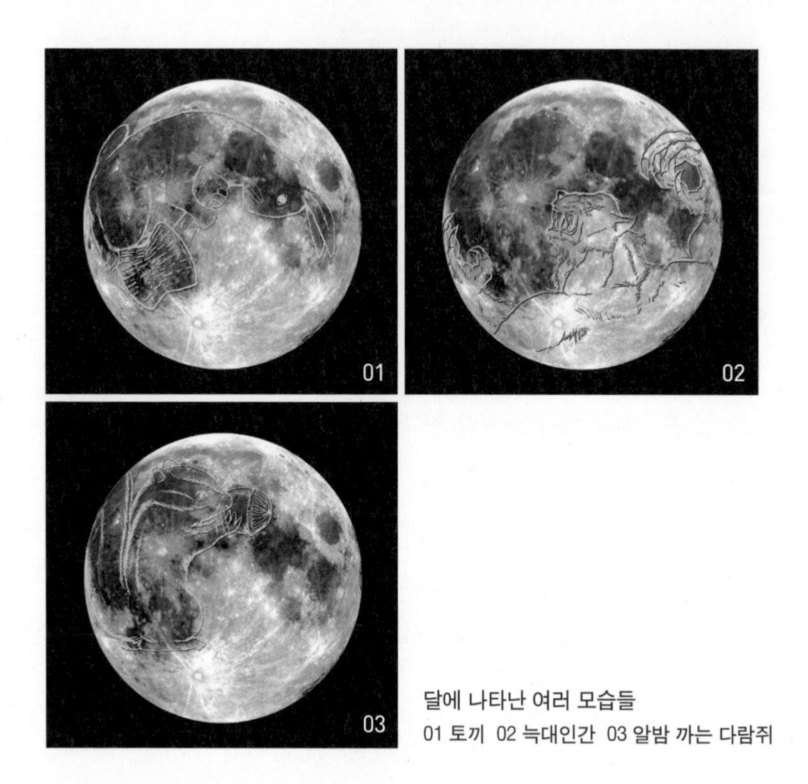

달에 나타난 여러 모습들
01 토끼 02 늑대인간 03 알밤 까는 다람쥐

1609년 갈릴레이가 천체망원경을 만들어 달을 보는 순간 달에 대한 모든 신화는 깨져버렸다. 달은 더 이상 토끼도 늑대인간도 살 수 없는 곳임을 알아버렸다. 그저 고요한 정적만이 흐르는 죽음의 세계, 그것이 바로 달이다. 그러나 1969년 아폴로 11호가 착륙하여 인류가 최초로 달에 발을 내디딘 순간 달은 더 이상 죽음의 세계가 아니었다. 그날 이후

달은 인간이 우주로 나아가는 전초기지의 첫 번째 후보지가 되었다. 앞으로 12년 이내에 인간은 달에 기지를 건설할지도 모른다. 그리고 그곳을 발판으로 우주로 나아가게 될 것이다. 달의 극지점에 상당량의 물이 얼음 형태로 존재할 것이라는 탐사 결과는 인간의 달기지 건설을 더욱 앞당길 것이다.

이 글을 읽는 독자 중에는 훗날 달에서 지구를 바라보며 노년기를 보낼 사람도 있을 것이다. 달의 중력이 지구보다 훨씬 약하기 때문에 나이 든 사람에게는 달이 지구보다 살기 좋은 곳이 될 수 있다. 허리가 굽은 노인도 달에서는 허리를 펴고 다닐 수 있다. 가까운 미래에 달은 가장 좋은 조건의 실버타운으로 만들어질 것이다. 하지만 일단 달의 중력에 익숙해지면 다시 지구로 돌아오는 것은 거의 불가능한 일이기 때문에 달의 실버타운에 가는 것이 꼭 바람직한 일만은 아닐 것이다.

한 달

'달의 반쪽은 항상 빛난다!'

낮이 해가 지배하는 시간이라면 대부분의 밤을 지배하는 것은 달이다. 달은 밤에만 보인다고 생각하는 사람들도 많이 있다. 하지만 달은 밤에만 보이는 것은 아니다. 완전히 둥근 보름달을 제외하고는 낮에도 달을 볼 수 있다. 다만, 낮에는 해가 너무 밝기 때문에 희미하게 보이는 달에 신경을 쓰는 사람이 많지 않을 뿐이다.

해는 항상 둥근 모습을 보이기 때문에 전문가가 아니라면 매일매일의 변화를 알기 힘들지만, 달은 매일 그 모습이 변하기 때문에 천문학에 문외한인 일반인이라도 달의 변화를 통해 날짜가 변하는 것을 알 수 있다.

이런 이유로 문명 이래 날짜를 재는 가장 기본 수단이 된 것이 달이었다. 보름달에서부터 다음 보름달까지의 시간이 한 달로 정해졌고, 12번쯤 보름달이 뜨면 한 해가 간다는 것을 경험으로 알게 된 것이다. 이런 연유로 달을 기준으로 한 음력이 달력의 기준으로 오랜 시간 쓰였다.

한 달을 뜻하는 영어의 'month'가 'moonth'에서 비롯되었다는 것은 많은 사람이 알고 있을 것이다. 달이 보름달에서부터 다음 보름달까지 변하는 데 걸리는 시간은 약 29.5일이다. 이것을 삭망월, 즉 삭에서 삭, 망에서 망까지 걸리는 시간을 말한다. 이런 연유로 음력은 매달 29일과 30일이 반복되어 나타나는 것이다.

실제로 달이 별을 지준으로 지구를 한 바퀴(360도) 공전하는 데 걸리는 시간은 27.3일(항성월)이다. 하지만 이 시간 동안 지구가 태양 둘레를 공전했기 때문에 해와 달 그리고 지구가 일직선이 되기 위해서는 달이 조금 더 공전해야 한다. 이 시간 때문에 달의 모양이 변하는 주기인 삭망월이 항성월보다 좀 더 긴 것이다.

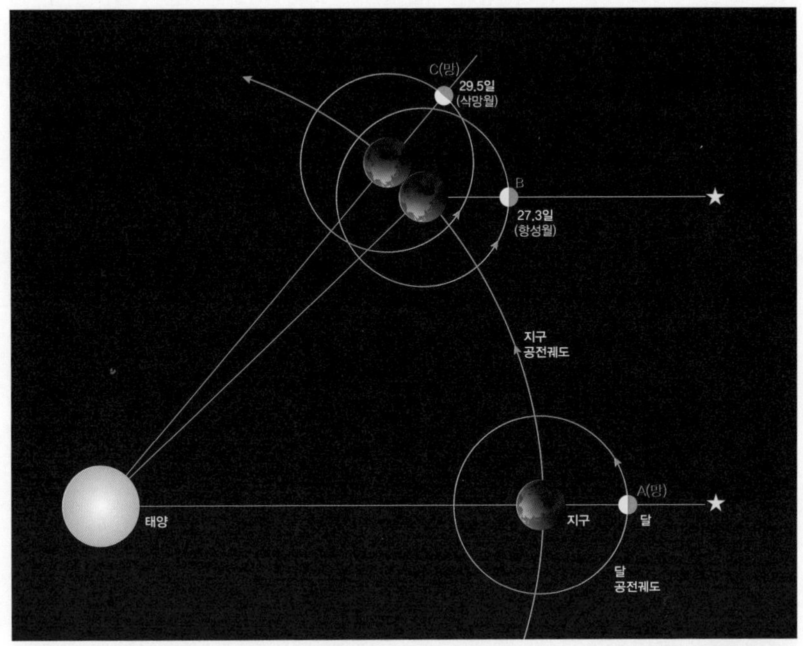

삭망월과 항성월 차이

달이 별들을 배경으로 한 바퀴 공전하는 데 걸리는 시간이 27.3일이기 때문에 하루에 움직이는 각도는 약 13.2도이고, 한 시간 동안 움직이는 각도는 0.55도 정도이다. 달의 지름이 약 0.5도이기 때문에 달은 하늘에서 한 시간에 자기 지름만큼 동쪽, 즉 왼쪽으로 이동한다.

매일 밤 달의 모양이 변하는 것을 기록해보자. 저녁 하늘에서 오른쪽으로 볼록한 눈썹 같은 초승달이 나타나고, 이 달은 점점 볼록해져서 상현달과 보름달을 거쳐 왼쪽만 볼록한 하현달과 그믐달로 변하는 것을 알 수 있다. 하지만 하현달부터는 자정 이후에 뜨기 때문에 밤을 새거나 새벽 일찍 일어나지 않는다면 왼쪽으로 볼록한 달을 보는 일은 거의 없다.

그믐(삭) - 초승달 – 상현달(음력 7일 전후) – 보름달(음력 15일 무렵) – 하현달(음력 22일 전후) – 그믐(삭)

달은 지구와 마찬가지로 스스로 빛을 내지 못하고 태양으로부터 오는 빛을 반사할 뿐이다. 우주에서 보면 달의 반쪽은 항상 햇빛을 받아 빛난다. 다만 지구에서 볼 때 이 빛나는 면 중 일부만이 보이기 때문에 달의 모양이 바뀌어 보이는 것이다. 달이 태양의 정반대 편에 있을 때는 완전히 둥근 보름달을 볼 수 있지만, 해와 달이 같은 방향에 놓이면 달이 보이지 않는 그믐, 즉 삭이 된다. 결과적으로 달의 모양이 변하는 이유는 달이 지구 둘레를 공전하기 때문에 나타나는 현상이다.

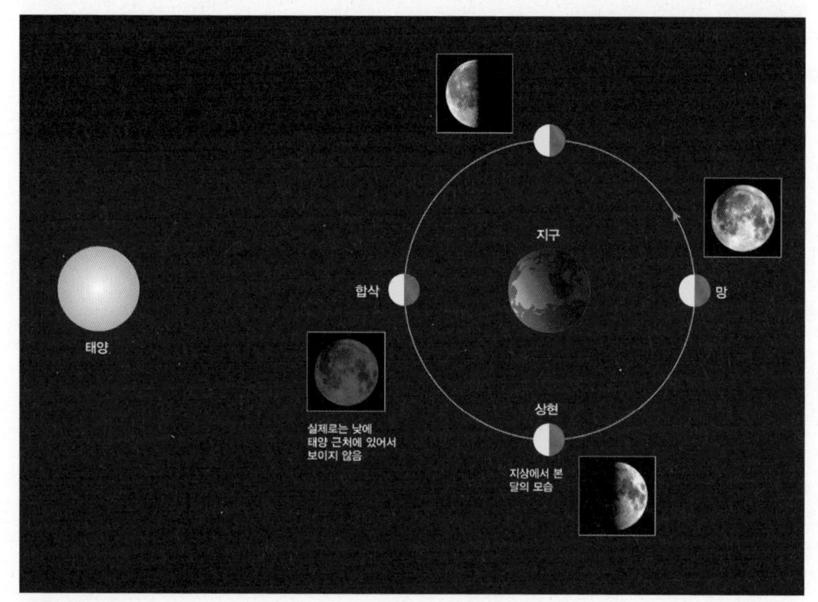

달 모양의 변화

달이 뜨는 시간

달이 별들을 배경으로 하루에 동쪽으로 약 13.2도씩 이동하지만 이 하루 동안 지구도 같은 방향으로 1도 정도 공전했기 때문에 해를 기준으로 본다면 달은 지구에 대해 하루에 12.2도 정도만 움직인 것이 된다. 지구의 자전 속도가 1시간에 15도이기 때문에 달이 뜨는 시간은 매일 약 50분(12.2/15도)씩 늦어진다.

해 뜰 무렵 달 위치

지구를 기준으로 볼 때 달이 태양의 반대편에 있을 때가 둥근 보름달이 뜨는 날이므로 보름달은 해가 질 때 떠서 그 다음 날 아침 해가 뜰 무렵 서쪽으로 진다. 계절마다 해가 지는 시간이 달라서 둥근 보름달이 뜨는 시간도 다르다. 여름에는 해가 늦게 지기 때문에 보름달도 늦게 뜬다. 반대로 겨울에는 해가 일찍 져서 보름달이 뜨는 시간은 빨라진다. 봄과 가을, 춘분이나 추분을 기준으로 할 때 해는 평균 아침 6시 30분쯤 떠서 저녁 6시 30분쯤 진다. 물론 해가 제일 높이 뜨는 시간은 평균 낮 12시 30분쯤이다. 하지나 동지를 기준으로 보면 춘분과 추분에 비해 약 1시간 20분에서 30분 정도 해가 뜨는 시간이 빨라지거나 늦어진다. 따라서 하지 무렵에는 해가 저녁 8시 가까이 돼서 져서 보름달도 그 무렵에 뜨고, 동지 무렵에는 해가 오후 5시 무렵 지기 때문에 보름달은 훨씬 일찍 뜬다.

또 하나 재미있는 사실은 계절에 따라 해와 보름달의 뜨는 높이가 다르다는 것이다. 여름에는 해가 높이 뜨는 대신 보름달이 낮게 뜨고, 겨울에는 해가 낮게 뜨는 대신 보름달이 높게 뜬다. 하늘에서 해가 별들 사이를 움직이는 길을 황도라고 하는데, 이 길은 달이 움직이는 길인 백도와 크게 차이 나지 않는다. 따라서 황도를 기준으로 해와 달이 움직이다 보니 시소처럼 서로 반대 위치에 있는 해와 보름달이 뜨는 높이가 달라지는 것이다.

사실 이 부분은 좀 더 쉽게 이해할 수 있다. 일찍 뜨는 대상이 오랫동안 떠 있기 때문에 더 높이 올라갔다가 내려갈 것이고, 늦게 뜨는 대상은 빨리 져야 하기 때문에 낮은 곳을 거쳐서 내려갈 것이다. 계절에 따른 보름달의 남중고도는 태양의 남중고도와 반대이다.

결과적인 것만 말하면, 하지 무렵에는 둥근 달이 저녁 8시 무렵 떠서 하늘의 낮은 곳을 지나 새벽 5시 무렵 서쪽으로 진다. 여름에는 달이 떠 있는 시간이 짧기 때문에 달이 뜨는 시간의 지연도 50분이 채 안 된다. 반대로 겨울에는 달이 떠 있는 시간이 길기 때문에 시간 지연도 1시간이 넘기도 한다.

해 질 무렵 달 위치

사실 달이 뜨는 시간의 지연은 평균이 50분인 것이고 달의 모양이나 위치에 따라 달라지기 때문에 간단하게 이해하기는 어렵다. 보름달이 태양의 정반대 편에 있는 달이라면, 초승달이나 그믐달은 태양에 가까이 있는 달이다. 따라서 여름철에는 보름달이 낮게 뜰 뿐 초승달이나 그믐달은 높이 뜨고, 그만큼 떠 있는 시간이 길어진다. 따라서 달이 뜨고 지는 시간의 차이는 매일 일정하지 않게 된다.

달을 이용해서 방향과 시간 찾기

북반구에 위치한 우리나라에서 볼 때 달은 동쪽에서 떠서 남쪽을 거쳐 서쪽으로 진다. 따라서 달이 높이 떴을 때, 머리 위보다 북쪽에 놓이는 경우는 없다. 이러한 상식을 가지고 달을 이용한 방향 찾기를 해보자.

가장 쉬운 방법으로 한반도 지도를 머리에 그리고 달을 제주도라고 생각하는 것이다. 한반도 지도에서 볼 때 제주도의 왼쪽은 동해안이고 오른쪽은 서해안이다. 따라서 달을 기준으로 보면 우리가 보는 달의 왼쪽이 동쪽이고, 오른쪽이 서쪽 방향이다. 하늘에서 달은 왼쪽에서 떠서 오른쪽으로 계속 이동한다. 달이 가장 높이 뜨는 시각을 모르기 때문에

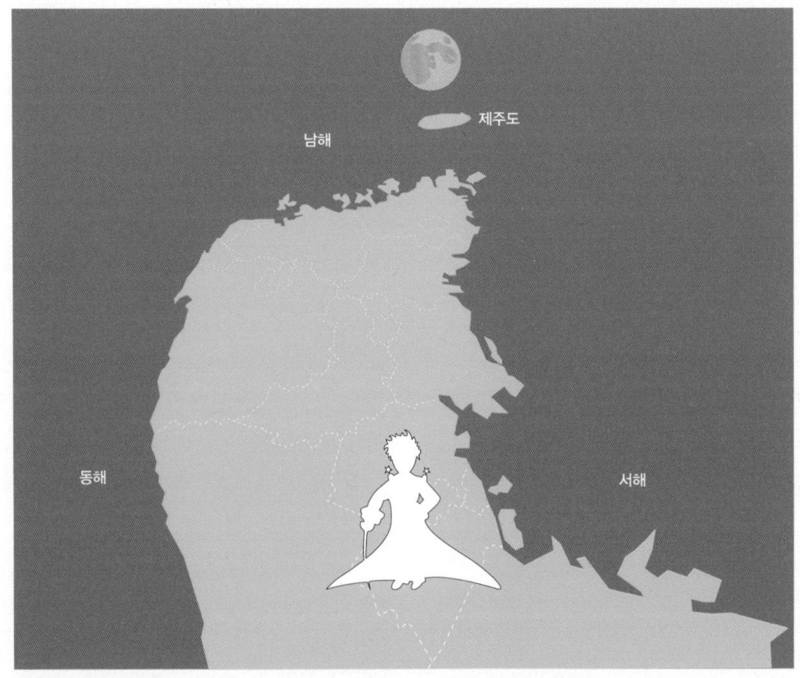

제주도(달)를 바라보고 섰을 때, 왼쪽은 동해안, 오른쪽은 서해안이다.

정확히 남쪽을 알기는 어려워도 달을 기준으로 동쪽과 서쪽을 구분하는 것은 어렵지 않다. 이 방법은 북반구에서는 어느 지역에서나 사용할 수 있다.

여기서 한 가지 더 생각해보자. 달이 우리 눈에 보이는 이유는 바로 태양이 있기 때문이다. 달은 태양 빛을 반사해서 보이는 것이기 때문에 달의 볼록한 쪽이 바로 태양이 있는 방향이다. 물론 보름달은 태양의 정반대 편에 있는 달이기 때문에 모든 방향이 다 볼록하다.

밤에는 항상 태양이 지평선 아래에 있기 때문에 달의 볼록한 쪽이 지평선보다 아래쪽을 가리킨다. 물론 낮에 보이는 달은 해가 지평선 위에 있기 때문에 볼록한 쪽이 위쪽을 가리킨다.

자, 오른쪽으로 볼록한 초승달을 생각해보자. 달이 오른쪽으로 볼록하다는 것은 달의 오른쪽, 즉 서쪽에 태양이 있다는 것이다. 달이 가늘면 가늘수록 태양과의 거리가 가깝다는 것이고, 반달은 90도, 그리고 보름달은 180도의 각도로 떨어져 있다는 것은 그림으로도 이해가 갈 것이다.

오른쪽으로 볼록한 초승달은 태양을 기준으로 왼쪽, 즉 동쪽에 있는 달이기 때문에 태양보다 늦게 뜬다. 따라서 지는 시간도 태양보다 조금 늦은 저녁 무렵이 되고, 지평선 근처에 보이는 시간은 저녁 무렵이다. 방향으로는 해가 진 방향 즉 서쪽이다. 이런 이유로 오른쪽으로 볼록한 초승달을 저녁달이라고 부른다.

반대로 왼쪽으로 볼록한 그믐달은 태양보다 오른쪽에 있는 달이다. 태양보다 오른쪽, 즉 서쪽에 있기 때문에 태양보다 조금 먼저 뜬다. 따라서 지평선 근처에 그믐달이 보일 때는 새벽 무렵이고, 그 방향은 동쪽이다.

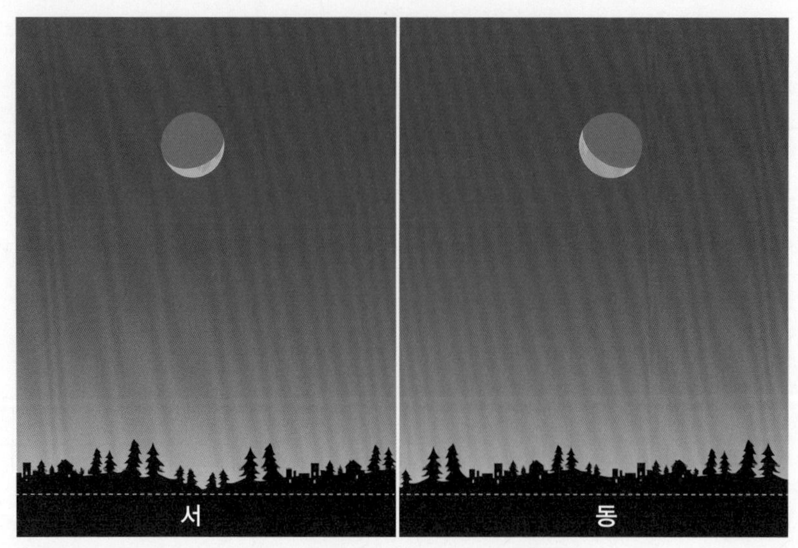

왼쪽은 저녁 하늘 초승달이고, 오른쪽은 새벽 하늘 그믐달이다.

초승달은 매일 동쪽으로 이동하면서 조금씩 커지고 늦게 뜨게 된다. 태양으로부터의 각도가 90도쯤 되면 달은 상현달이 되고, 뜨는 시간으로는 하루의 4분의 1인 6시간쯤 늦어진다. 즉, 상현달은 해가 뜨고 6시간쯤 지난 한낮에 뜨고, 해가 지고 난 뒤 6시간쯤이 지난 한밤중에 진다. 물론 이 시간은 앞에서 말한 것처럼 계절에 따라 다소 차이가 있다.

보름이 지나면 태양의 위치는 달의 오른쪽보다 왼쪽에 더 가깝기 때문에 달은 왼쪽으로 볼록한 달이 된다. 태양으로부터의 각도가 90도쯤 되었을 때 달은 하현달이 되고, 이 달은 한밤중에 떠서 한낮에 진다. 그리고 더 시간이 지나면 달은 왼쪽만 가늘게 볼록한 그믐달이 되고 태양보다 조금 이른 새벽 무렵에 동쪽에 뜬다.

다음 그림은 고흐의 유명한 '별이 빛나는 밤'이라는 작품이다. 이 작품 속에 등장하는 달을 통해 이 그림을 그린 시간과 그림 속의 방향을

그림의 오른쪽 위로 달이 보인다. 이 달은 왼쪽으로 약 1/4 정도가 볼록한 그믐달이다. 따라서 이 달의 왼쪽으로 해가 있을 것이고, 그 방향이 동쪽이다. 이 달의 모양으로 볼 때 이 달이 뜨고 약 3시간 정도가 지나면 해가 뜰 것을 예상할 수 있다. 그림 속의 달이 산등성이 위로 어느 정도 올라갔기 때문에 그림 속의 시간은 해가 뜨기 한두 시간 정도 전일 것으로 보인다.

알아낼 수 있다.

학자들마다 다소 차이가 있지만 그림 속 풍경으로 보아 이 그림을 그린 시기는 여름 무렵이고, 여름에는 해 뜨는 시간이 이르기 때문에 이런 모양의 달이 보이는 시간은 대략 새벽 3~4시쯤일 것이라는 것이 다수의 의견이다.

슈퍼문과 미니문

달은 지구를 타원 궤도를 따라 돌고 있다. 이 과정에서 달이 지구에 가장 가까워지는 지점을 근지점(PERIGEE)이라고 하고, 가장 멀어지는 지점을 원지점(APOGEE)이라고 한다. 지구에서 근지점까지의 거리는 평균 36만 km, 원지점까지의 거리는 평균 40만 km 정도이다. 근지점에 있는 달이 원지점에 있는 달보다 크게 보이는 것은 당연한 일일 것이다. 달이 근지점 근처에서 망이 되었을 때가 바로 슈퍼문이다. 반대로 원지점 근처에서 망이 되었을 때는 미니문이다.

달이 별들을 기준으로 지구를 한바퀴 공전하는 데 걸리는 시간은 약 27.32일이다. 이것을 별을 기준으로 한 공전주기라고 해서 항성월이라고 한다. 달이 별들 사이를 항상 같은 모양의 궤도로 움직인다면 근지점에서 다음 근지점까지의 시간은 항성월과 같을 것이다. 하지만 달의 근지점은 매번 조금씩 동쪽으로 이동한다. 따라서 근지점에서 다음 근지점까지 가는 데 걸리는 시간은 항성월보다 약간 긴 27.55일 정도가 되는데 이것을 어려운 말로 근점월이라고 부른다.

물론 달이 지구를 공전하는 동안 지구는 태양을 공전하면서 조금씩 동쪽으로 이동하기 때문에 실제로 달의 모양을 기준으로 한 공전주기는 항성월이나 근점월보다 긴 약 29.53일이다. 즉, 삭에서 삭, 망에서 망까지의 주기가 바로 삭망월이다.

2015년 9월 27일은 추석(음력 8월 15일)으로 슈퍼문이 뜬 날이었다. 그렇다면 다음 번 슈퍼문이 뜨는 때를 예측할 수 있을까? 망에서 망까지의 시간은 29.53일이고, 근지점에서 근지점까지의 시간은 27.55일이다. 다음 달 망이 되었을 때 달은 이번 달의 근지점에서 29.53 - 27.55 =

1.98일 만큼 더 지나 있다. 그리고 그 다음 달 망이 되었을 때는 그 두 배인 1.98×2 = 3.96일의 차이가 난다. 이렇게 해서 두 주기가 겹치는 때인 15번의 근점월(27.55×15 ≒ 413일)이나 14번의 삭망월(29.53×14 ≒ 413일)마다 가장 큰 달인 슈퍼문이 뜨게 된다. 즉, 1년 하고 한 달 반 정도 후마다 가장 큰 슈퍼문이 뜬다. 2014년에는 2015년보다 한 달 반 정도 이른 8월 10일에 슈퍼문이 떴고, 2016년에는 한 달 반 정도 후인 11월 14일에 슈퍼문이 뜬다. 물론 슈퍼문이 뜰 때가 지구에 대한 달의 중력이 가장 크게 작용하는 때로 조수간만의 차를 만드는 기조력이 가장 큰 때도 이때가 된다.

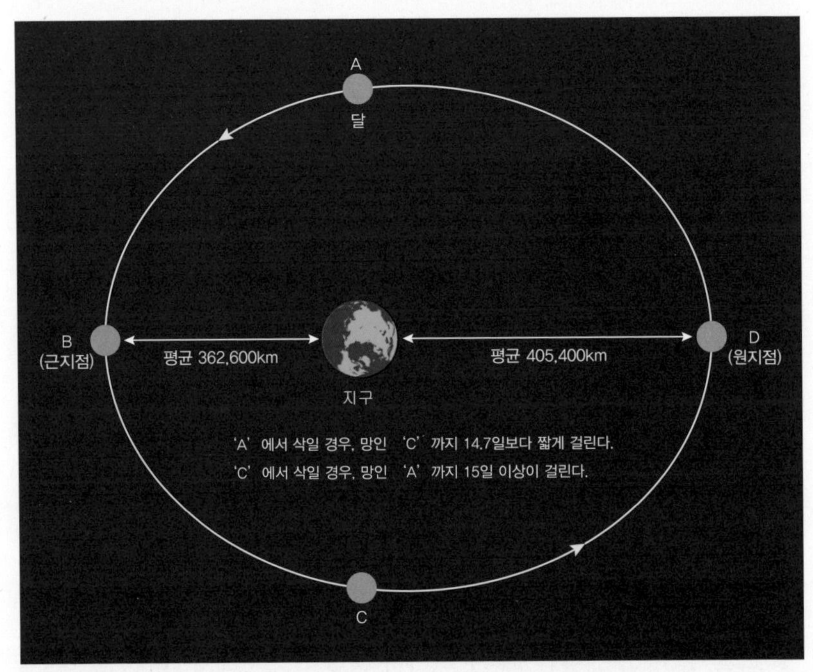

달의 근지점과 원지점

달에 대해 궁금한 것들

1. 보름달은 반달보다 실제로 얼마나 더 밝을까?

밤하늘에서 가장 밝은 것이 바로 달이다. 그렇다면 보름달은 반달에 비해 얼마나 더 밝을까? 보름달이 반달보다 두 배 정도 크니 밝기도 그 정도 될 것이라고 생각하기 쉽다. 하지만 실제로 둘의 밝기 차이는 이보다 크다. 보름달의 경우, 햇빛을 정면으로 반사하고 있지만 반달은 90도 꺾인 옆면을 우리에게 보이고 있기 때문이다. 상현일 때와 하현일 때도 달 표면의 모양이 다르기 때문에 약간의 차이가 난다. 물론 달의 밝기는 고도에 따라서도 다르게 보인다. 하지만 대략 같은 고도라면 보름달은 반달보다 10배 정도 더 밝다.

2. 달을 보고 걸으면 달이 계속 쫓아오는 이유는 무엇인가?

그것은 달까지의 거리가 워낙 멀기 때문이다. 여러분이 땅에서 어디에 있건 달까지의 거리는 거의 변함이 없다. 따라서 아무리 멀리 걸어도 가까이 있는 나무나 산처럼 달이 뒤로 멀어질 수는 없고, 계속 같은 거리를 유지한다. 물론 가까워지지도 않는다. 결국, 달이 계속 쫓아오는 것 같이 느껴지는 것은 관측자의 움직임에 상관없이 달까지의 거리가 거의 같기 때문이다

3. 달에는 왜 대기가 없을까?

사실 달에는 무시할 정도이긴 하지만 극히 소량의 대기가 존재한다. 과거 크레이터에서 화산 증기와 같은 가스가 분출되는 경우가 가끔 있기는 하지만 달은 너무 작기 때문에 특별한 지각 활동이나 화산 활동이

일어날 수 없다. 주로 암석의 가스 분출 물질에 의해 네온과 아르곤, 헬륨 등으로 이루어진 대기가 측정되지만, 대기압은 지구의 100조분의 1 정도일 뿐이다. 달이 대기를 가질 수 없는 것은 표면중력이 너무 작고 낮 기온이 120도 정도로 매우 높기 때문이다. 이러 환경 때문에 가스들은 이미 날아간 지 오래다.

4. 태양과 달, 지구가 일직선이 될 때 달이 태양을 가리는 일식이 일어난다. 그렇다면 매번 합삭(음력 1일) 때마다 일식이 일어나야 한다. 그러나 그렇지 않다. 그 이유는 무엇인가?

합삭은 태양, 달, 지구의 순서로 배열될 때이다. 만약 3개의 천체가 같은 평면에서 움직인다면 음력 초하루(1일)마다 달이 태양을 가리는 일식 현상이 일어날 것이다. 그러나 실제로는 그렇지 않다. 이유는 하늘에서 달이 움직이는 길(백도)과 해가 움직이는 길(황도)은 5도가량 기울어져 어긋나 있기 때문이다. 따라서 두 길이 교차하는 합삭 일에만 일식이 일어난다.

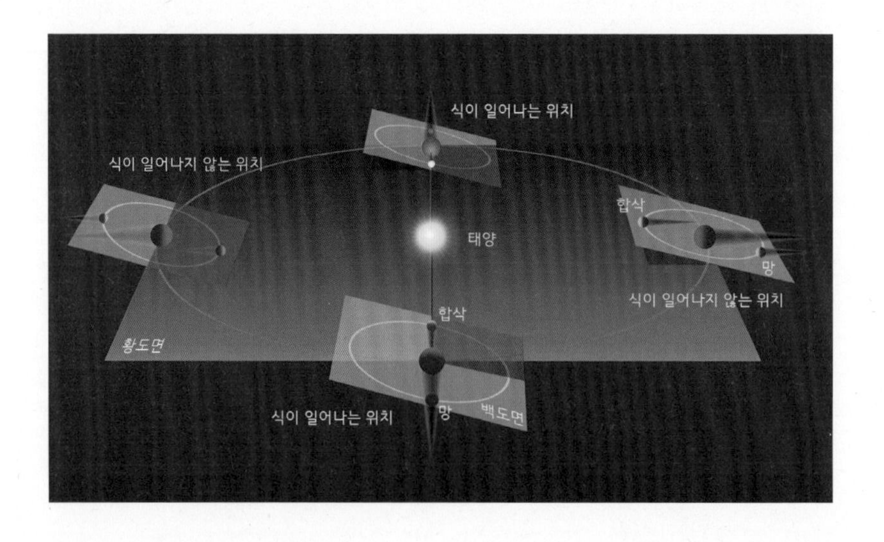

5. 달에서 지구를 보면 지구도 달처럼 모양이 변할까?

그렇다. 달이 초승달에서 보름달을 거쳐 그믐달로 가듯이 달에서 지구를 보면 초승지구, 상현지구, 보름지구, 하현지구, 그믐지구로 그 모습이 바뀐다. 만약 달이 보름달이라면 그때 지구는 합삭이 되어 보이지 않을 것이다. 반대로 달이 합삭이라면 그때 지구는 보름지구로 둥글게 보일 것이다. 달이 상현달이라면 지구는 당연히 하현지구일 것이다. 달과 지구의 위상이 반대가 되는 것은 해, 지구, 달을 3개의 공으로 대체해 실험해 보면 쉽게 이해할 수 있다.

6. 합삭 일에 달에서 보는 지구는 얼마나 밝게 보일까?

달이 합삭일 때 달에서는 둥근 지구를 볼 수 있다. 하지만 달에서 보는 둥근 지구는 지구에서 보는 보름달보다 훨씬 밝다. 보름달에 비해 보름지구의 면적은 대략 16배 정도 더 넓다. 거기에 햇빛을 반사하는 정도를 나타내는 반사율이 약 30~40%로 달의 7%에 비해 5배 정도 크다. 그래서 보름지구는 보름달에 비해 약 80배 가까이 더 밝다.

7. 초승달이 뜬 날 희미하게 둥근 달의 모습이 보이는 이유는 무엇인가?

초승달이나 그믐달이 뜬 날, 달을 자세히 보면 햇빛이 닿지 않는 달의 밤인 지역이 희미하게 보인다. 이러한 현상을 지구조(地球照)라 하는데, 이는 지구에 의해 반사된 햇빛이 달 표면에 도달해서 나타나는 것이다. 초승달이나 그믐달처럼 달이 가늘수록 지구조를 잘 볼 수 있는데, 이 무렵이 달에서 본 지구가 가장 둥글고 밝기 때문이다.

8. 보름달이 완전히 둥글게 보이지 않을 때가 있는데 그 이유는?

달이 삭(합삭)에서 다음 삭까지 변하는 데 걸리는 시간은 대략 29.5일로 이것을 달의 회합주기라고 한다. 삭은 해와 달, 그리고 지구가 완전히 일직선이 될 때를 가리킨다. 달이 완전히 둥글게 보이는 때는 망이라고 하는데, 달이 해의 정반대 편에 놓일 때이다. 삭에서부터 매일 정오까지의 시간을 1일 단위로 표시한 것을 월령이라고 하는데, 망은 월령으로 14.7일 정도에 이루어진다. 그런데 보름달은 음력 15일, 즉 보름에 뜨는 달을 뜻한다. 음력 1일은 삭이 있는 날인데, 삭이 오후 늦은 시각에 일어나면 음력 15일, 즉 보름날이 되어도 월령은 14.7이 되지 않는다. 오히려 음력 16일이 월령 14.7에 더 가깝게 돼 16일 달이 더 둥글게 보인다. 따라서 보름달이라고 완전히 둥근 달(망)이 되는 것은 아니다. 결국, 삭이 이루어지는 시각에 따라 달이 완전히 둥글게 되는 시각은 보름날에서 하루 정도 차이가 날 수 있다.

9. 한가위 보름달과 정월 대보름 중에 어느 달이 더 클까?

가장 클 때(왼쪽)와 가장 작을 때의 달 크기 비교

달은 지구 둘레를 약간 찌그러진 타원 궤도를 따라 돌기 때문에 같은 보름달이라도 지구에서의 거리는 최고 10%까지 차이가 난다. 따라서 보름달이라도 지구에서의 거리에 따라 조금씩 크기가 다르게 보이는 것은 당연하다. 한가위 보름달이나 정월 대보름달과 지구 사이의 거리는 매년 다르기 때문에 어느 달이 더 크다고 말할 수는 없다. 일반적으로 한가위 보름달이 정월 대보름달보다 크다고 느껴지는 것은 이날 달을 보는 사람들의 마음에 더 여유와 즐거움이 있기 때문일 것이다. 다만, 정월 대보름달은 겨울에 뜨기 때문에 한가위 보름달에 비해 더 높이 뜬다. 여름에는 해가 높이 뜨는 것처럼 해의 정반대 편에 있는 보름달은 겨울에 가장 높이 뜬다.

10. 아폴로 우주선의 달 착륙은 사실인가?

외국의 일부 방송과 잡지 등을 통해 가끔 아폴로 우주선의 달 착륙이 조작되었다는 이야기가 전해질 때가 있다. 그들은 아폴로 우주선이 보

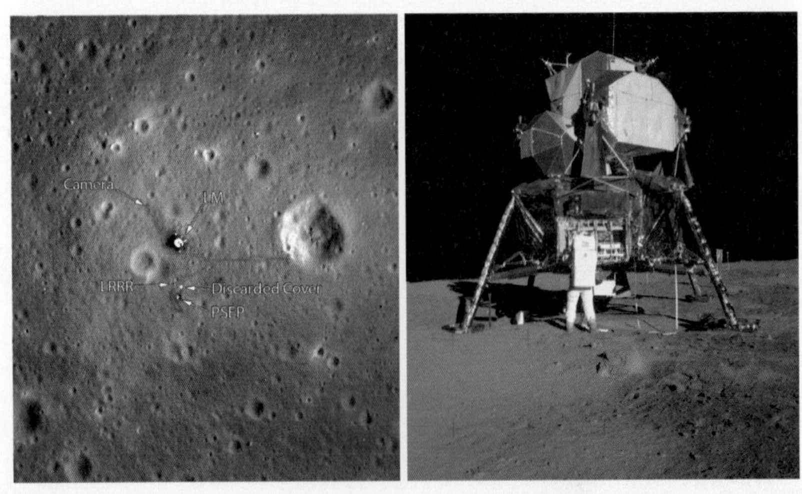

달정찰위성(LRO)이 찍은 달 위의 달착륙선(왼쪽)과 아폴로11호 착륙선 이글호

내온 영상과 사진이 실제로는 지구에서 촬영된 가짜라고 주장한다. '달에는 공기가 없는데도 성조기가 펄럭였다.', '그림자의 방향이 일정하지 않다.', '달의 암석에 특별한 마크가 표시돼 있었다.' 등 음모론을 주장하는 사람들이 그 근거로 드는 내용은 무척 많다. 하지만 중요한 것은 그들이 제시하는 영상물 중 상당 부분은 실제로 NASA가 공식적으로 발표한 것이 아니라는 것이다. 그리고 달 착륙의 가장 중요한 증거는 당시 아폴로 우주인들이 달 표면에 설치한 반사판이다. 지금도 레이저 광선을 이 반사판에 반사시켜 달까지의 거리를 측정하고 있다는 사실은 아폴로 우주선의 착륙을 뒷받침하는 결정적인 증거이다. 거기에 최근에는 달 주위를 도는 탐사 위성이 달 표면에 있는 아폴로 달 착륙선의 모습을 찍어서 공개하기도 했다.

정/리/하/기

- **달** : 달 속에서 동양에서는 토끼, 서양에서는 늑대인간을 보았다.
- **한 달** : 달이 망에서 망이나 삭에서 삭까지 변하는 데 걸리는 시간은 29.5일로 삭망월이라고 한다. 달이 별을 배경으로 한 바퀴 공전하는 데 걸리는 시간은 항성월로 27.3일이다.
- **달이 뜨는 시간** : 보름달은 해가 질 무렵 떠서 해 뜰 무렵 진다. 달은 매일 평균 50분쯤 늦게 뜬다.
- **달을 이용해서 방향과 시간 찾기** : 달을 기준으로 할 때 오른쪽이 서쪽이고 왼쪽이 동쪽이다.
- 저녁에 지는 달은 오른쪽으로 볼록하고, 새벽에 뜨는 달은 왼쪽으로 볼록하다.
- 달이 가늘수록 달의 볼록한 쪽으로 태양이 가까이 있다. 반달은 태양과 각도로는 90도, 시간으로는 6시간, 1/4달은 각도로는 45도, 시간으로는 3시간 정도의 차이를 두고 움직인다.
- **슈퍼문과 미니문** : 달과 지구의 거리가 가장 가까웠을 때(근지점) 뜨는 달을 슈퍼문이라고 하고, 반대로 가장 멀어졌을 때(원지점) 뜨는 달을 미니문이라고 한다. 슈퍼문은 1년하고 한 달 반 정도 후마다 뜬다. 2016년에는 11월 14일에 슈퍼문이 뜬다.

떠날 준비를 하는 어린왕자 25

The Little Prince

나는 두레박을 어린왕자의 입술에 갖다 대었습니다. 그는 눈을 감은 채 물을 마셨습니다.

"아저씨가 사는 여기 사람들은 정원 한 곳에서 5천 송이나 되는 장미꽃을 피우지만, 자기들이 찾는 것을 발견하지 못하고 있어."

어린왕자가 말했습니다.

"그래, 맞아. 그들은 발견하지 못하고 있어."

내가 대답했습니다.

"하지만 그들이 찾는 것은 장미꽃 한 송이나 물 한 모금에서도 찾을 수 있어."

"사실이야."

"그렇지만 눈에는 보이지 않아. 마음으로 찾아야 해."

"내일은……. 내가 이 지구에 내려온 지……꼭 일 년이 되는 날이야."

"그럼 일주일 전 내가 너를 처음 만났던 날 아침, 네가 사람이 살고 있는 곳에서 수천 킬로미터나 떨어진 곳을 혼자 걷고 있었던 것은 우연이 아니었구나! 너는 네가 떠나왔던 장소로 돌아가려 했던 거니?"

어린왕자는 얼굴만 붉혔습니다. 그는 질문에 결코 대답하지 않았지만, 얼굴을 붉힌다는 것은 '그렇다'는 의미가 아닐까요?

"아아, 나는 어쩐지 두렵구나."

여우가 생각났습니다. 누군가에 길들여지면, 울 각오가 되어 있어야 합니다.

일 년

일 년이라는 것은 지구가 태양을 한 바퀴 돌아서 다시 원래의 위치로 돌아왔을 때까지 걸리는 시간을 뜻한다. 그런데 여기에서 기준을 춘분점으로 하느냐, 별들로 하느냐에 따라 일 년의 길이가 달라진다. 앞의 것을 회귀년, 혹은 태양년이라고 하고 뒤의 것을 항성년이라고 한다. 춘분점은 지구의 세차운동으로 인해 매년 조금씩 서쪽에서 동쪽으로 이동한다. 따라서 서쪽에서 동쪽으로 공전하는 지구의 공전주기는 춘분점을 기준으로 할 때가 별을 기준으로 할 때보다 조금 짧다. 즉 별을 기준으로 하는 항성년은 정확히 365.25636042일(1900년 기준)이지만, 춘분점을 기준으로 하는 회귀년은 365.24219878일(1900년 기준)이다.

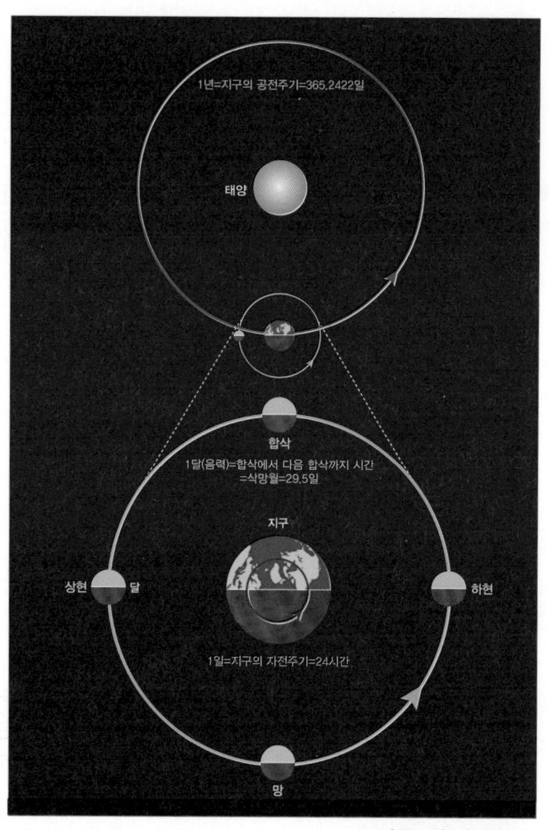

하루, 한 달, 일 년

태양이 하늘에서 별들 사이로 움직이는 길을 가리켜서 황도라고 부른다. 태양은 노란색의 별이기 때문에 노란색을 뜻하는 한자 황(黃)과 길을 뜻하는 도(道)를 합쳐서 황도라고 하는 것이다. 달력에 있는 각 날짜는 바로 황도 위에 있는 하나의 지점을 나타낸다. 날짜가 간다는 것은 실제로는 태양이 황도 위의 각 지점을 이동해 간다는 것과 같은 뜻이다. 우리가 사용하는 달력의 일 년은 춘분점을 기준으로 하는 태양년, 즉 회귀년이다. 따라서 태양이 황도를 따라 한 바퀴 돌고 다시 원래의 위치로 돌아오는 데 걸리는 시간은 대략 365.24일이다. 그러니까 1년의 길이는 약 365.24일이 되는 것이다. 그런데 달력에는 1년을 365일로 표시하고 있다. 따라서 실제 1년과 달력에 있는 1년과는 매년 약 0.24일씩 차이가 나버린다. 이 차이는 4년이 지나면 거의 하루가 되기 때문에 4년마다 2월을 29일로 해서 1년을 366일로 하는 윤년을 만드는 것이다. 그런데 1년의 길이가 정확히 365.24일이 아니라 거의 365.2422일이기 때문에 시간이 흐르면 여기서도 오차가 생긴다. 그래서 윤년을 정하는 방법이 좀 더 복잡해졌다.

정확한 1년의 길이

기원전 46년 율리우스 카이사르(시저)가 태양을 기준으로 해서 만든 최초의 달력은 1년을 365.25일로 해서 4년에 한 번씩 윤년을 두는 것으로, 이런 달력을 율리우스력이라고 한다. 그런데 실제로 지구가 태양을 공전하는 데 걸리는 시간은 365.2422일이다. 따라서 율리우스력에서는 매년 0.0078일(=365.25일-365.2422일)의 차이가 생긴다. 1년에 0.0078일(시간으로 나타내면 11분 14초)이 짧은 시간이긴 하지만 128년 정도가 지나면 이 차이가 하루가 된다. 따라서 율리우스력을 오랫동안 그대로 사용하는 데는 문제가 있었다.

이러한 오차를 수정하기 위해 1582년 로마 교황 그레고리 13세는 새로운 방식으로 윤년을 두는 달력을 발표했다. 이 달력은 1년을 365.2425일로 정한 것으로, 그레고리력이라고 부른다.

그레고리력은 율리우스력의 오차를 줄이기 위해 ① 4로 나누어지는 해에 윤년을 두는 원칙에서 ② 100으로 나누어지는 해에는 윤년을 두지 않고, ③ 다만, 400으로 나누어지는 해에만 윤년을 두게 했다. 조금 복잡하지만 이렇게 하면 1년의 길이가 365.2425일이 돼 실제 지구의 공전을 기준으로 하는 1년과의 오차가 26초(=0.0003일=365.2425-365.2422)로 줄어들어 3,300년이 지나야 하루의 오차가 생긴다. 현재 우리가 쓰고 있는 달력이 바로 이 그레고리력이다.

자, 그럼 그레고리력에 의해 윤년이 어떻게 결정되는지 한 번 예를 들어보자.

2004년은 윤년일까? 2004는 4로만 나눠지기 때문에 2월은 29일까지 있다. 그러면 이번에는 2100년을 보자. 2100은 4로도 나눠지고, 100으로 나눠지기 때문에 윤년이 아니다. 결국, 2100년 2월은 28일까지다. 끝으로 2000년을 생각해보자. 2000은 4로도 나눠지고 100과 400으로도 나눠진다. 따라서 2000년은 윤년으로 2월이 29일까지 있다.

다시 한 번 정리해보자. 4로 나누어지는 해 중에 100으로 나누어지는 해는 윤년이 아니다. 4와 100으로 나누어지는 해 중에 400으로 나누어지는 해는 윤년이다.

계절의 변화

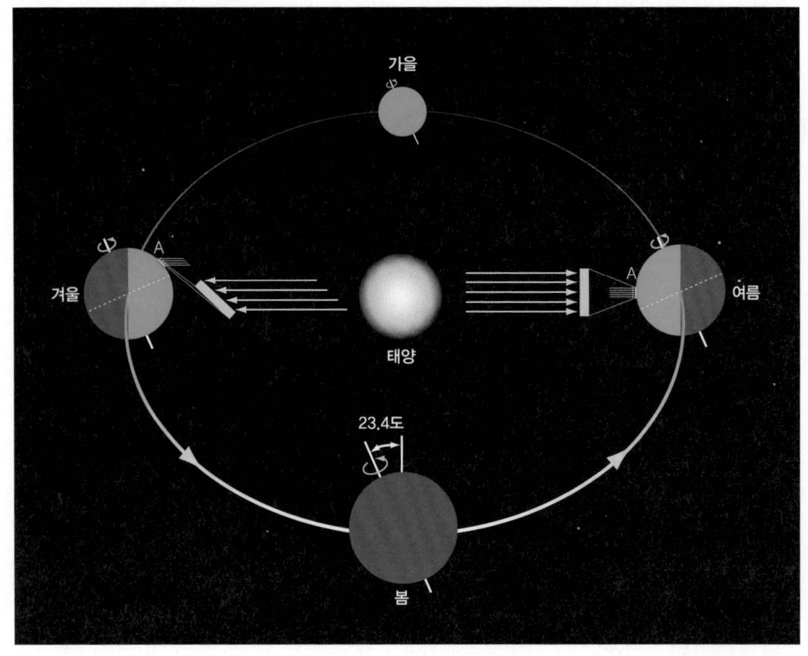

계절 변화 원인

계절이 변하는 이유는 지구의 자전축이 공전궤도 축에 대해 약 23.4도 기울어져 있기 때문이다. 이 기울기로 인해 북반구의 경우, 여름에는 태양이 하늘의 적도보다 23.4도 높은 곳에 위치하고, 겨울에는 적도보다 23.4도 낮은 곳에 위치한다. 하늘의 적도는 정확히 동쪽과 서쪽을 잇고 있다. 따라서 태양이 하늘의 적도에 위치하는 춘분과 추분 때는 낮과 밤의 길이가 12시간으로 같아진다. 하지만 태양이 하늘이 적도보다 23.4도 높게 위치하는 하지에는 낮의 길이가 밤의 길이보다 거의 3시간 정도

길다. 물론 태양이 뜨고 지는 방향도 북동쪽과 북서쪽으로 바뀐다. 동지에는 낮의 길이가 3시간 정도 짧아지고, 태양은 남쪽에 치우쳐서 남동쪽에서 떠서 남서쪽으로 진다.

남반구의 경우는 계절의 변화가 북반구와 반대로 나타난다. 이것은 태양이 하늘의 적도보다 북쪽으로 23.4도 높이 올라간 하지에 남반구에서는 태양이 북쪽으로 치우쳐 그만큼 고도가 낮아지고 떠 있는 시간이 짧아져 겨울이 되기 때문이다.

이같은 일조량의 변화와 함께 태양 고도에 따른 단위면적당 일사량의 변화로 계절이 바뀐다.

정/리/하/기

- **1년** : 춘분점을 기준으로 태양이 황도를 한 바퀴 도는 데 걸리는 시간을 회귀년이라고 하는데 약 365.2422일이다.
- **율리우스력** : 1년의 길이를 365.25일로 계산. 4년에 한 번씩 윤달을 둔다. 128년에 하루 오차 발생.
- **그레고리력** : 1년의 길이를 365.2425일 정해서 윤년을 정하는 달력. 4로 나누어지는 해 중에 100으로 나누어지는 해는 윤년이 아니다. 4와 100으로 나누어지는 해 중에 400으로 나누어지는 해는 윤년이다.
- **계절이 변하는 이유** : 지구의 자전축이 공전궤도 축에 대해 약 23.4도 기울어져 있기 때문이다.

고향 별로 떠난 어린왕자 26

The Little Prince

다음 날 저녁, 내가 일을 마치고 돌아오면서 멀리에서 보니, 어린왕자는 돌담 위에 앉아 발을 대롱거리고 있었습니다.

나는 돌담 아래쪽을 내려다보고 깜짝 놀랐습니다. 어린왕자의 앞에는 30초면 사람의 목숨을 앗아갈 수 있는 노란 뱀이 있었습니다.

"어찌된 일이지? 왜 뱀과 이야기하고 있었어?"

어린왕자는 진지한 눈빛으로 나를 바라보더니, 두 팔로 나의 목을 껴안았습니다.
"오늘 밤이면 꼭 일 년이 돼……. 그러면 내 별은 일 년 전에 내가 내려왔던 그곳의 바로 위에 오게 돼."
"얘야, 뱀이니 약속 장소니 별이니 하는 말은 터무니없는 얘기지, 그렇지……."
그러나 어린왕자는 나의 물음에는 대답하지 않고, 이렇게 말했습니다.
"소중한 것은 눈에 보이지 않는 거야."
"그래, 맞아."
"꽃도 마찬가지야. 만약 아저씨가 어떤 별에 있는 꽃을 좋아하게 된다

면, 밤에 하늘을 쳐다보는 것이 무척 즐거울 거야. 모든 별에 다 꽃이 피어 있을 테니까……."

"물도 마찬가지야. 도르래와 두레박줄 때문에 아저씨가 내게 준 물은 음악과도 같았어. 물맛이 정말 좋았다는 걸 아저씨도 기억하지?"

"그리고 아저씨는 밤마다 별을 바라보겠지. 내 별은 너무 작아서 어디에 있는지 아저씨에게 가르쳐 줄 수가 없어. 하지만 그게 오히려 더 좋아. 아저씨에게는 내 별이 그 많은 별들 중의 하나일 테니까. 그러면 아저씨 하늘에 있는 모든 별들을 다 바라보는 걸 좋아하게 되겠지. 별들도 모두 아저씨의 친구가 될 거야, 그리고 아저씨에게 선물을 하나 주고 싶어."

"사람들은 모두 별을 가지고 있지만, 모두 똑같은 별은 아니야. 여행하는 사람에게 별은 길 안내자지만, 어떤 사람은 하늘에 있는 조그마한 불빛 정도로 생각해. 학자들에게는 별들이 문제가 되고 사업자들에게는 별들이 재산이 돼. 하지만 이 모든 별들은 조용히 있을 뿐이야. 아저씨는…… 아저씨 혼자만은 다른 사람이 갖지 못한 별을 가지게 될 거야."

"그 많은 별 중 하나의 별에서 내가 살고 있을 거야. 그 많은 별들 중 하나의 별에서 내가 웃고 있을 거야. 아저씨가 밤하늘을 쳐다보면 모

든 별들이 웃고 있었던 것처럼 보이겠지만……, 아저씨…… 아저씨만은 웃는 별을 갖게 될 거야."

"그리고 슬픔이 진정되면 나와 알게 되었던 것을 기쁘게 생각할 거야. 아저씨는 언제나 내 친구가 될 거고, 나와 함께 웃고 싶을 거야. 그리고 때로는 창문을 열고 즐거움에 젖겠지. 그러면 아저씨의 친구들은 아저씨가 하늘을 쳐다보면서 웃는 걸 보고 깜짝 놀라겠지? 그럴 때는 이렇게 말하는 거야. '그래. 나는 별을 보면 언제나 웃고 싶어.' 그러면 친구들은 아저씨가 미쳤다고 생각할 거야. 그렇게 되면 나는 아저씨에게 쓸데없는 장난을 한 것이 되겠지."

"오늘 밤에는 내게 오지 마."
"난 너를 보내지 않을 거야."
"난 아픈 것처럼 보일 거야. 마치 죽어 가는 것처럼 보일 거야, 그런 내 모습을 보지 마. 아무 소용없어."
"내가 이런 말을 하는건…… 뱀 때문이야. 뱀이 아저씨를 물면 안 돼. 뱀은…… 심술궂은 녀석이야. 장난삼아 아저씨를 물지도 몰라."
"아저씨가 온 것은 잘못이야. 마음이 아플 테니까. 나는 마치 죽은 것처럼 보일 것이지만, 정말로 죽는 건 아니야."

"내 별은 너무 멀잖아. 이 몸으로는 도저히 갈 수가 없어. 너무 무겁거든."
"하지만 내 몸은 버려진 낡은 조개껍데기와 같아. 낡은 조개껍데기를 보고 슬퍼할 사람은 없어."
"정말 멋질 거야! 나도 별을 바라볼 거고, 모든 별들은 녹슨 도르래가 달린 우물이 될 거야. 그리고 내게 얼마든지 신선한 물을 퍼 줄 거야."
"정말 즐거울 거야! 아저씨는 5억 개나 되는 작은 방울을 가지게 되고, 나는 5억 개나 되는 맑은 샘을 가지게 될 테니까."
"나를 혼자 가도록 해 줘."
어린왕자는 두려워서 그 자리에 주저앉았습니다.
"저어…… 내 꽃…… 나는 내 꽃을 책임져야 해. 내 꽃은 정말로 순진해. 전혀 쓸모없는 네 개의 가시로 세상과 싸우며 자기 몸을 지키고 있어."
어린왕자의 발목 근처에서 노란빛이 반짝였을 뿐이었습니다.
어린왕자는 잠시 동안 움직이지 않고 서 있었습니다. 그는 울지 않았습니다. 그리고 한 그루의 나무가 쓰러지듯 조용히 쓰러졌습니다. 모래밭이라 아무 소리도 나지 않았습니다.

일 년 만에 같은 자리에 오는 별은 무엇일까?

별의 일주운동과 연주운동

밤하늘에서 별이 움직이는 것처럼 느껴지는 것은 지구가 움직이기 때문이다. 물론 가끔 별처럼 보이는 것이 하늘을 가로지르는 것이 보이기도 하지만 그것은 인공위성이지 실제 별은 아니다. 별은 지구의 자전으로 인해 동쪽에서 떠올라 서쪽으로 진다. 그리고 하루가 지나면 다시 원래대로 떠오른다. 물론 그 사이 지구가 공전을 해서 1도 정도 동쪽으로 움직였기 때문에 매일 밤 별들은 전날보다 4분 정도 먼저 떠오른다. 별들이 지구의 자전으로 인해 움직이는 것을 일주운동이라고 한다. 이것은 장시간 노출을 준 별 사진에서 잘 볼 수 있다.

저녁 하늘, 동쪽에서 떠오른 별은 매일 조금씩 일찍 떠오르다 6개월 정도 지나면 밤하늘에서 더 이상 볼 수 없다. 물론 다시 6개월이 지나면 원래대로 저녁 시간에 동쪽에 다시 보이기 시작한다. 이렇게 지구의 공전으로 인해 별들이 움직이는 것처럼 보이는 것을 별의 연주운동이라고 한다.

모든 별들은 연주운동으로 인해 일 년 만에 같은 자리에 온다. 따라서 어린왕자가 떠나온 별도 일 년이 지난 그날 같은 시간에 같은 자리에 나타났을 것이다. 하지만 어린왕자가 떠나온 소행성 B612가 우리 태양계에 속한 소행성이라면 이런 일은 일어날 수 없다. 태양을 도는 소행성 중에 1년 후 같은 시간에 같은 자리에 올 수 있는 소행성은 없다. 이것은 소행성도 기본적으로 태양을 돌기 때문이다.

북쪽 하늘의 일주운동. 가운데 밝은 별이 북극성이다.
(사진 : 권오철)

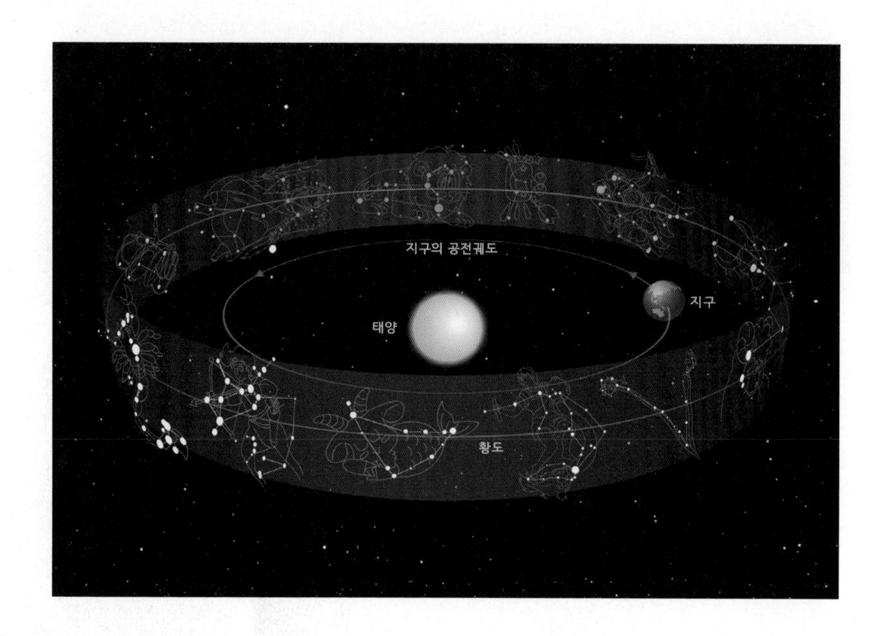

이 글을 통해 우리는 어린왕자가 떠나온 소행성 B612가 우리 태양계에 속한 소행성이 아닌 다른 항성계에 속한 소행성일 것이라는 것을 짐작할 수 있다.

정/리/하/기

- **일주운동** : 지구의 자전으로 인해 별들이 하루에 한 바퀴 움직이는 것처럼 보이는 현상
- **연주운동** : 지구의 공전으로 인해 별들이 일 년 동안 한 바퀴 움직이는 것처럼 보이는 현상
- **결론** : 소행성 B612는 우리 태양계에 속한 소행성이 아니다.

6년 후 27

The Little Prince

그리고 이제 6년이 흘렀습니다.

이제 내 슬픔은 조금 진정되었습니다. 그렇다고 슬픔이 완전히 사라진 것은 아닙니다. 그러나 나는 어린왕자가 자기 별로 돌아갔다는 것을 알고 있습니다. 날이 밝았을 때, 어린왕자는 보이지 않았으니까요.

밤이 되면 나는 별들에게 귀 기울이는 것을 좋아합니다. 마치 5억 개의 작은 방울 같아서……

어린왕자의 별에서는 대체 어떤 일이 벌어지고 있을까? 어쩌면 양이 꽃을 먹어 버렸는지도 몰라……

'그럴 리 없어! 어린왕자가 매일 밤 꽃에 유리 덮개를 씌워 주고, 양을 잘 감시하고 있을 거야……'

그러면 나는 행복해집니다. 별들도 모두 아주 즐거운 듯이 웃습니다.

'어느 순간 방심하면 끝장이야! 어느 날 밤에 유리 덮개를 씌워 주는 것을 깜빡 잊었다면, 그날 양이 소리 없이 살짝 밖으로 나왔다면…….

"그러면 작은 방울들은 눈물 방울로 변합니다.

참으로 이상한 일입니다. 저 어린왕자를 사랑하고 있는 여러분과 내게는, 우리가 알지 못하는 어딘가에서 우리가 한 번도 본 적이 없는 양 한마리가 장미꽃을 먹었느냐 안 먹었느냐에 따라 이 세계가 늘 똑같아 보이지 않습니다.

하늘을 보십시오. 그리고 양이 그 꽃을 먹었을까 먹지 않았을까 자신에게 물어보십시오. 양이 꽃을 먹었다고요? 그러면 모든 것이 어떻게 변했는지 볼 수 있을 것입니다.

그러나 어른들은 그것이 얼마나 소중한 일인지 결코 알지 못할 것입니다.

나에게는 이 앞쪽의 그림이 이 세상에서 가장 아름답고 가장 슬픈 풍경입니다. 어린왕자가 지구에 나타났다가 다시 사라진 곳이 바로 여기입니다.

여러분이 언젠가 아프리카 사막을 여행한다면 틀림없이 이곳을 알아볼 수 있을 것입니다. 그리고 혹시 이곳을 지나가게 되면, 서두르지 말고 잠깐 그 별 아래에서 기다려 보십시오! 그때 만일 한 어린아이가 나타나 웃는다면, 금빛 머리를 하고 있다면, 그리고 뭐라고 물어도 대답을 하지 않으면 그가 누구인지 알 수 있을 것입니다. 이런 일이 생긴다면, 제발 나에게 위안을 주십시오. 어린왕자가 돌아왔다는 편지를 내게 보내 주십시오.

별과 인간

우리 인간들도 우주 속에서 태어났기 때문에 분명히 별과 관련이 있을 것이다. 우주에서 눈에 보이는 물질의 대부분은 수소와 헬륨으로 이루어져 있다. 사실 우주가 만들어졌을 때 함께 만들어진 물질은 수소와 헬륨이 거의 전부였다. 그렇다면 우리 몸을 이루고 있는 여러 물질들은 어디에서 왔을까? 이미 앞에서 얘기해 짐작하고 있는 독자도 있겠지만, 그것은 바로 별에서 만들어진 것들이다. 철이나 그보다 가벼운 원소들은 별 내부에서 만들어졌고, 철보다 무거운 원소들은 초신성 폭발에서 만들어진 것이다.

초신성 폭발

지금으로부터 46억 년 전, 태양계가 만들어지기 전에 이곳은 작은 성운이었다. 이 성운 근처에서 태양보다 큰 별이 거대한 초신성 폭발로 사라졌다. 그 폭발에서 뿜어져 나온 물질들이 태양계가 될 성운 속으로 밀려 들어와 태양을 만드는 핵이 되었고, 그 일부는 지구와 같은 행성들을 만들었다. 그리고 그 속에서 우리 인간이 태어난 것이다. 비록 인간을 만든 것이 하느님인지 부처님인지, 아니면 또 다른 신인지는 모른다. 물론 자연적으로 진화에 의해서 만들어졌는지도 정확히 알 수는 없다. 하지만 인간의 몸을 이루고 있는 물질이 별에서부터 온 것만큼은 부인할 수 없는 사실이다. 길가에 있는 작은 돌, 풀 한 포기까지도 모두 별에서 온 것이다.

필자는 사람을 가리켜 '별 부스러기'라고 부른다. 우리가 정말 좋아하는 사람도, 아주 미워하는 사람도, 먼 옛날에는 우리와 같은 별의 한 부분이었다. 결국, 사람들이 서로를 사랑할 수밖에 없고, 자연을 보호해야 하는 태생적인 이유가 여기에 있다. 밤하늘의 별을 보며 우리도 오래전에 별이었다는 것을 생각한다면 별을 통해서 느끼는 감정이 조금은 다르지 않을까 싶다. 필자가 별을 좋아하고 밤하늘을 바라보는 한 가지 이유가 바로 여기에 있다. 물론 저 하늘에 빛나는 별 어딘가에 어린왕자가 있을 것이라는 생각 또한 밤하늘을 아름답게 하는 이유 중의 하나일 것이다.

우주의 역사

우주란 어떤 곳일까? 우주는 얼마나 넓을까? 과연 우주에는 끝이 있을까? 우주는 영원히 존재할까? 하지만 갈 수도 없고 제대로 볼 수도 없기 때문에 우주에 대한 인간의 궁금증은 오랜 세월 동안 거의 답을 찾지 못하고 있었다.

1609년 갈릴레이(Galileo Galilei, 1564~1642, 이탈리아의 천문학자)가 천체망원경을 발명하기 이전까지만 해도 우주는 아주 작았다. 지구를 덮고 있는 하늘 정도를 우주로 생각했다. 그 하늘에 별이 박혀 있고, 해와 달, 그리고 매일 매일 조금씩 자리를 옮기는 다섯 개의 행성이 우주의 전부였다. 망원경의 발명으로 은하수가 수많은 별들이 모여 있는 세계라는 사실을 알게 되었다. 하지만 20세기가 오기 전까지는 우리은하 자체가 바로 우주였다. 우리은하 너머에 다른 세계가 있다는 것은 상상할 수도 없었다. 거듭된 망원경의 발달로 인간은 20세기 초에 우리은하 너머에 또 다른 은하들이 있다는 것을 밝혀냈다. 그리고 1929년 미국 윌슨산천문대에 근무하던 천문학자 에드윈 허블(Edwin Powell Hubble, 1889~1953)은 우주가 팽창하고 있다는 사실을 발견한다. 그리고 그 팽창하는 속도가 우리은하로부터 멀어지면 멀어질수록 더 빠르다는 것도 밝혀낸다. 허블의 발견은 우주 탄생의 비밀을 푸는 매우 중요한 단서였다. 그전까지만 해도 모든 사람은 우주는 그냥 가만히 있다고 생각했다. 원래부터 우주는 존재했고, 앞으로도 그대로 존재할 것이라는 것에 대해 의문을 품는 사람은 없었다.

그렇다면 우주가 팽창한다는 것이 왜 그렇게 중요한 발견일까? 우주가 팽창한다는 것은 우주가 점점 커지고 있다는 뜻이다. 그렇다면 당연

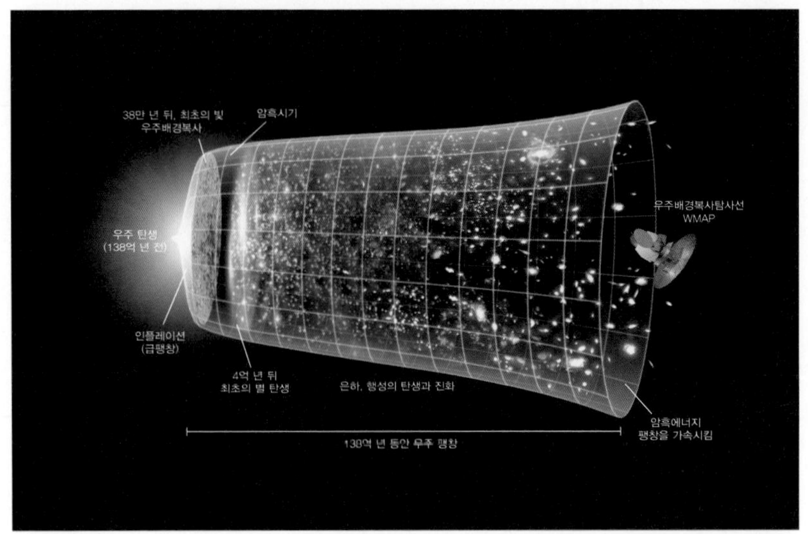

우주의 진화

히 과거의 우주는 지금보다 작았을 것이다. 이제 시간을 거꾸로 거슬러 올라가 보기로 하자. 과거로 가면 갈수록 우주는 작아진다. 은하와 은하 사이의 거리가 줄어들고, 별과 별 사이가 가까워질 것이다. 그리고 어느 순간 우주는 하나의 점으로 뭉치고 말 것이다. 그 시간이 바로 우주가 시작되는 순간이 되는 것이다. 우주가 팽창하고 있다는 사실로부터 우주가 하나의 점에서 시작되었다는 것을 생각해내는 것은 그리 어려운 일이 아니었다.

그럼 우주의 처음은 어떠했을까? 공간이 좁아지면 좁아질수록 온도는 올라간다. 100명의 사람이 운동장에 있을 때와 한 교실에 있을 때를 비교해 보면 당연히 좁은 곳에 있을 때가 더 더울 것이다. 마찬가지로 이렇게 커다란 우주가 한 점으로 뭉쳐져 있었다면 그때의 온도는 상상할 수 없을 정도로 높았을 것이다. 1946년 러시아 출신의 미국 물리학자 조지 가모프(George Gamow, 1904~1968) 박사는 우주가 상당히 높은 온도의 한 점에서 거대한 폭발로 탄생했다고 주장했다. 이것이 바로 우리가 알고 있는 대폭발, 즉 우주의 시작이 '쾅!' 하는 대폭발로 시작되었다는 빅뱅(Big Bang) 이론이다. 현재까지도 이 이론은 가장 확실한 우주의 시작 이론으로 받아들여지고 있다.

몇 년 전, 빅뱅을 강의할 때 생겼던 재미있는 일화가 있다. 커다란 소리로 대폭발을 표현하였는데, 한 어린이가 손을 들고 이의를 제기하는 것이었다. 우주에는 공기가 없기 때문에 '쾅' 하는 소리가 들리지는 않았을 것이라는 것이다. 필자는 그날 이후로 대폭발을 강의할 때 몸짓만 하고 소리는 지르지 않기로 했다.

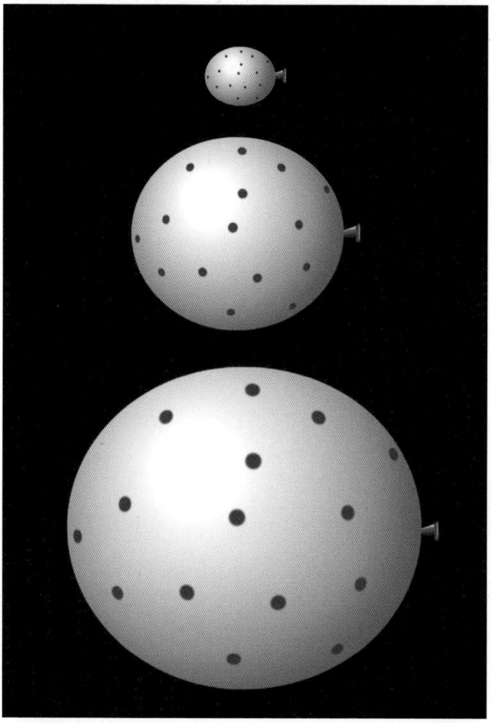

우주가 맨 처음 하나의 점에서 대폭발을 일으켜서 만들어졌다고 하면 대부분의 사람들이 꼭 궁금해 하는 것이 있다. 바로 그 이전에는 무엇이 있었느냐는 것이다. 자, 우주가 생기기 이전에는 무엇이 있었을까? 이 질문에 대

풍선에 점을 찍고 불면 팽창하면서 점과 점 사이가 멀어진다. 이때 어느 점이나 팽창의 중심이 될 수 있다.

한 해답은 '누구도 알 수 없다'는 것이다. 대폭발이 일어나면서부터 우리 우주의 공간이 만들어졌고, 우리가 알 수 있는 시간이 흘렀다. 따라서 그 이전에 무엇이 있었다고 하더라도 지금의 우주에 살고 있는 우리들로서는 알 수가 없다. 이것은 용광로 속에 녹아 있는 쇳물을 보고 그 쇠들이 녹기 전에 무엇이었는지를 알 수 없는 것과 같다.

밀가루로 반죽을 해서 오븐에 구워 빵을 만드는 과정을 생각해보자. 반죽 속에 맛있는 건포도와 밤을 넣었다. 빵이 익으면서 점점 부풀어 오르게 된다. 처음에는 서로 붙어 있던 건포도들이 점점 멀리 떨어진다. 이런 식으로 계속 부풀어 오르는 것이 바로 우주이다.

자, 그럼 우주가 시작되는 시점부터 우주의 역사를 다시 한 번 살펴보기로 하자.

우주는 대폭발 이후 급속하게 팽창했다. 공간이 넓어지면 온도는 내려간다. 온도가 내려가면서 에너지가 물질로 바뀌기 시작한다. 아인슈타인 박사가 1905년에 발표한 이론에 의해 에너지와 물질은 서로 바뀔 수 있다는 것이 이미 알려져 있다. 일반인도 많이 알고 있는 $E=mc^2$, 이것이 바로 물질과 에너지가 서로 바뀔 수 있다는 것을 의미하는 공식이다. 여기서 E는 에너지이고, m은 질량, c는 빛의 속도를 말한다. 처음 3분 동안 우주의 온도는 약 1,000만 도까지 내려갔다. 1,000만 도라는 온도는 별 속에서 수소가 타면서 수소보다 무거운 원소를 만들 수 있는 온도이다. 우주의 온도가 1,000만 도 이하로 내려갔다는 것은 우주에 더 이상 새로운 물질이 만들어질 수 없다는 것을 뜻한다. 처음 3분 동안 우주에 만들어진 물질은 수소가 4분의 3, 헬륨이 4분의 1이었다. 나머지 물질들은 거의 비율을 알 수 없을 정도로 조금밖에 만들어지지 못했다.

수소와 헬륨을 제외하고 우리가 일상생활에서 보게 되는 나머지 물질은 원래부터 우주에 존재했던 것들이 아니라 대부분 별의 진화 과정에서 만들어진 것들이다.

그리고 시간이 다시 흘러 대폭발이 있은 후 약 38만 년 정도가 흘렀을 때 우주의 온도는 약 3,000도까지 내려갔다. 이때가 또 중요한 시점이 된다. 이 시점에 대해 이야기하기 전에 먼저 원자에 대해 설명을 하고 넘어가기로 하자.

모든 물질은 원자라는 아주 작은 입자로 이루어져 있다. 원자의 중심에는 양(+) 전기를 띤 핵이 있고, 그 둘레를 음(-) 전기를 띤 전자가 돌고 있다. 핵의 질량이 얼마이고, 전자가 몇 개냐에 따라 어떤 것은 수소가 되고, 또 어떤 것은 헬륨이나 탄소, 그 외의 다른 원소들이 된다. 원자나 핵, 전자와 같은 것은 너무 작아서 직접 눈으로 확인하는 것은 거의 불가능하다.

그런데 온도가 3,000도 이상이 되면 대부분의 전자는 핵 둘레를 돌 수 없다. 높은 온도 때문에 높은 에너지를 가진 전자들이 원자의 핵에서 떨어져 나와 자유롭게 날아다니기 때문이다. 즉, 원자의 핵과 전자가 함께 있지 못하고 따로따로 존재하는 상태가 된다. 이러한 상태를 플라즈마(Plasma)라고 한다. 플라즈마 상태의 물질이 온도가 내려가면 다시 전자가 핵 둘레로 모여서 안정된 원자를 만든다.

다시 원래의 이야기로 돌아가자. 대폭발로 인해 우주가 팽창하면서 에너지가 물질로 바뀌어졌다. 이 과정에서 많은 빛이 만들어졌다. 핵융합 과정에서 빛이 만들어진다는 것은 이미 별의 일생에서 읽었을 것이다. 물질은 서로 모이면서 수소와 헬륨을 만들었다. 폭발이 있은 후 약

30만 년이 지나기 전까지 우주는 물질과 빛이 한데 뭉쳐 있는 밀도가 아주 높은 상태였다. 이러한 우주에서는 빛이 앞으로 나아가는 것이 거의 불가능했다. 전자와 같은 작은 입자가 빛이 나아가는 것을 막고 있었기 때문이다. 빛의 속도가 1초에 30만 km라는 것은 빛이 나아가는 데 장애물이 전혀 없는 진공 속에서의 속도를 말한다.

드디어 우주의 온도가 3,000도 아래로 내려가자 전자들이 원자핵에 잡혀서 수소 원자가 만들어지게 된다. 장애물 역할을 했던 전자들이 없어지면서 빛은 우주 속으로 똑바로 날아갈 수 있게 되었다. 이때를 가리켜 천문학자들은 '우주가 갑자기 밝아졌다.'라고 말한다. 물론 여기서 말하는 빛은 우리가 눈으로 볼 수 있는 가시광선만을 뜻하는 것은 아니다. 여러 가지 파장의 모든 빛을 통틀어 말하는 것이다. 그리고 세월이 흘렀다. 우주가 계속 팽창하면서 물질이 모여 있는 곳들에서 은하가 만들어지기 시작한다. 그리고 그 은하 속에서 다시 별들이 만들어진다. 그러면서 우주는 계속 팽창한다.

그렇다면 지금까지 우주는 얼마나 크게 팽창했을까? 그리고 우주의 끝은 어디일까? 이것을 정확하게 알기 위해서는 아인슈타인의 특수상대성 이론을 알아야 한다. 특수상대성 이론에 의하면, 우주에 존재하는 모든 물질은 빛보다 빠를 수 없다. 즉, 빛은 우주에서 넘어설 수 없는 속도의 한계이다.

따라서 아인슈타인의 이론이 맞는다면 우주가 아무리 빨리 팽창을 해도 빛의 속도보다 더 빠르게 팽창할 수는 없을 것이다. 앞에서 에드윈 허블이라는 천문학자가 우주가 우리에게서 멀어지면 멀어질수록 더 빨리 팽창한다는 것을 발견했다고 했다. 그렇다면 결국 우주의 끝은 지구에서 봤을 때 빛의 속도로 팽창하고 있는 곳이다. 좀 더 정확히 말하면,

그곳이 바로 우리 인간이 생각할 수 있는 우주의 끝, 즉 우리 우주의 경계선이다. 그 너머에 무엇이 있다고 하더라도 우리가 그것을 알 수는 없다.

허블의 이론과 그동안 관측된 자료에 의하면, 우주의 끝은 약 138억 광년 너머에 있다. 즉, 138억 광년 떨어진 곳이 바로 우주가 빛의 속도로 팽창하는 곳이다. 우주는 우리가 볼 때 빛의 속도로 팽창하고 있다고 보아도 될 것이다. 따라서 약 138억 년 전에는 그 우주의 끝과 우리가 있는 곳이 모두 하나의 점에 있었다. 즉 우주의 나이는 약 138억 살인 것이다.

1965년, 미국 벨 연구소의 연구원이었던 펜지어스와 윌슨 두 사람은 놀랄만한 것을 발견한다. 이들은 안테나에 잡히는 잡음의 원인을 알아내기 위해 노력하던 중, 우주 모든 곳에서 같은 세기의 빛이 날아오고 있다는 것을 발견했다. 이것은 영하 270도의 온도에서 나오는 아주 미약한 전파였다. 그리고 후에 이 빛이 바로 우주의 대폭발 후 약 38만 년 정도 지난 후에 우주로 퍼져 나갔던 빛이라는 것이 밝혀졌다. 우주의 온도가 3,000도 이하로 떨어지면서 퍼져 나간 빛이 식어 이제 영하 270도의 미약한 전파로 우리에게 관측되고 있는 것이다. 이 발견으로 우주가 대폭발로부터 시작되었다는 이론이 확실한 증거를 갖게 되었다.

따라서 현재 우주의 평균 온도는 영하 270도이다. 이 온도를 절대온도 3도라고 한다. 절대온도라는 것은 더 이상 내려갈 수 없는 온도의 한계로 섭씨 영하 273.15도를 0도로 한다. 우주의 모든 방향에서 오는 절대온도 3도의 전파를 가리켜 '우주배경복사'라고 부른다.

그런데 빅뱅 이론에는 몇 가지 문제점이 있다. 그 첫 번째는 '평탄성 문제'이다. 우리는 평소에 지구가 둥글다는 것을 느끼지 못하고 산다.

WMAP 위성이 찍은 우주배경복사

그것은 우리가 인식하기에는 지구가 너무 크기 때문이다. 우리가 관측하는 우주는 어느 쪽으로 보나 평탄하게 보인다. 우주의 밀도가 어느 수준 이하로 낮았다면 우주에서는 별이 만들어지지 못하고 급하게 팽창했을 것이고, 반대로 밀도가 어느 수준 이상으로 높았다면 우주는 그 중력으로 인해 다시 수축했을 것이다. 그런데 우주는 급하게 팽창하지도 않고, 다시 수축을 하지도 않고 절묘하게 균형이 맞은 상태에서 평탄하게 팽창하고 있다. 우주가 이렇게 평탄하게 보이는 것이 우리가 보는 우주가 실제 우주의 아주 작은 부분이기 때문이 아닐까 하는 것이 바로 평탄성 문제이다.

또 다른 문제는 '지평선 문제'이다. 우주의 모든 방향에서 들어오는 우주배경복사의 정보가 너무 비슷하다는 것이다. 지구에서 우주 끝까지의 거리가 138억 광년이기 때문에 우주 끝에서 끝까지의 거리는 138억 광년×2=276억 광년이다. 276억 광년의 거리는 우주의 나이 동안 빛이 도달할 수 없는 거리이다. 그런데 어떻게 이렇게 멀리 떨어진 곳에서 들어오는 우주배경복사의 정보가 거의 똑같을 수 있을까? 이것을 지평선 문제라고 한다. 이 문제는 우주가 어느 정도 균일한 상태에서 순간적으로 동시에 충분히 커져야만 가능한 일이다.

1981년 미국 MIT 대학의 알란 구스는 빅뱅 이론의 문제점을 해결하는 초팽창(inflation) 우주론을 제시했다. 초팽창 우주는 빅뱅 이후 어느 순간 우주가 빛의 속도보다 더 빠르게 팽창하던 시기가 있었다는 것이다. 이 이론에 의하면, 우주는 대폭발 이후 10^{-36}초부터 10^{-33}~10^{-32}초 사이에 10^{20}에서 10^{30}배로 커졌다는 것이다. 이것은 눈 깜짝할 사이도 아닌 시간 동안(1,000억 분의 1,000억 분의 1,000억 분의 1초도 안 되는 시간 동안) 눈에 보이지도 않는 미세 먼지가 태양계보다 더 커졌다는 것이다. 태양에서 지구까지 빛이 오는 데 걸리는 시간이 8분 20초라는 것을 생각한다면 초팽창이 얼마나 급하게 팽창한 것인지를 알 수 있을 것이다.

초팽창 이론이 맞는다면 우주는 우리가 알고 있는 것보다 훨씬 클 수 있다. 초팽창 이론을 옹호하는 사람들은 이 이론이 모든 물질은 빛의 속도를 넘어 설 수 없다는 아인슈타인의 특수상대성 이론에 어긋나지 않는다고 주장한다. 특수상대성 이론은 공간 안에서 움직이는 물체에게만 적용되는 이론이지 공간 자체의 팽창에는 적용되지 않는다는 것이다.

과연 이런 일이 실제로 벌어질 수 있을까? 아니 실제로 벌어졌을까? 2014년 3월 18일 미국 하버드 스미소니언 천체물리센터는 남극에 설치한 초정밀 망원경으로 3년간 관측한 결과 초팽창의 증거인 중력파의 흔적을 발견했다고 발표했다. 하지만 이후 계속되는 검증 과정을 통해 이 발견의 증거를 확신할 수 없다는 것이 알려졌다. 실제로 초팽창이 일어났는지, 어떤 과정을 통해 그런 일이 벌어질 수 있는지에 대한 증명은 조금 더 시간이 필요할 것 같다.

초팽창 이론이 나온 이후 새롭게 등장한 것이 바로 다중우주론이다. 이 이론은 우리가 보는 우주 너머에 또 다른 우주들이 있다는 것이다. 그 다중우주에 속하는 각각의 우주를 평행우주라고 부르기도 한다.

다중우주론 중 하나는 우주의 급팽창으로 인해 우리가 볼 수 있는 우주는 실제 우주의 극히 일부분이라는 것이다. 우주가 거의 무한대로 크다면, 우주 어딘가에 지구와 똑같은 원자 배열을 가지는 행성이 있고, 그곳에 우리와 똑같은 존재가 있을 수 있다는 것이다. 물질의 조합을 무한대로 하면 똑같은 존재가 둘 이상 만들어질 수 있기 때문이다.

다중우주론 중 두 번째는 빅뱅이 한 번만 일어나지 않았다는 것이다. 우리 우주를 만든 빅뱅 이외에 다른 빅뱅이 계속되었다면 우리 우주 너머에 또 다른 우주가 존재하는 것은 당연한 일일 것이다. 물론 현재로서는 우리가 우리 우주 밖의 또 다른 우주를 볼 수 있는 방법도, 알아낼 수 있는 방법도 없다.

다중우주론의 세 번째는 양자역학으로 설명된다. 빛이 파장이면서 입자의 성질을 가지고 있다는 말을 들어본 적이 있을 것이다. 양자역학에서는 반대로 물질도 파장의 성질을 가질 수 있다는 것이다. 입자는 한 순간에 한 곳에만 존재할 수 있다. 하지만 파장은 한 순간에 여러 곳에 동시에 존재할 수 있다. 방송국의 전파를 여러 곳에서 동시에 수신하는 것과 같다. 만약 물질이 파장의 성질을 가지고 있다면 우리 우주 말고 또 다른 곳에 우주가 존재할 수 있고, 우리와 같은 존재가 그곳에 또 있을 수 있다는 것이다.

물론 아직까지 다중우주론은 가설일 뿐이다. 시간이 흐르고 더 많은 정보를 얻게 된다면 이 이론의 옳고 그름이 판명날 것이다. 하지만 아직은 참고 기다려야 할 뿐이다.

우주에 대한 설명을 더 진행하면 머리가 아주 복잡해질 것이다. 사실 우리 우주가 빅뱅 초기에 엄청난 속도로 초팽창을 했거나, 우리 우주 너머에 또 다른 우주가 있다고 해도 그것이 우리에게 어떤 의미가 있을까? 우리가 보고 있는 우주만으로도 우리가 감당할 수 있는 한계 이상이다. 사실 우리은하만으로도 벅차다고 생각하는 사람도 많을 것이다. 우리가 살고 있는 지구, 태양계가 우리가 정말 관심을 갖고 알아야 할 진짜 우주가 아닐까 싶다.

정/리/하/기

- **별과 인간** : 인간은 별 부스러기다. 우리 몸을 이루는 모든 물질들은 수소를 제외하고 대부분 별에서 만들어진 것이다. 따라서 우리 몸의 물질들은 태양이 만들어지기 전에는 별의 일부였다.
- **우주의 역사** : 우주는 지금으로부터 약 138억 년 전 하나의 점이 대폭발을 하면서 만들어졌다.

어린왕자와 함께 떠나는

별자리여행

초판 1쇄 발행 2015년 12월 22일
초판 4쇄 발행 2025년 3월 1일

저자 이태형
일러스트 심재현
사진 권오철 · NASA · ESA · NOAO · ESO
펴낸이 박정태
편집이사 이명수 감수교정 정하경
책임편집 김동서, 박가연
마케팅 박명준, 박두리 온라인마케팅 박용대
경영지원 최윤숙
펴낸곳 북스타
출판등록 2006.9.8 제313-2006-000198호
주소 파주시 파주출판문화도시 광인사길 161 광문각 B/D
전화 031-955-8787 팩스 031-955-3730
E-mail kwangmk7@hanmail.net
홈페이지 www.kwangmoonkag.co.kr
ISBN 978-89-97383-75-7 03440
가격 21,000원